中国电子学会物联网专家委员会推荐
普通高等教育物联网工程专业“十三五”规划教材

无线传感器网络

主编　冯涛　郭显

西安电子科技大学出版社

内 容 简 介

本书介绍了无线传感器网络的基本概念、Contiki 操作系统、应用层协议、运输层协议、网络层协议、数据链路层协议、物理层、定位技术、时钟同步、能量管理，对各部分现有的经典协议做了详细阐述。本书还介绍了无线传感器网络标准协议 ZigBee 协议和 6LoWPAN 协议，并通过 Contiki 操作系统下的简单仿真实例讲解了无线传感器网络的基本工作机制。

本书内容丰富、语言简练，理论叙述深入浅出。本书可作为高等院校物联网工程、通信工程、计算机科学与技术及相关专业的本科生和研究生教材，也可供从事相关领域工作的工程技术人员参考。

图书在版编目(CIP)数据

无线传感器网络/冯涛，郭显主编. —西安：西安电子科技大学出版社，2017.6
普通高等教育物联网工程专业“十三五”规划教材
ISBN 978-7-5606-4415-8

Ⅰ. ①无… Ⅱ. ①冯… ②郭… Ⅲ. ①无线电通信—传感器 Ⅳ. ①TP212

中国版本图书馆 CIP 数据核字(2017)第 064034 号

策　　划　刘玉芳
责任编辑　刘玉芳　马武装
出版发行　西安电子科技大学出版社(西安市太白南路 2 号)
电　　话　(029)88242885　88201467　　邮　　编　710071
网　　址　www.xduph.com　　电子邮箱　xdupfxb001@163.com
经　　销　新华书店
印刷单位　陕西大江印务有限公司
版　　次　2017 年 6 月第 1 版　2017 年 6 月第 1 次印刷
开　　本　787 毫米×1092 毫米　1/16　印　张　12.25
字　　数　283 千字
印　　数　1～3000 册
定　　价　23.00 元
ISBN 978 - 7 - 5606 - 4415 - 8/TP

XDUP 4707001-1

普通高等教育物联网工程专业“十三五”规划教材
编审专家委员会名单

前　言

随着物联网技术的不断发展，无线传感器网络已成为研究热点领域之一。传感器技术、微机电系统、现代网络和无线通信等技术的进步，为建立低功耗、低成本的无线传感器网络提供了有利条件。无线传感器网络为日益增加的应用需求提供了足够的发展空间和有效的解决方案，扩展了人们获取物理世界信息的能力。无线传感器网络作为边缘网络，将客观世界的物理信息同传输网络连接在一起，将在下一代互联网、物联网中为人们提供最直接、最有效和最真实的信息。无线传感器网络具有十分广泛的应用前景，将在智慧城市、智慧医疗、精细农业、智能能源、环境监测、抢险救灾等领域发挥巨大潜力。

无线传感器网络可以自组织组网，与传统网络相比具有许多优势。然而，无线传感器网络是资源受限的网络，其硬件平台、网络协议、应用设计都需考虑其资源受限的特点，以满足特殊的通信和应用需求。

本书结合无线传感器网络的特点，采用自顶向下的方法，首先介绍广泛使用的无线传感器网络操作系统 Contiki，然后按照网络协议栈的应用层、运输层、网络层、数据链路层和物理层的顺序逐层介绍各层的经典技术，这样做的好处是便于读者在阅读本书时能够进行实验操作，做到理论与实践相结合。本书也对无线传感器网络的支撑技术、定位技术、时钟同步技术和能量管理技术做了介绍。最后，介绍了两种无线传感器网络的标准协议 ZigBee 协议和 6LoWPAN 协议。

在本书的编写过程中，主编冯涛研究员、郭显副教授对本书做了全面统筹规划以及全书内容的审校工作，方君丽讲师编写了第7章物理层内容，张恩展讲师编写了第11章ZigBee 协议部分的内容。除第7章和第11章外，其他内容由郭显、冯涛编写。此外，特别感谢兰州理工大学网络与信息安全研究所的王晶、鲁烨博士，硕士陈成、郭嘉琦、汪燕、赵炯等对本书中的资料整理做了大量工作。

本书得到了国家自然科学基金项目 61461027、61462060 和兰州理工大学校级规划教材项目的资助。

编　者

于 2016 年 10 月 5 日

目　录

第 1 章 绪　论

随着无线通信技术、数字电子技术和网络技术的飞速发展，极小的传感器节点具备了较强的数据感知、数据处理和通信能力，使得基于大规模传感器节点协作的无线传感器网络的实现和部署成为可能。无线传感器网络具有广泛的应用领域，如智慧城市、智能医疗、智能建筑、智能车以及各种监控应用等，逐渐成为人们生活的一部分。

为了实现传感器网络现有的和未来的应用，需要先进、高效的通信协议。无线传感器网络由大规模的传感器节点构成，传感器节点以高密度的形式部署在感知区域(感知某种物理现象的区域)或接近感知区域的位置。为了实现可靠、有效的观察并启动正确的处理行为，要求传感器节点采集的信息中能够提供正确检测/估计出现象的物理特征[1]，如感知区域的温度值等。然而，由于节点采集的信息具有时域和空域的相关性，要求数据的源节点不是直接发送采集数据，而是将采集的数据在本地做简单计算后仅发送要求的数据和经过处理的数据。因此，无线传感器网络的这些特性给通信协议的设计提出了特殊的挑战。

在能耗方面，单个传感器节点的本质特征对通信协议的设计提出了挑战，即无线传感器网络的应用和通信协议要能够实现高效节能。传感器节点一般是电池供电，能量有限，传统网络协议设计主要考虑改进吞吐量、时延等性能指标，而无线传感器网络协议设计则主要考虑节能问题。无线传感器网络部署是设计无线传感器网络协议时必须考虑的另一个因素，传感器节点的位置不需要事先规划，它允许在不可达的位置或灾难救援中随机部署，然而，这种随机部署要求设计自组织的协议。传感器节点传输范围小，大规模传感器节点高密度部署时，节点可能相互靠近，因此，节点间的通信可利用多跳通信方式，因为多跳通信的能耗低于传统的单跳通信。而且，由于高密度的部署，传感器节点的感知物理现象可能在时域和空域上具有相关性。为了改进无线传感器网络的效率，研究者设计了基于时-空域相关性的无线传感器网络协议[2-4]。

1.1　传感器节点结构

传感器节点一般由传感器模块、处理器模块、无线通信模块和能量供应模块四个基本模块组成，如图 1-1 所示。传感器模块负责监测区域内信息的采集和数据转换；处理器模块负责整个传感器节点的操作，包括存储和处理本身采集的数据以及其他节点发来的数据；无线通信模块负责与其他传感器节点进行无线通信，交换控制消息和收发采集数据；能量供应模块为传感器节点提供运行所需的能量，通常采用微型电池。

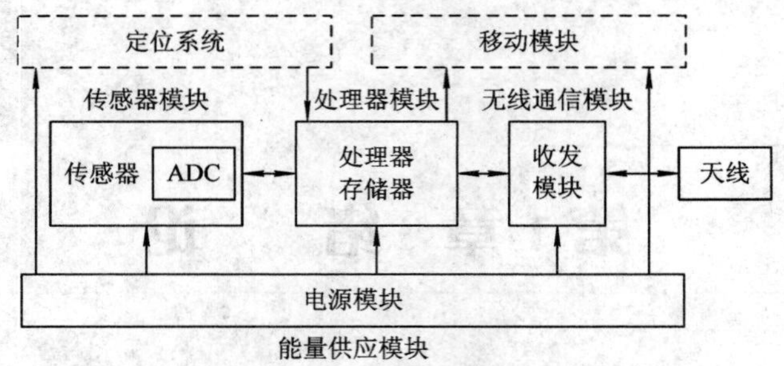

图 1.1　传感器节点结构

另外，有一些应用可能会要求传感器节点具有定位和移动功能，这些传感器节点还需要携带定位模块和移动管理模块。

1.1.1　传感器节点特点

传感器节点在实现各种网络协议和应用系统时，需考虑以下一些现实特点。

1. 电源能量有限

传感器节点一般由电池供电，但传感器节点体积微小，能够携带的电池有限。在大规模传感器网络中，传感器节点个数多、成本低廉、分布区域广，而且有可能部署环境复杂，人员不易到达，难以更换电池。如何高效使用能量实现最大化网络生命周期是传感器网络所面临的首要挑战。根据图 1-2，在传感器节点的各组成模块中，绝大部分能量消耗在无线通信模块上，而且在无线通信模块的发送、接收、空闲和睡眠四种状态中，空闲侦听与收发数据消耗的能量相当，睡眠状态消耗的能量最少。因此，采用占空比技术是传感器网络协议中节能的最有效技术。

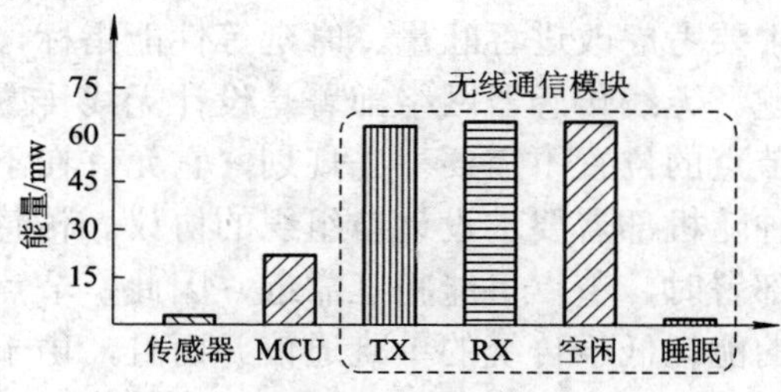

图 1.2　传感器节点能量消耗情况

2. 通信能力有限

无线通信的能量消耗 E 与通信距离 d 的关系为

$$E = kd^n$$

其中，参数 n 满足关系 $2<n<4$，k 为常量。因此，在满足通信连通度的前提下应尽量减少单跳通信距离。一般而言，传感器节点的无线通信半径在 100 m 以内比较合适。在大规模的传感器网络中，通常采用多跳路由的传输机制。此外，传感器节点的无线通信带宽有限，通常仅有几百 kb/s 的速率。

3. 计算和存储能力有限

传感器节点是一种微型嵌入式设备，其体积小、成本和功耗低，因此传感器节点的计算和存储能力有限。

1.1.2 软件系统

由于传感器节点具有电源能量有限、通信能力有限、计算和存储能力有限的特点，目前通用的操作系统如 Windows、Linux 等不适用于传感器网络应用的开发。目前已有的适合于无线传感器网络的操作系统有 Contiki 操作系统[5]、TinyOS[6]等。本书第 2 章重点介绍了目前广泛使用的无线传感器网络操作系统——Contiki。

Contiki 操作系统[5]是一个开源的、可高度移植的多任务操作系统，适用于互联网嵌入式系统和无线传感器网络，由瑞典计算机科学学院的 Adam Dunkels 博士和他的团队开发，2015 年 8 月推出了最新的 3.0 版本，该团队的目的是把 Contiki 操作系统设计成未来的物联网操作系统。Contiki 完全采用 C 语言开发，可移植性好，对硬件要求极低，能够运行在各种类型的微处理器及电脑上，目前已经移植到 8051 单片机、MSP430、AVR、ARM、PC 机等硬件平台上。Contiki 适用于存储资源受限的嵌入式单片机系统，典型的配置下 Contiki 只占用约 2K 字节的 RAM 和 40K 字节的 Flash 存储器。

Contiki 是开源操作系统，适用于 BSD 协议，即可以任意修改和发布，无需任何版权费用，因此已经应用在许多项目中。Contiki 操作系统是基于事件驱动内核的操作系统，在此内核上，应用程序可以在运行时动态加载，非常灵活。在事件驱动内核的基础上，Contiki 实现了由一种轻量级的、名为原线程 Protothread 的线程模型来实现线性的、类似于线程的编程风格。该模型类似于 Linux 和 Windows 中线程的概念，多个线程共享同一个任务栈，从而减少 RAM 占用。

Contiki 操作系统提供可选的任务抢占机制，基于事件和消息传递的进程间通信机制。Contiki 操作系统中还包括一个可选的 GUI 子系统，可以提供对本地串口终端、基于 VNC 的网络化虚拟显示或者远程登录 Telnet 的图形化支持。Contiki 操作系统内部集成了两种类型的无线传感器网络协议栈：uIP[7]和 Rime[8]。uIP 是一个小型的符合 RFC 规范的 TCP/IP 协议栈，使得 Contiki 可以直接与 Internet 通信，包含 IPv4 和 IPv6 两种协议栈版本，支持 TCP、UDP、ICMP 等协议，但是编译时只能二选一，不可以同时使用。Rime 是一个为轻量级、低功耗无线传感器网络设计的协议栈，该协议栈提供了大量的通信原语，能够实现从简单的一跳广播通信到复杂的、可靠的多跳数据传输等通信功能。

最重要的是，Contiki 操作系统提供了一款非常直观的无线传感器网络仿真软件——Cooja 仿真器，可用于仿真不同平台、不同类型的无线传感器节点的实时通信过程，方便科研人员研究无线传感器网络的各层协议，也方便开发者在仿真环境下测试开发中的应用系统。

1.2 传感器网络结构和协议栈

1.2.1 传感器网络结构

传感器节点通常部署在感知区域，如图 1-3 所示，这些分散的传感器节点具有采集数据并向汇聚节点/网关和终端用户路由数据的能力。数据通过多跳、无基础设施的自组织传感器网络到达汇聚节点，再由汇聚节点传输到终端用户。汇聚节点与终端用户间的通信可通过互联网、卫星网络或任何无线网络(如 WiFi、mesh 网络、蜂窝移动网络 3G/4G 以及 WiMAX 网络等)进行，在没有这些网络的环境中，汇聚节点可以直接和终端用户连接。需要注意的是，在图 1-3 中，可能有多个汇聚节点和多个终端用户。

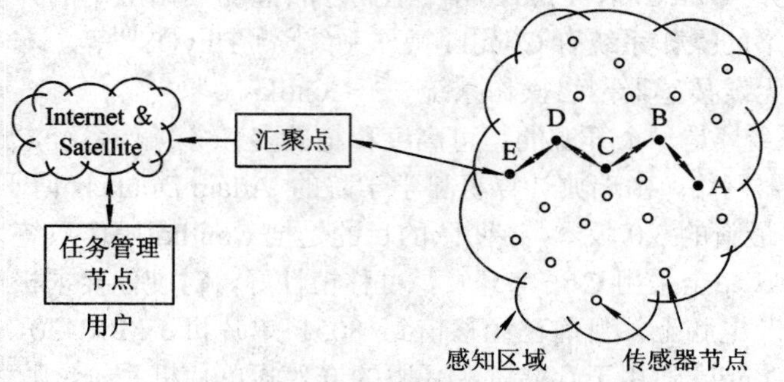

图 1-3　无线传感器网络结构

在传感器网络中，传感器节点承担数据源和路由器两种角色，因此，有两种执行通信的原因：数据源功能和路由器功能。拥有事件信息的数据源节点执行通信功能把生成的数据分组发送给汇聚节点，这种节点称为数据源；传感器节点也承担路由器功能，即把接收到的来自其他节点的分组转发给到达汇聚节点多跳路径上的下一个目标节点。

1.2.2 传感器网络协议栈

传感器网络是自组织的多跳通信网络，数据源与汇聚节点间通常需要中间节点来转发数据。根据开放系统互连 OSI 标准，共有七层网络协议，即应用层、会话层、表示层、运输层、路由层、数据链路层和物理层。然而，一般无线传感器网络不需要表示层和会话层，如图 1-4 所示，在汇聚节点和传感器节点间仅需要以下五层协议就能够实现数据的采集、处理及传输。除了五层协议外，传感器网络可能还需要考虑能量管理、移动管理、任务管理、定位、同步、拓扑管理等问题。

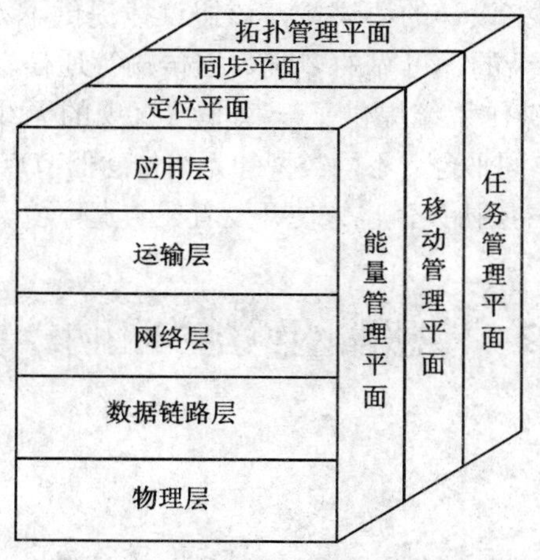

图 1-4　无线传感器网络协议栈

(1) 应用层：应用层包括主要的应用和几个管理功能，为用户提供通过无线传感器网络与物理世界交互的必要接口。应用层定义了数据的表示方法、查询处理方法以及数据和网络管理等功能。

(2) 运输层：当无线传感器网络与互联网或其他外部网络互联时，运输层提供的功能是必需的。传统计算机网络采用的 TCP 协议不能解决无线传感器网络环境面临的挑战，与传统网络协议不同的是，传感器网络中端到端机制不是基于全球寻址机制的，这些机制必须考虑基于“数据或位置”的寻址机制，这些数据或位置可用于表示数据分组的目的地。能耗、可扩展性以及以数据为中心路由的特征等因素意味着传感器网络运输层需要不同的处理机制，因此，这些要求决定了传感器网络需要新的运输层协议。

(3) 网络层：传感器节点以高密度形式部署于感知区域中(如图 1-3 所示)，它需要把感知到的与物理现象相关的信息转发给汇聚节点。然而，传感器节点的通信能力使得传感器节点和汇聚节点之间无法直接通信，它们之间需要高效的多跳无线路由协议，利用中间传感器节点作为中继节点。现有的为无线自组织网络设计的路由技术不适合传感器网络，通常根据以下原则设计传感器网络网络层的协议：

① 节能总是考虑的重要因素之一；

② 传感器网络是以数据为中心的网络；

③ 除了路由之外，通过本地处理，中继节点可以融合来自多个邻居节点的数据；

④ 由于传感器网络中节点的数量多，给每个节点唯一的标识符是不可能的，节点可能需要基于它们的数据或位置寻址。

(4) 数据链路层：数据链路层负责封装成帧、差错检测和媒体接入等，它用于确保通信网络中可靠的点到点和点到多点的连接，本书主要讨论传感器网络中的媒体接入策略。无线多跳自组织传感器网络中，媒体接入控制(MAC)协议必须完成两个目标：一是网络基础设施的建立，因为成千上万的传感器节点以高密度的形式分散在感知区域中，MAC 机制必须建立数据传输的通信链路，这样就形成了逐跳通信所必需的基本设施并且提供自组织的能力；二是公平和有效地共享传感器节点间的通信资源，这些资源包括时间、能量和频率。目前提出的一些 MAC 协议已经解决了这些需求。

就媒体接入机制而言，节能仍是需要考虑的重要因素，MAC 协议必须支持传感器节点的节能模式，而节能最有效的方法是没有数据传输时关闭收发装置。尽管这种节能方法可能提供最好的节能效果，但它也可能破坏网络的连通性。一旦收发设备关闭，传感器节点就不能接收来自邻居节点的任何分组，实际上中断了与网络的连接，并且，就节能而言，收发设备的打开与关闭同样需要消耗能量。事实上，如果在每个空闲时隙盲目地关闭收发设备，对整个时间周期而言，传感器节点最终消耗的能量可能比不关闭收发设备消耗的能量更多。因此，仅当在节能模式花费的时间比某个门限值更大时，节能模式才可能是有效的。对无线传感器节点而言，可能有多种运行模式，这些模式依赖于微处理器、内存、A/D 转换器和收发设备的状态数量。

(5) 物理层：物理层负责频率选择、载波频率生成、信号监测、调制和数据加密等问题，本书主要介绍信号传播、调制等。

(6) 时钟同步：除了协议栈中的通信功能外，无线传感器网络还需要装备一些辅助设备以完成提出方案的功能模块。在无线传感器网络中，每个传感器设备需要配置用于内部运行的本地时钟，与传感器设备感知、处理和通信相关的每个事件与本地时钟控制的定时信息相关联。因为用户对来自多个传感器节点的协同信息感兴趣，与每个传感器设备数据相关的定时信息需要一致。而且，传感器网络应该能够对分布式传感器节点的感知事件正确排序，以精确建立物理环境的模型。这些定时需求决定了设计无线传感器网络时钟同步协议的必要性。

(7) 传感器定位：除了时间信息外，与物理现象的密切交互需要相关的位置信息，无线传感器网络与周围环境的物理现象相关联，为了提供观察的感知区域的精确视图，采集的信息需要和传感器节点的位置相联系。而且，监控应用中无线传感器网络可能用于跟踪某种对象，这也要求位置信息和跟踪算法相结合，更进一步说，基于位置的服务和通信协议需要位置信息，因此，定位协议应该与通信协议栈相结合。

(8) 能量管理：无线传感器节点一般采用电池供电，节点能量非常有限，所以能量消耗是无线传感器网络重点关注的问题。无线传感器节点的体积非常小，难以容纳大容量电源。另外，无线传感器网络由大量节点组成，通过人工方式更换节点电池或给电池充电几乎不可能，节点太小也会限制可再生能源和自动充电机制的使用。最后，少数几个节点的失效可能会导致整个网络完全被分割成孤立的子网，因此无线传感器网络各层协议设计中都应考虑能量管理问题。

(9) 拓扑管理：为了维护传感器网络的连通性和覆盖范围，需要几种拓扑管理方案。拓扑管理算法为具有长生命周期网络的部署提供了有效的方法，而且，拓扑控制协议有助于确定收发功耗级别以及传感器节点的活动周期，以便在保持网络连通的同时能量消耗最小。

1.3 标准协议

可用传感器平台的异构性导致了应用实现的兼容问题，因此，通信协议标准化是必要的。为此，提出了面向长电池寿命、低复杂性的低数据率无线收发技术规范 IEEE 802.15.4 标准[9]，该标准可以选择三种不同的通信频率，如 2.4 GHz、915 MHz 和 868 MHz。同时，在 868 MHz 和 915 MHz 频带上使用二进制相移键控 BPSK，而在 2.4 GHz 频带上使用偏移正交相移键控 O-QPSK，MAC 层可以提供星型、Mesh 和基于分簇树的拓扑结构，节点的传输范围为 10～100 m，而数据传输速率为 20～250 kb/s。实际上，IEEE 802.15.4 标准已经成为低功耗通信物理层和 MAC 层事实上的标准，它允许具有不同功能和能力的平台整合到同一网络中。

在 IEEE 802.15.4 标准之上，已经提出了两个重要的标准协议：Zigbee 标准协议[10]和 6LoWPAN 标准协议[11]。Zigbee 标准是由 Zigbee 联盟提出的，该标准的目的是通过无线个域网提出支持低数据率、低功耗、安全和可靠的低成本、基于标准的无线网络方案。Zigbee 标准不同于 IEEE 802.15.4 标准，IEEE 802.15.4 标准仅定义了物理层和 MAC 层，而 Zigbee 标准定义了网络层和应用框架，应用对象由用户定义。

基于 IEEE 802.15.4 标准的协议与 IP 网络不兼容，因此，无线传感器网络难以与互联网相整合。这样导致传感器难以与基于 Web 的设备、服务器或浏览器通信，因而要求网关从无线传感器网络收集信息并与互联网通信，但这种方法在网关节点存在单点故障问题且增加了与网关相邻的节点的压力。为了使无线传感器网络与互联网技术相结合，IETF 提出了 6LoWPAN 标准，该标准定义了 IPv6 协议栈在 IEEE 802.15.4 上的实现。6LoWPAN 标准使得任何设备都能与互联网互联互通，极大地方便了无线传感器网络的部署。本书第 12 章将详细介绍 6LoWPAN 标准。

1.4 传感器网络特征及应用

1.4.1 传感器网络特征

1. 大规模网络

为了获取感知区域的精确信息，通常要求部署大量的传感器节点。传感器网络的大规模特征可能包括两方面的含义：一方面在森林防火、精细农业、智能电网以及环境检测等应用中要求传感器节点部署在很大的地理区域内；另一方面要求高密度部署传感器。传感器网络的大规模特征具有以下优点：通过不同空间视角获得的信息具有更大的信噪比；通过分布式处理大量的采集信息能够提高检测的精确度，降低单个节点传感器的精度要求；大量冗余节点的存在，使得系统具有很强的容错性能；大量节点能够增大覆盖的检测区域，减少洞穴或者盲区。

2. 自组织网络

传感器节点通常部署在没有网络基础设施的环境中，大规模的传感器节点通过飞机播撒等手段随机部署到检测区域中，传感器节点的位置及其相邻的节点无法事先确定，这就要求传感器节点具有自组织能力，能够自动进行配置和管理，通过拓扑控制机制和网络协议自动建立转发检测数据和控制指令的多跳无线网络系统。另外，传感器网络的网络拓扑结构经常发生变化，自组织特性要能够适应这种变化。

3. 动态性网络

传感器网络的拓扑结构可能由于以下原因而经常发生变化：环境因素或能量耗尽而造成节点“死亡”；风吹、水冲等外界因素导致节点移动或传感器节点本身移动；新节点的加入；无线通信链路中断；等等。这就要求传感器网络对这种动态变化具有自适应性。

4. 可靠的网络

传感器网络特别适合部署在恶劣环境或人类不宜到达的区域；传感器节点可能工作在露天环境中，遭受太阳的曝晒或风吹雨淋，甚至遭到无关人员或其他破坏；传感器节点往往随机部署，如通过飞机撒播或发射炮弹到指定区域；这些都要求传感器节点非常坚固，不易损坏，适应各种恶劣环境条件。

由于检测区域环境的限制以及传感器节点数目巨大，不可能人工“照顾”每个传感器节点，网络的维护十分困难，甚至不可维护。传感器网络的通信保密性和安全性也十分重要，要防止检测数据被盗取和获取伪造的监测信息，因此，传感器网络的软硬件必须具有鲁棒性和容错性。

5. 应用相关的网络

传感器网络用来感知物理世界的物理现象，不同传感器网络应用关心不同的物理现象，因此对传感器的应用系统也有多种多样的要求。不同的应用背景对传感器网络的要求不同，其硬件平台、软件系统和网络协议必然会有很大差别，所以传感器网络不能像 Internet 一样，有统一的通信协议平台。对于不同的传感器网络应用虽然存在一些共性问题，但在开发传感器网络的应用中，更关心的是传感器网络的差异。只有让系统更贴近应用，才能做出最高效的目标系统。针对每一个具体应用来研究传感器网络技术，这是传感器网络设计不同于传统网络的显著特征。

6. 以数据为中心的网络

目前互联网中，网络设备用网络中唯一的 IP 地址标识，资源定位和信息传输依赖于终端、路由器和服务器等网络设备的 IP 地址。如果想访问互联网中的资源，首先需知道存放资源的服务器 IP 地址，可以说目前的互联网是一个以地址为中心的网络。

传感器网络是任务型网络，脱离传感器网络谈论传感器节点没有任何意义，传感器网络中的节点采用节点编号标识，节点编号是否需要全网唯一取决于网络通信协议的设计。由于传感器节点随机部署，构成的传感器网络与节点编号之间的关系是完全动态的，表现为节点编号与节点位置没有必然联系。用户使用传感器网络查询事件时，直接将所关心的事件通告给网络，而不是通告给某个确定编号的节点，网络在获得指定事件的信息后汇报给用户。这种以数据本身作为查询或传输线索的思想更接近于自然语言交流的习惯，所以通常说传感器网络是一个以数据为中心的网络。

1.4.2 传感器网络应用

1. 军事领域的应用

在军事领域，由于无线传感器网络具有密集型、随机分布的特点，使其非常适合应用于恶劣的战场环境。利用无线传感器网络能够实现监测敌军区域内的兵力和装备、实时监视战场状况、定位目标、监测核攻击或者生物化学攻击等目的。

2. 辅助农业生产

无线传感器网络特别适用于以下几个方面的生产和科学研究：例如，大棚种植室内及土壤的温度、湿度、光照监测、珍贵经济作物生长规律的分析与测量、农作物优质育种和生产等，可为农村发展与农民增收带来极大的帮助。采用无线传感器网络建设农业环境自动监测系统，用一套网络设备完成风、光、水、电、热和农药等的数据采集和环境控制，可有效提高农业集约化生产程度，提高农业生产种植的科学性。

3. 生态监测与灾害预警

无线传感器网络可以广泛应用于生态环境监测、生物种群研究、气象和地理研究、洪水监测、火灾监测等。环境监测为环境保护提供科学的决策依据，是生态保护的基础。在野外或者人工不宜监测的区域布置无线传感器网络可以长期进行无人值守的不间断监测，为生态环境的保护和研究提供实时的数据资料。具体的应用包括：通过跟踪珍稀鸟类等动物的栖息、觅食习惯进行濒危种群的研究；在河流沿线区域布置传感器节点，随时监测水位及水资源被污染的情况；在泥石流、滑坡等自然灾害易发的地区布置节点，可提前发出灾害预警，及时采取相应的抗灾措施；可在重点保护林区布置大量节点随时监控内部火险情况，一旦发现火情，可立刻发出警报，并给出具体位置及当前火势的大小；可将节点布置在易发生地震、水灾等灾害的地区、边远山区或偏僻野外地区，用于临时应急通信。

4．基础设施状态监测系统

无线传感器网络技术对于大型工程的安全施工以及建筑物安全状况的监测有积极的帮助作用。通过布置传感器节点，可以准确地观察大楼、桥梁和其他建筑物的状况，及时发现险情，及时维修，避免造成严重后果。

5．工业领域的应用

在工业安全方面，传感器网络技术可用于危险的工作环境，例如在煤矿、石油钻井、核电厂和组装线上布置传感器节点，可以随时监测工作环境的安全状况，为工作人员的安全提供保证。另外，传感器节点还可以代替部分工作人员到危险的环境中执行任务，不仅降低了危险程度，还提高了对险情的反应精度和速度。

由于无线传感器网络部署方便、组网灵活，其在仓储物流管理和智能家居方面的所作优势也逐渐显现出来。无线传感器网络使传感器形成局部物联网，实时交换和获得信息，并最终汇聚到物联网，形成物联网重要的信息来源和基础应用。

6．智能交通中保障安全畅通

智能交通系统(ITS)是在传统交通体系的基础上发展起来的新型交通系统，它将信息、通信、控制和计算机技术以及其他现代通信技术综合应用于交通领域，并将“人—车—路—环境”有机地结合在一起。在现有的交通设施中增加一种无线传感器网络技术，能够从根本上缓解困扰现代交通的安全、通畅、节能和环保等问题，同时还可以提高交通工作效率。因此，将无线传感器网络技术应用于智能交通系统已经成为近几年的研究热点。

智能交通系统主要包括交通信息的采集、交通信息的传输、交通控制和诱导等几个方面。无线传感器网络可以为智能交通系统的信息采集和传输提供一种有效手段，用来监测路面与路口各个方向的车流量、车速等信息。

智能交通系统主要由信息采集输入、策略控制、输出执行、各子系统间的数据传输与通信等子系统组成。信息采集子系统主要通过传感器采集车辆和路面信息，然后由策略控制子系统根据设定的目标，并运用计算方法计算出最佳方案，同时输出控制信号给执行子系统，以引导和控制车辆的通行，从而达到预设的目标。

无线传感器网络还可以用于交通信息发布、电子收费、车速测定、停车管理、综合信息服务平台、智能公交与轨道交通、交通诱导系统、路况检测和维护综合信息平台等技术领域。

7．医疗系统的应用

近年来，无线传感器网络在医疗系统和健康护理方面已有很多应用，例如，监测人体的各种生理数据，跟踪和监控医院中医生和患者的行动，以及医院的药物管理等。如果在住院病人身上安装特殊用途的传感器节点，例如心率和血压监测设备，医生就可以随时了解被监护病人的病情，在发现异常情况时能够迅速实施抢救。

利用传感器网络长时间收集人的生理数据，可以加快新药品研制的过程，而安装在被监测对象身上的微型传感器也不会给人的正常生活带来太多的不便。此外，在药物管理等诸多方面，它也有新颖而独特的应用。

8. 促进信息家电设备更加智能

无线传感器网络的逐渐普及，促进了信息家电、网络技术的快速发展，家庭网络的主要设备已由单一机向多种家电设备扩展，基于无线传感器网络的智能家居网络控制节点为家庭内、外部网络的连接及内部网络之间信息家电和设备的连接提供了一个基础平台。在家电中嵌入传感器节点并通过无线网络与互联网连接在一起，将为人们提供更加舒适、方便和人性化的智能家居环境。利用远程监控系统可实现对家电的远程遥控，也可以通过图像传感设备随时监控家庭的安全情况。

无线传感器网络使住户可以在任何可以上网的地方，通过浏览器监控家中的水表、电表、煤气表、电热水器、空调、电饭煲以及安防系统、煤气泄漏报警系统、外人侵入预警系统等，而且可通过浏览器设置命令，对家电设备进行远程控制。

随着物联网技术的不断普及应用，无线传感器网络将渗透到人类生活的方方面面。

1.5 本书结构安排

为了让读者能够将理论与实践相结合，本书第 2 章介绍了无线传感器网络操作系统 Contiki。文中首先介绍了 Contiki 操作系统的特点、安装方法、目录结构和运行原理，然后给出了 Contiki 操作系统下利用仿真工具的简单例子。

第 3 章介绍了无线传感器网络应用层协议，如信源编码、数据查询、数据管理以及网络管理等。

第 4 章介绍了一些经典的无线传感器网络运输层协议。无线传感器网络中的数据流分为两类，即传感器节点向汇聚节点发送感知数据的数据流和汇聚节点向传感器节点发送查询信息以及分配感知任务的数据流。这两类数据流对可靠性要求不同，运输层使用的协议也不同，本重点介绍了针对这两类数据流的经典协议。

第 5 章介绍了无线传感器网络网络层协议。本书把目前提出的无线传感器网络路由协议分为四大类：以数据为中心的平面结构路由协议、层次结构路由协议、位置感知路由协议和基于服务质量(QoS)的路由协议，然后介绍了这几类路由协议中的经典路由协议。

第 6 章介绍了无线传感器网络数据链路层协议。无线传感器网络数据链路层协议可以分为三大类：基于竞争的数据链路层协议、基于预约的数据链路层协议和混合数据链路层协议。本章首先介绍传统有线/无线网络中使用的媒体访问控制机制-载波侦听多路访问 CSMA 机制，在此基础上介绍这三类协议中的几种经典协议。

第 7 章介绍了无线传感器网络物理层的通信技术，如编码、调制等。

第 8 章介绍了无线传感器网络定位技术。目前提出的无线传感器定位协议可分为两大类：基于距离的定位协议和距离无关的定位协议。本章首先介绍了三边测量法、三角测量法等测距技术，然后介绍了基于这些测距技术的定位协议和距离无关的定位协议。

第 9 章介绍了无线传感器网络时钟同步机制。本章主要介绍了基于互联网时钟同步协议 NTP 协议的两种经典无线传感器网络时钟同步协议。

第 10 章介绍了无线传感器网络能量管理策略，重点讨论了无线传感器网络中的局部动态能量管理策略。

第 11 章介绍了 ZigBee 协议，在介绍 IEEE 802.15.4 的基础上对 ZigBee 协议的各层做了详细介绍。

第 12 章介绍了 6LoWPAN 协议，重点介绍如何在 IEEE 802.15.4 上实现 IPv6 协议以及网络层的路由机制。

参考文献

[1] I. F. Akyildiz, W. Su, Y. Sankarasubramaniam, and E. Cayirci. Wireless sensor networks: a survey. ComputerNetworks, 38(4): 393-422, March 2002.

[2] Ian F. Akyildiz, Mehmet Can Vuran. Wireless Sensor Networks, WILEY Press, 2010.

[3] WaltenegusDargie, Christian Poellabauer. Fundamentals of Wireless Sensor Networks-Theory and Practice, WILEY Press, 2010.

[4] KazemSohraby, Daniel Minoli, TaiebZnati. Wireless Sensor Networks-Technology, Protocols, and Applications, WILEY Press, 2007.

[5] http://contiki-os.org/.

[6] http://tinyos.net/.

[7] Dunkels, A. Full TCP/IP for 8-bit Architectures. In Proceedings of the First ACM/Usenix International Conference on Mobile Systems, Applications and Services (Mobisys 2003). ACM, San Francisco, May 2003.

[8] Dunkels A. Rime-A lightweight Layered Communication Stack for Sensor Networks, 博士论文, 2003.

[9] IEEE standard for information technology telecommunications and information exchange between systems local and metropolitan area networks specific requirement part 15.4: wireless medium access control (MAC)and physical layer (PHY) specifications for low-rate wireless personal area networks (WPANS). IEEE Std.802.15.4a-2007 (Amendment to IEEE Std. 802.15.4-2006), pp. 1-203, 2007.

[10] ZigBee Alliance. http://www.zigbee.org/.

[11] IPv6 over low power WPAN working group. http://tools.ietf.org/wg/6lowpan/.

第 2 章　Contiki 操作系统

2.1　概　　述

Contiki 操作系统[1]是一个开源的、高度可移植的多任务操作系统，适用于互联网嵌入式系统和无线传感器网络，由瑞典计算机科学学院的 Adam Dunkels 博士[2]和他的团队开发，2015 年 8 月推出了最新的 3.0 版本。Contiki 完全采用 C 语言开发，可移植性好，对硬件要求极低，能够运行在各种类型的微处理器及电脑上。目前已经移植到 8051 单片机、MSP430、AVR、ARM、PC 机等硬件平台上。Contiki 适用于存储资源受限的嵌入式单片机系统，典型的配置下 Contiki 只占用约 2K 字节的 RAM 以及 40K 字节的 Flash 存储器。

Contiki 是开源操作系统，适用于 BSD 协议，即可以任意修改和发布，无需任何版权费用，因此已经应用在许多项目中。Contiki 操作系统是基于事件驱动内核的操作系统，在此内核上，应用程序可以在运行时动态加载，非常灵活。在事件驱动内核的基础上，Contiki 实现了一种轻量级的、名为原线程 protothread 的线程模型来实现线性的、类似于线程的编程风格。该模型类似于 Linux 和 Windows 中线程的概念，多个线程共享同一个任务栈，从而减少 RAM 占用。

Contiki 操作系统还提供了可选的任务抢占机制，基于事件和消息传递的进程间通信机制。Contiki 操作系统中还包括一个可选的 GUI 子系统，可以提供对本地串口终端、基于 VNC 的网络化虚拟显示或者远程登录 Telnet 的图形化支持。

Contiki 操作系统内部集成了两种类型的无线传感器网络协议栈：uIP[3]和 Rime[4]。uIP 是一个小型的符合 RFC 规范的 TCP/IP 协议栈，使得 Contiki 可以直接和 Internet 通信。uIP 包含了 IPv4 和 IPv6 两种协议栈版本，支持 TCP、UDP、ICMP 等协议，但是编译时只能二选一，不可以同时使用。Rime 是一种为轻量级、低功耗无线传感器网络而设计的协议栈，该协议栈提供了大量的通信原语，能够实现从简单的一跳广播通信到复杂的、可靠的多跳数据传输等通信功能。

2.2　特　　点

Contiki 操作系统因具有以下特点而适合于无线传感器网络。

1．事件驱动(Event-driven)的多任务内核

Contiki 操作系统基于事件驱动模型，即多个任务共享同一个栈(stack)，而 uCOS、

FreeRTOS、Linux 等系统则是每个任务分别占用独立栈。这样，Contiki 操作系统每个任务只占用几个字节的 RAM，可以大大节省 RAM 空间，更适合节点资源受限的无线传感器网络应用。

2. 低功耗无线传感器网络协议栈

Contiki 操作系统提供完整的 IP 网络和低功耗无线网络协议栈，对于 IP 协议栈，支持 IPv4 和 IPv6 两个版本，IPv6 还包括 6LoWPAN 帧头压缩适配器，ROLL RPL 无线网络组网路由协议、CoRE/CoAP 应用层协议，还包括一些简化的 Web 工具，如 Telnet、Http 和 Web 服务等。Contiki 操作系统还实现了无线传感器网络的媒体访问控制层和网络层的一些协议，其中媒体访问控制层包括 X-MAC、CX-MAC、ContikiMAC、CSMA-CA 和 LPP 等协议，网络层包括 AODV、RPL 等协议。

3. 集成无线传感器网络仿真工具

Contiki 操作系统提供了无线传感器网络仿真工具 Cooja，可以在该仿真环境下研究无线传感器网络协议。仿真测试后，下载协议程序到节点上进行实际测试，有利于发现问题，减少调试工作量。除此之外，Contiki 操作系统还提供 MSPsim 仿真工具，能够对 MSP430 微处理器进行指令级模拟和仿真，该仿真工具对于科研、算法和协议验证、工程实施规划、网络优化等很有帮助。

4. 集成 Shell 命令行调试工具

无线传感器网络中节点数量多，节点的运行维护是一个难题，Contiki 操作系统提供多种交互方式，如 Web 浏览器、基于文本的命令行接口、存储和显示传感器数据的专用程序等。基于文本的命令行接口是类似于 Unix 命令行的 Shell 工具，用户通过串口输入命令可以查看和配置传感器节点的信息，控制其运行状态，是部署、维护中实用而有效的工具。

5. 基于 Flash 的小型文件系统 CFS

Contiki 操作系统实现了一个简单、小巧和易于使用的文件系统，称为 Coffee File System(CFS)，它是基于 Flash 的文件系统，用于在资源受限的节点上存储数据和程序。CFS 是在充分考虑传感器网络数据采集、数据传输需求以及硬件资源受限特点的基础上而设计的，因此在功耗平衡、坏块管理、掉电保护、垃圾回收、映射机制等方面进行优化，具有使用存储空间少、支持大规模存储的特点。CFS 的编程方法与常用的 C 语言编程类似，提供 open、read、write、close 等函数，易于使用。

6. 集成功耗分析工具

为了延长传感器网络的生命周期，控制和减少传感器节点的功耗至关重要，无线传感器网络领域提出的许多网络协议都考虑到节能问题。为了评估网络协议以及算法的能耗性能，需要测量出每个节点的能量消耗，由于节点数量多，使用仪器测量几乎不可行。Contiki 操作系统提供了一种基于软件的能量分析工具，能够自动记录每个传感器节点的工作状态、时间，并计算出能量消耗，在不需要额外硬件或仪器的情况下完成对网络级别的能耗分析。Contiki 操作系统的能耗分析机制既可用于评价传感器网络协议，也可用于估算传感器网络的生命周期。

7. 开源免费

Contiki 操作系统采用 BSD 授权协议，用户可以下载代码用于科研和商业用途，并且可以任意修改代码，无需任何专利以及版权费用，是彻底的开源软件。尽管是开源软件，但是Contiki操作系统的开发十分活跃，一直在持续不断的更新和改进之中。

2.3 安　装

目前，Contiki操作系统开发小组将Contiki源码托管到github中。为了方便开发，我们需要将Contiki操作系统的源码部署到本地。Cotniki源码默认环境为Linux操作系统，本节还将介绍在Windows系统下的环境部署。

2.3.1 ubuntu系统下Contiki安装

首先需要将Contiki源码从github中下载到本地[5]。ubuntu系统下载github中的资源使用到git工具，其安装方式如下：

```
sudo apt-get install git git-core
```

安装成功后，使用命令git version验证是否安装成功：

```
git version 1.9.1
```

当出现上面的结果时，表明git工具安装成功。下面使用git工具将Contiki源码下载到当前目录的contiki文件夹下：

```
git clone git://github.com/contiki-os/contiki.git
```

当前目录出现contiki文件夹时，说明contiki源码下载成功。

接下来为Contiki操作系统配置编译环境。ubuntu系统需要安装以下工具包：

```
user@instant-contiki:~$ sudo apt-get install build-essential binutils-msp430 gcc
-msp430 msp430-libc binutils-avr gcc-avr gdb-avr avr-libc avrdude openjdk-7-jdk
openjdk-7-jre ant libncurses5-dev
```

其中，包含了gcc -msp430编译器、openjdk、ant、libcurses等Contiki编译以及Contiki自带工具运行所需的必要环境。

配置环境搭建完成后，进入/contiki/examples/hello-world文件夹下，发现有Makefile文件，如图2-1所示。

```
Makefile ×
CONTIKI_PROJECT = hello-world
all: $(CONTIKI_PROJECT)

CONTIKI = ../..
include $(CONTIKI)/Makefile.include
```

图2-1　makefile文件

ubuntu 环境下配合 GCC 编译器使用的文件称为 Makefile 文件，该文件负责将关联文件路径告知 GCC 编译器，从而将 project 编译成一个可执行文件。使用 Makefile 文件的方法是在 Makefile 文件目录下使用 make 命令。

在 hello-world 文件夹下使用 make 命令，结果如图 2-2 所示。

```
  CC        ../../core/ctk/ctk-textentry-checkbox.c
  CC        ../../core/ctk/ctk-textentry-cmdline.c
  CC        ../../core/ctk/ctk-textentry-multiline.c
  CC        ../../core/net/llsec/anti-replay.c
  CC        ../../core/net/llsec/ccm-star-packetbuf.c
  CC        ../../core/net/llsec/nullsec.c
cp ../../tools/empty-symbols.c symbols.c
cp ../../tools/empty-symbols.h symbols.h
  CC        symbols.c
  AR        contiki-native.a
  CC        hello-world.c
  LD        hello-world.native
rm hello-world.co
```

图 2-2　编译工程片段

由图可知，make 命令使用 gcc -msp 编译器对 hello-world 项目中包含的源码进行编译，同时在 hello-world 文件夹下生成可执行文件 hello-world.native。至此，表明 Linux 下的 Contiki 编译环境搭建成功。

需要注意的是，make 生成的 hello-world.native 无法烧写到 cc2530 节点中，8051 芯片只支持 hex 文件，这里需要在 make 命令后添加 TARGET=cc2530dk 即可编译为 hex 文件。

2.3.2　Windows 系统下 Contiki 安装

Windows 操作系统是目前使用最广泛，也是人们最熟悉的操作系统之一。将 Contiki 部署在 Windows 系统下将大大减小 Contiki 开发的难度。本小节将介绍如何在 Windows 下使用 IAR for 8051 集成开发工具配置部署 Contiki 操作系统开发环境。

IAR for 8051 属于 IAR systems 的一部分，也是世界领先的嵌入式系统开发工具和服务提供商。IAR 作为商业软件，推荐使用官方正版。图 2-3 为 IAR for 8051 集成开发环境主界面。

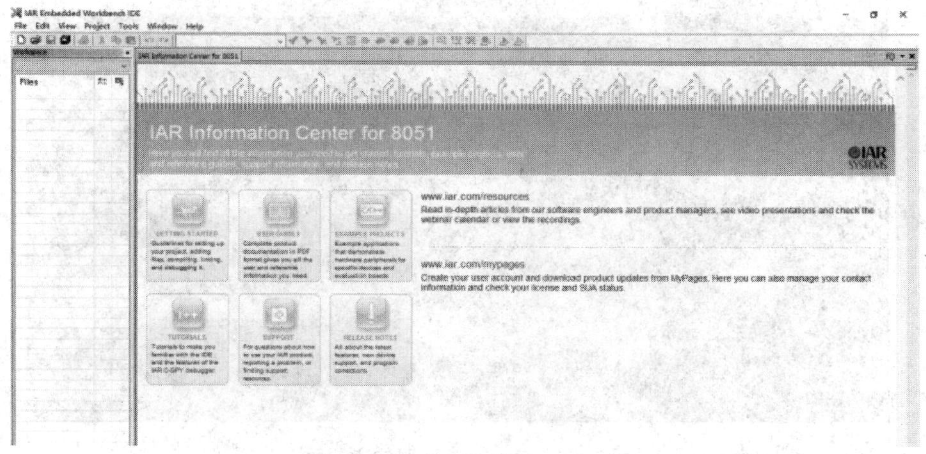

图 2-3　IAR for 8051 集成开发环境主界面

要将 Contiki 源码部署到 IAR 中，首先需要新建一个工程，然后根据 Contiki 的源码结构，将 Contiki 源码依次部署到工程中，如图 2-4 所示。

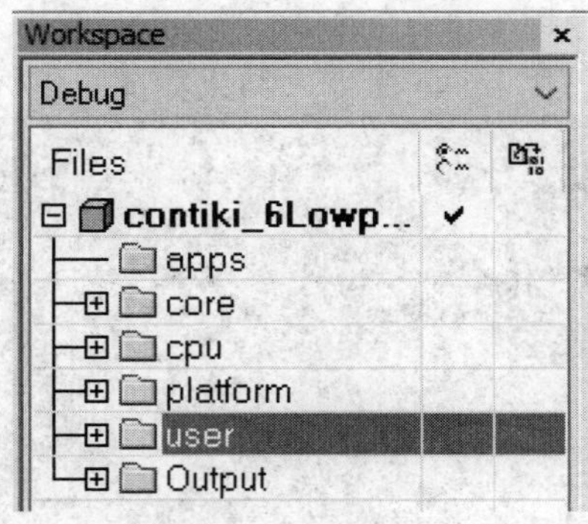

图 2-4　Contiki 工程结构

其中，在 user 文件夹下存放用户自定义的功能代码，包含传感器的驱动、自定义 PROCESS 代码等。

完成上述工作即可使用 IDE 自带的编译工具对代码进行编译，生成的 hex 文件存放在 Output 文件夹中。

2.3.3　Cooja 仿真工具

Cooja 是无线传感器网络仿真工具，能够在电脑上进行协议仿真，进入/cooja 目录即可启动 Cooja。首次启动 Cooja 时，需要安装相应的软件，按照提示进行安装，安装完成后重新运行命令即可。如图 2-5 所示是 Cooja 仿真器的主界面，运行 Cooja 仿真工具的命令如下：

```
cd contiki/tools/cooja/
ant run
```

然后就可以在 Cooja 仿真器中创建仿真，添加节点，进行模拟仿真了。

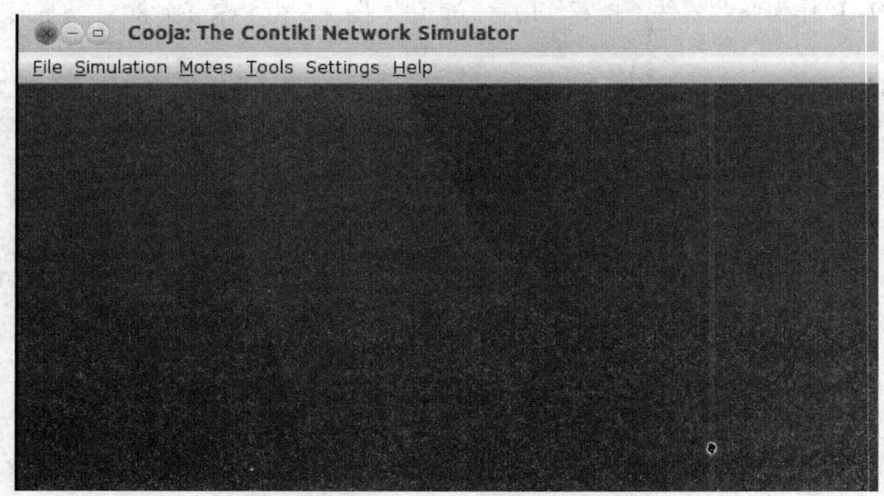

图 2-5　Cooja 仿真器的主界面

2.4　Contiki 目录结构

Contiki 安装完成以后，用资源管理器打开 contiki 的目录，可以看到 Contiki 操作系统源码的目录结构如图 2-6 所示。根目录下包含 apps、core、cpu、dev、doc、examples、platform、tools、regression-tests 目录，其余几个文件是说明文档以及 Makefile.include 脚本文件。

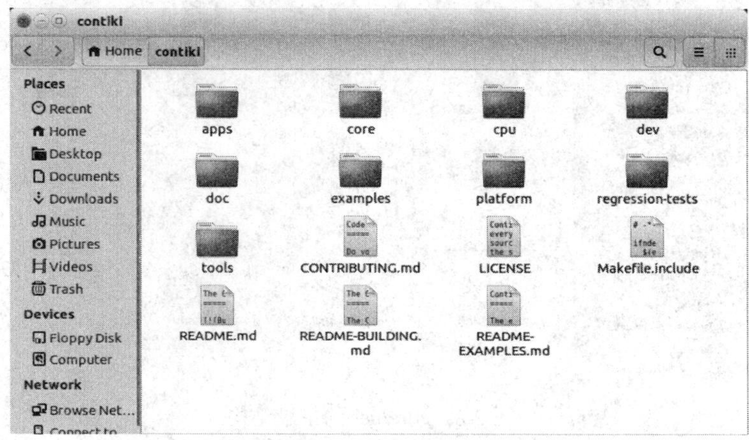

图 2-6　Contiki 的源码目录结构

1. core 文件夹

core 文件夹是 Contiki 操作系统的核心代码目录，包含了 Contiki 中与硬件无关的代码、网络协议栈、硬件驱动程序的头文件等。core 目录中包含的子目录如图 2-7 所示。

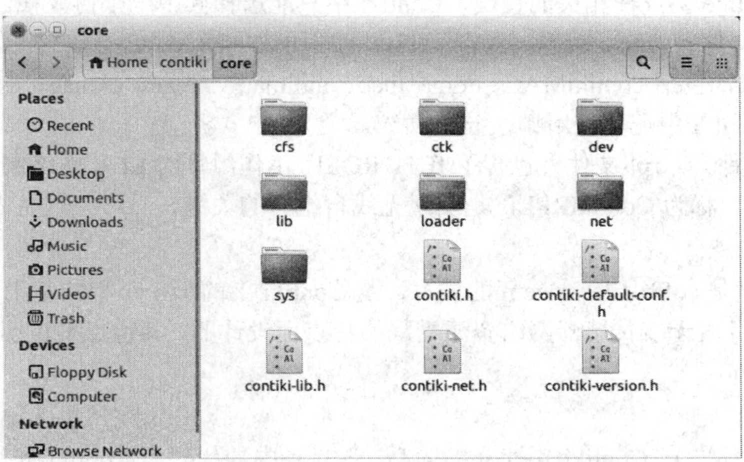

图 2-7　core 目录的子目录

1) sys文件夹

图 2-7 中，sys 文件夹包含 Contiki 操作系统内核的所有代码，用于实现任务调度、事件驱动、定时器等相关功能，是操作系统的核心文件。

2) net文件夹

如图 2-8 所示，net 文件夹包含了一系列的文件，以及 mac、rime、rpl 三个子目录，是 Contiki 中与网络协议相关的代码，包括 IPv4、IPv6、6Lowpan、RPL 等基于 IP 的网络层代码，以及 MAC 层协议，如 IEEE 802.15.4、ContikiMAC 等。此外，Contiki 还包含了 rime 协议栈。

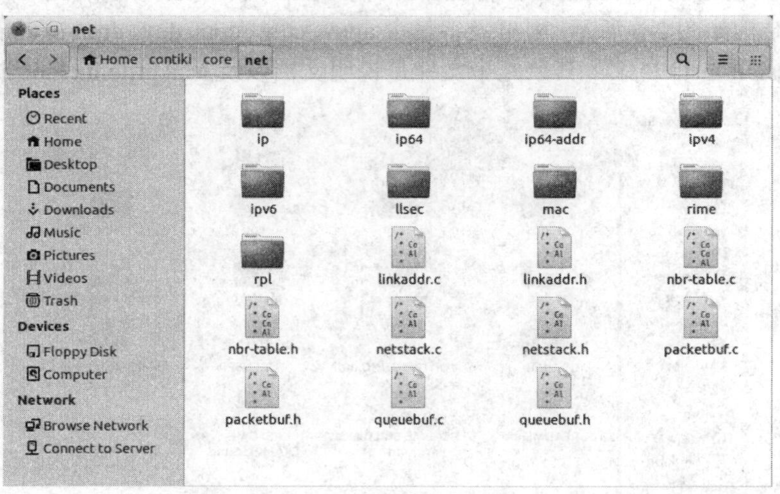

图 2-8　core/net 的目录结构

(1) IP 文件夹。IP 文件夹包含了 uIP 协议栈代码，包括 TCP、UDP、IPv4/IPv6、ICMP 协议代码以及相关数据结构，如邻居表、路由表等，还包括 6LoWPAN 协议的实现 sicslowpan.c 和 sicslowpan.h。

(2) rime 文件夹。Contiki 系统中包含两个协议栈：uIP 协议栈和 Rime 协议栈，其中 Rime 包含了 rime 协议栈相关的代码，Contiki 中只能选择其中一个协议栈。

(3) mac 文件夹。mac 文件夹包含了 ISO 七层协议中的 MAC 层代码，该目录中包含多个 mac 层协议，包括 contikiMAC、tdma_mac、nullmac、xmac、cxmac、csma 等，说明可以在 contiki-conf.h 中配置使用哪个 mac 协议。

(4) rpl 文件夹。rpl 文件夹包含了 IETF ROLL 工作组针对 LLN 网络制定的 rpl 路由协议的具体实现，称为 ContikiRPL，是实现无线自组网的关键。

3) cfs文件夹

cfs 文件夹是 coffe file system 的缩写，是 Contiki 上的一个小型的基于 Flash 存储器的文件系统，是针对无线传感器网络资源受限的特点而设计的，其特点是说明减少内存使用、支持大规模存储。

4) ctk文件夹

ctk 文件夹是 The Contiki Toolkit 的简写，该目录中的代码为 Contiki 操作系统提供图形化的操作界面。

5) dev文件夹

dev 文件夹包含了 Contiki 操作系统中一些常用的驱动程序的头文件定义，以及驱动程序中与硬件无关的代码，用户移植 Contiki 时根据这些头文件定义的 api 函数编写驱动程序。

一些典型的驱动包括 spi.h、slip.h、leds.h、watchdog.h 等。

6) lib文件夹

lib 文件夹包含了 Contiki 操作系统以及其他程序用到的一些常用库函数，如链表、反傅立叶变换 ifft、数据结构 list、随机数发生器 random、环形缓冲区 ringbuf、字符串比较 strncasecmp 等函数。用户需要相应的库函数时，只需要把对应的库文件添加到工程中进行编译即可。

7) loader文件夹

Contiki 是面向无线传感器网络应用的小型操作系统，在这类小型嵌入式系统中，通常是将整个程序编译完成后烧写到设备中的，程序如果需要修改则必须重新编译和烧写，而传感器网络中节点数量多，重新烧写困难。因此，Contiki 实现了一个小型的动态加载模块 loader，它允许用户在需要的时候动态加载应用程序，从而提高灵活性。

8) 头文件

头文件 contiki.h 包含 Contiki 相关的所有头文件，contiki-lib.h 包含了常用库的头文件，contiki-net.h 包含了 net 相关的头文件，contiki-verson.h 包含了当前 Contiki 的版本号字符串。

以上目录中，sys、net、lib、dev 中的源代码通常是需要的，而 cfs、ctk、loader 中的文件则根据实际应用需要进行添加。Contiki 中的代码大多是模块化结构，可以根据需要灵活裁剪，满足多种应用的需要。

2. cpu 文件夹

cpu 文件夹包含了与微控制器移植相关的代码，包括寄存器定义、Contiki 内核与硬件相关的代码(如时钟、定时器等)、微控制器的驱动程序。Contiki 对硬件的要求很低，移植十分方便，目前支持 8051 系列、AVR、MSP430、ARM、ARM-Cortex、X86 等处理器，其中，cpu/cc253x 目录包含了 TI 的 CC253x 系列芯片的移植代码。

3. platform 文件夹

platform 文件夹包含与电路板相关的移植代码和驱动。电路板中包含核心微控制器，还包括各类外围通信器件、传感器器件，如 USB 通信串口通信、温湿度传感器等。cpu 目录中只有微控制器相关的移植代码，而电路板相关的外围设备驱动程序在 platform 中定义，目前支持近 40 种电路板，我们可以参考这些代码编写自己的驱动程序。

4. apps 文件夹

apps 文件夹包含了许多 Contiki 操作系统上的应用程序，如数据库 antelope、web 服务器、基于串口的 shell 命令、telnet 程序、coap 应用层协议等。

5. tools 文件夹

tools 文件夹包含调试、开发、下载等相关的各类程序，如网络仿真工具 Cooja、MSP430 指令级网络仿真工具 MSPsim、tunslip 和 tunslip6 等。

6. examples 文件夹

examples 文件夹包含了许多 Contiki 编程示例代码，用户编程时可以参照这些程序，或者直接在这些代码中进行修改。examples/cc2530dk 目录下是适用于 CC2530 芯片的程序文件，可以直接在该目录下编译生成 .hex 文件，并下载测试；examples/ipv6 目录中包含了一些关于 IPv6 的实例，可进行节点之间的组网和数据的传输，通过边界路由器和浏览器进行交互控制。

7．regression-tests 文件夹

regression-tests 文件夹包含了多个在 Cooja 下进行仿真模拟的项目示例。

2.5 Contiki 操作系统运行原理

Contiki 操作系统是基于事件驱动的，系统的运行过程可以理解为不断处理事件的过程。Contiki 操作系统整个运行通过事件触发完成，一个事件绑定相应的进程。当事件被触发时，系统把执行权交给事件所绑定的进程。

系统启动以后，首先执行 main()函数，进行硬件初始化，包括时钟初始化 clock_init()、Flash 初始化 soc_init()、内部时间初始化 rtimer_init()、LED 初始化 leds_init()、串口初始化 io_arch_init()等；接着初始化进程，如 ctimer_init()、netstack_init()、set_rime_addr()、stack_poison()；然后启动系统进程和指定的自启动进程；最后，函数 process_run()进入处理事件的死循环，首先遍历执行完所有高优先级的进程，然后转去处理事件队列中的事件，处理该事件之后，需先满足高优先级进程才能转去处理下一个事件。Contiki 操作系统的运行原理示意图如图 2-9 所示。

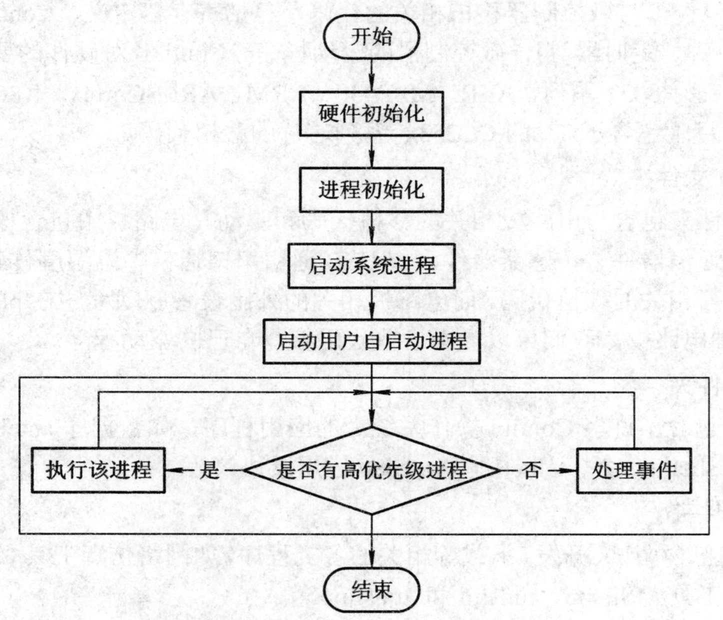

图 2-9 Contiki 操作系统的运行原理示意图

Contiki 操作系统的进程机制是基于 Protothreads 线程模型的，为了确保高优先级任务能尽快得到响应，Contiki 操作系统采用两级进程调度。

2.5.1 Protothread

Contiki 操作系统使用 Protothread 轻量级线程模型，即所有进程共用一个栈。当进程数量很多的时候，由栈空间省下来的内存是相当可观的。为了保存断点，Protothreads 用一个 2 字节静态变量存储被中断行，因为静态变量不从栈上分配空间，所以即使有任务切换也不会影响到该变量。下一次该进程获得执行权时，进入函数体后通过 switch 语句跳转到上一次被中断的地方。

1. 保存断点

Contiki 操作系统保存断点是通过保存行数来完成的，在被中断的地方插入编译器关键字_LINE_，编译器便自动记录所中断的行数。宏 LC_SET 包含语句 case_LINE_，用于下次恢复断点，即下次通过 switch 语言便可跳转到 case 的下一条语句。

2. 恢复断点

被中断程序再次获得执行权时，便从该进程的函数执行体调用，按照 Contiki 操作系统的编程规则替换，函数体的第一条语句便是 PROCESS_BEGIN 宏，该宏包含一条 switch 语句，用于跳转到上一次被中断的行，从而恢复执行。

2.5.2 进程控制块

Contiki 操作系统用一个结构体来描述整个进程的细节，使用链表将系统的所有进程组织起来，如图 2-10 所示。

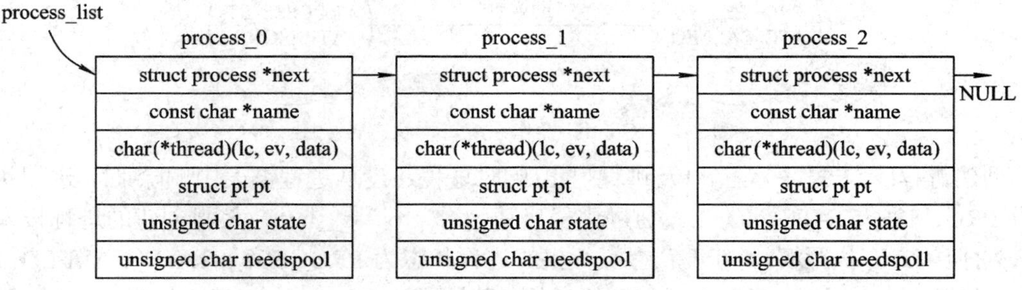

图 2-10 Contiki 操作系统进程链表 process_list

Contiki 操作系统定义了一个全局变量 process_list 作为进程链表的表头，还定义了一个全局变量 process_current 用于指向当前进程。成员变量 next 指向下一个进程，最后一个进程的 next 指向 NULL。其中，name 是进程的名称(PROCESS_CONF_NO_PROCESS_NAMES 0)，此时 name 为空字符串；变量 state 表示进程的状态，而变量 needspoll 标识进程的优先级，只有两个值 0 和 1，needspoll 为 1 意味着进程具有更高的优先级。

1. 成员变量 thread

进程的执行体，即进程执行实际上是运行该函数。在实际的进程结构体代码中，该变量由宏 PT_THREAD 封装，展开即为一个函数指针。

2. 成员变量 pt

Contiki 操作系统进程是基于线程模型 Protothreads 的，所以进程控制块需要一个变量来记录被中断的行数。结构体 pt 只有一个成员变量 lc，可以将 pt 简单地理解成保存行数的变量。

2.5.3 进程调度

Contiki 操作系统只有两种优先级，由进程控制块中的变量 needspoll 标识，默认值是 0，即普通优先级。要想将某个进程设为更高优先级，可以在创建之初指定 needspoll 为 1，或者运行过程中通过设置该变量从而动态提升其优先级。在实际的调度中，优先运行最高优先级的进程，而后再去处理一个事件，随后再运行所有高优先级的进程。通过遍历整个进程链表，将 needspoll 为 1 的进程投入运行。对于单个进程，成员变量 state 标识着进程的状态，共有 3 个状态 PROCESS_STATE_RUNNING、PROCESS_STATE_CALLED、PROCESS_STATE_NONE，其进程状态转换图如图 2-11 所示。

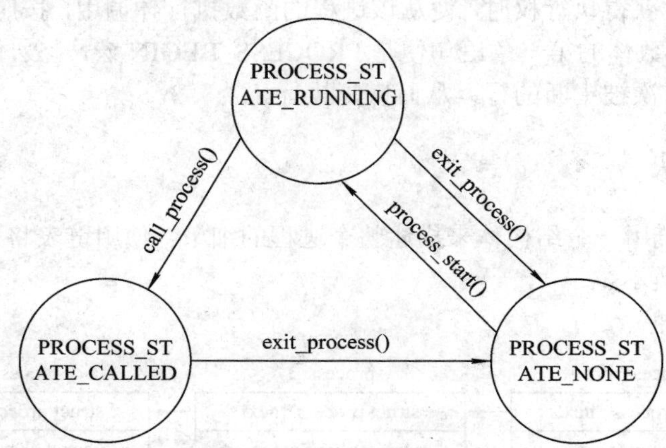

图 2-11　Contiki 操作系统进程状态转换图

创建进程(还未投入运行)以及进程退出(此时进程还没从进程链表中删除)时，进程状态都为 PROCESS_STATE_NONE。通过进程启动函数 process_start() 将新创建的进程投入运行队列(但未必有执行权)，真正获得执行权的进程状态为 PROCESS_STATE_CALLED，处在运行队列的进程(包括正在运行和等待运行)可以调用 exit_process()函数退出。

1. 进程初始化

系统启动后需要先将进程初始化，通常在主函数 main()中调用函数 process_init()，进程初始化主要完成事件队列和进程链表初始化，将进程链表头指向 NULL，当前进程也设为 NULL。process_init()函数代码如下：

```
void process_init(void) {
        lastevent = PROCESS_EVENT_MAX;
        nevents = fevent = 0;
        process_maxevents = 0;
        process_current = process_list = NULL;
}
```

2. 创建进程

创建进程实际上是定义一个进程控制块和进程执行体的函数，其代码如下(假设进程名称为 hello world)：

```
PROCESS(hello_world_process, "Hello world");
PROCESS_THREAD(name, ev, data);
struct process name = { NULL, strname, process_thread_name }
static PT_THREAD(process_thread_name(structpt *process_pt, process_event_tev, process_data_t
        data))
#define PT_THREAD(name_args) char name_args
static char process_thread_hello_world_process(structpt *process_pt, process_event_tev,
                    process_data_t data);
struct process hello_world_process ={NULL, "Hello world", process_thread_hello_world_process };
```

PROCESS 宏实际上声明了一个函数并定义了一个进程控制块，新创建的进程 next 指针指向 NULL，进程名称为 Hello world，进程执行体函数指针为 process_thread_hello_world_process，保存行数的 pt 为 0，状态为 0，优先级标记位 needspoll 也为 0。PROCESS 定义了结构体并声明了函数，还需要实现该函数，通过宏 PROCESS_THREAD 来实现。宏 PROCESS_BEGIN 包含 switch(process_pt->lc)语句，这样被中断的进程将再次获得执行并可通过 switch 语句跳转到相应的 case，即被中断的行。

3. 启动进程

函数 process_start()用于启动一个进程，首先判断该进程是否已经在进程链表中，然后将进程加到链表，给该进程发一个初始化事件 PROCESS_EVENT_INIT。函数 process_start()的流程图如图 2-12 所示。

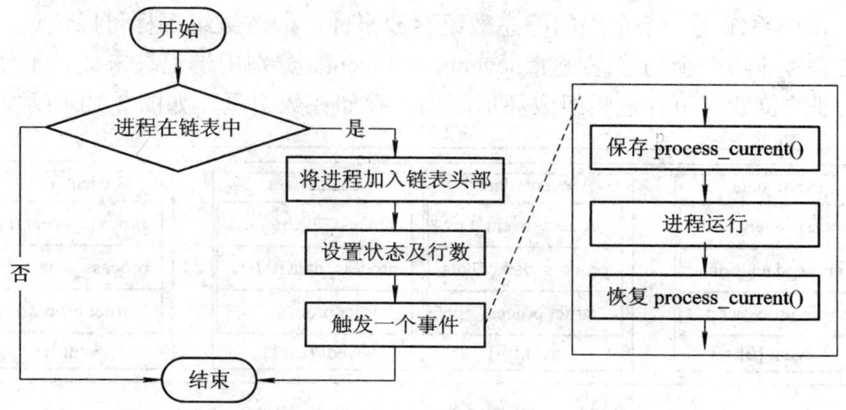

图 2-12　函数 process_start()的流程图

函数 process_start()将进程状态设为 PROCESS_STATE_RUNNING，并调用 PT_INIT 宏将保存断点的变量设置为 0，调用 process_post_synch 给进程触发一个同步事件。进程运行由 call_process()函数实现，call_process()函数首先进行参数验证，即进程处于运行状态并且进程的函数体不为 NULL，接着将进程状态设为 PROCESS_STATE_CALLED，表示该进程拥有执行权。接下来，运行进程函数体，根据返回值判断进程是否结束或者退出，若是则调用 exit_process()将退出进程，否则将进程状态设为 PROCESS_STATE_RUNNING，继续放在进程链表。

4．进程退出

进程运行完成或者收到退出的事件都会导致进程退出。进程函数体最后一条语句是 PROCESS_END()，该宏包含语句 return PT_ENDED，表示进程运行完毕。进程退出函数 exit_process()首先对传进来的进程 p 进行参数验证，确保该进程在进程链表中并且进程状态为 PROCESS_STATE_CALLED/RUNNING，接着将进程状态设为 NONE。然后，向进程链表的所有其他进程触发退出事件 PROCESS_EVENT_EXITED，此时其他进程依次执行处理该事件，并且取消与该进程的关联。

2.5.4 事件调度

Contiki 操作系统将事件调度机制融入到线程 Protothreads 机制中，每个事件绑定一个进程(广播事件例外)，进程间的消息传递也是通过事件来传递的。Contiki 操作系统用无符号字符来标识事件，它定义了 10 个事件(0x80～0x8A)，其他的供用户使用。事件可以携带数据 data，利用事件可以进行进程间的通信。事件结构体 event_data 的定义如下：

```
structevent_data {
        process_event_tev;
        process_data_t data;
        struct process *p;
};
typedef    unsigned char process_event_t;
typedef    void *process_data_t;
```

Contiki 操作系统用一个全局的静态数组存放事件，通过数组下标可以快速访问事件。系统还定义了另外两个全局静态变量 nevents 和 fevent，分别用于记录未处理事件的总数和下一个待处理的位置。事件逻辑组成环形队列，存储在数组里，如图 2-13 所示。

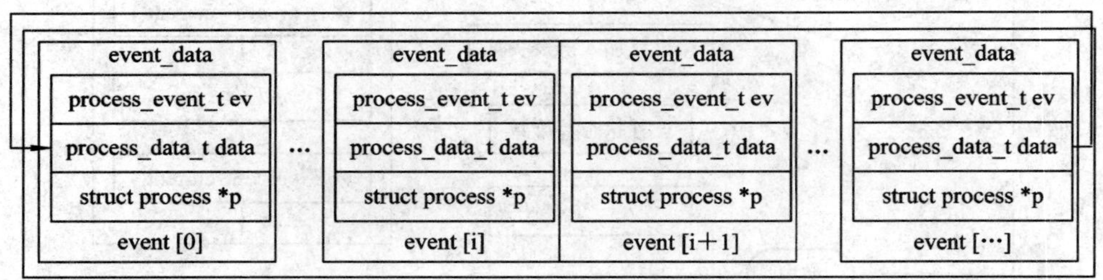

图 2-13　Contiki 事件队列示意图

1．事件产生

Conitki 操作系统事件的产生有同步和异步两种方式。同步事件通过 process_post_synch()函数产生，事件触发后直接处理；而异步事件由 process_post()函数产生，触发后并没有及时处理，而是放入事件队列等待处理。process_post()函数首先判断事件队列是否已满，若满则返回错误，否则取得下一个空闲位置，而后设置该事件并将未处理事件总数加 1。

process_post()函数流程图 2-14 所示。

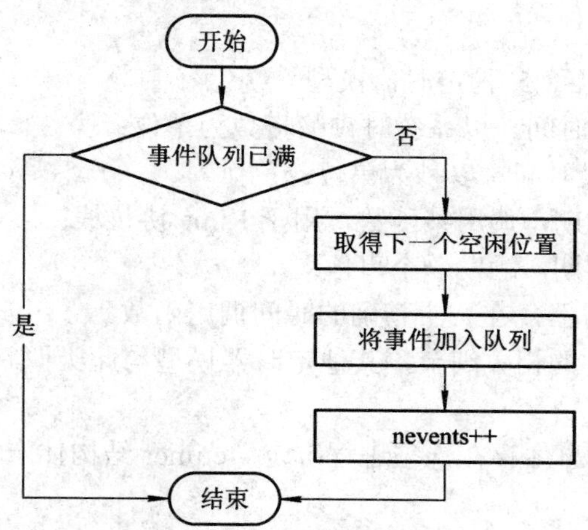

图 2-14　process_post()函数流程图

2. 事件调度

Contiki 操作系统中的事件没有优先级，采用先到先服务策略，每一次系统轮询(process_run 函数) 只处理一个事件。do_event()函数用于处理事件，首先取出该事件，更新总的未处理事件总数及下一个待处理事件的数组下标。然后判断事件是否为广播事件，若是，先运行高优先级的进程，然后再调用 call_process()函数去处理事件。如果事件是初始化事件，需要将进程状态设为 PROCESS_STATE_RUNNING，其流程图如图 2-15 所示。

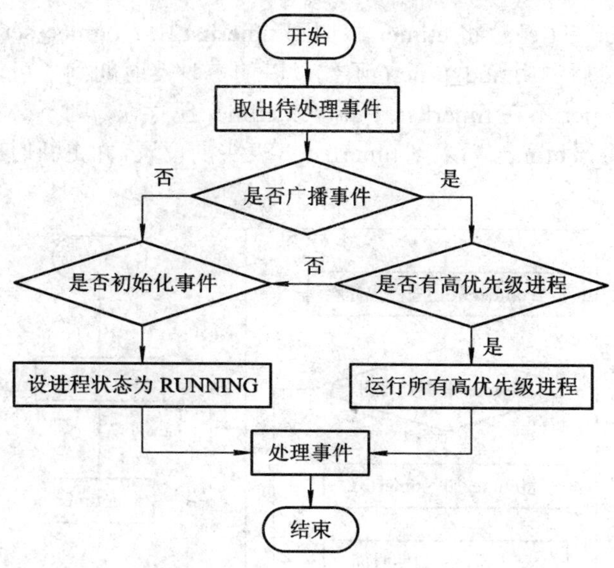

图 2-15　do_event()函数流程图

3. 事件处理

实际的事件处理是在进程的函数体 thread 中进行的，call_process()函数会调用 thread()函数执行该进程。

2.5.5 定时器

Contiki 操作系统提供了 5 种定时器模型。

(1) timer：描述一段时间，以系统时钟嘀嗒数为单位；

(2) stimer：描述一段时间，以秒为单位；

(3) ctime：定时器到期，调用某函数，用于 Rime 协议栈；

(4) etime：定时器到期，触发一个事件；

(5) rtimer：实时定时器，在一个精确的时间调用函数。

下面简单介绍 etimer 的相关细节，其他定时器模型与此类似。

1. etimer 组织结构

etimer 作为一类特殊事件存在，与进程绑定。etimer 结构体定义如下：

```
struct etimer {
        struct timer timer;
        struct etimer *next;
        etimer struct process *p;
};
```

其中，成员变量 timer 用于描述定时器属性，包含起始时刻及间隔，将起始时刻和间隔相加与当前时钟对比，便可知道是否到期；变量 p 指向所绑定的进程；成员变量 next 指向下一个 etimer，系统所有 etimer 被链接成一个链表。

2. 添加 etimer

etimer 调用 etimer_set 函数将 etimer 添加到 timerlist 中。etimer_set 首先设置 etimer 成员变量 timer 的值，然后调用 add_timer()函数，以便定时器时间到了可以得到更快的响应。接着确保欲加入的 etimer 不在 timerlist 中，若该 etimer 已存在，则不必将 etimer 加入链表，仅需更新时间，否则将该 etimer 插入到 timerlist 链表头的位置，并更新时间。函数 etimer_set()流程图如图 2-16 所示。

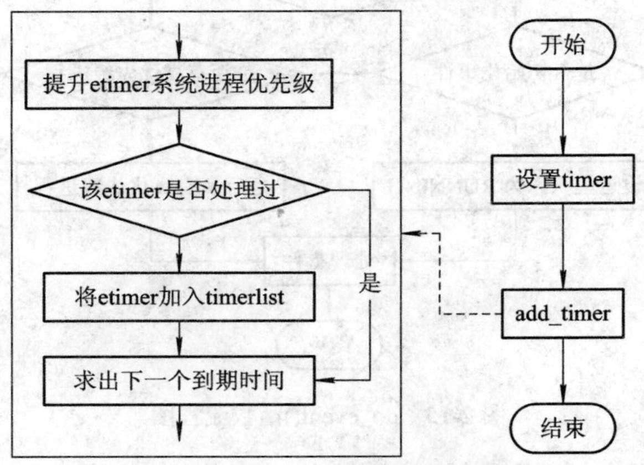

图 2-16 函数 etimer_set()流程图

3. etimer 管理

Contiki 操作系统用一个系统进程 etimer_process 管理所有的 etimer 定时器。进程退出时，会向所有进程发送事件 PROCESS_EVENT_EXITED。当 etimer_process 拥有执行权的时候，若传递的是退出事件，遍历整个 timerlist，并将与该进程相关的 etimer 从 timerlist 删除，而后转去处理所有到期的 etimer。通过遍历整个 etimer 查看到期的 etimer，若有到期的，触发绑定的进程触发事件 PROCESS_EVENT_TIMER，并将 etimer 的进程指针设为空，接着删除该 etimer，求出下一次 etimer 到期的时间，继续检查是否还有 etimer 到期。提升 etimer_process 优先级，若接下来都没有 etimer 到期就退出。etimer_process 的 thread 函数流程图如图 2-17 所示。

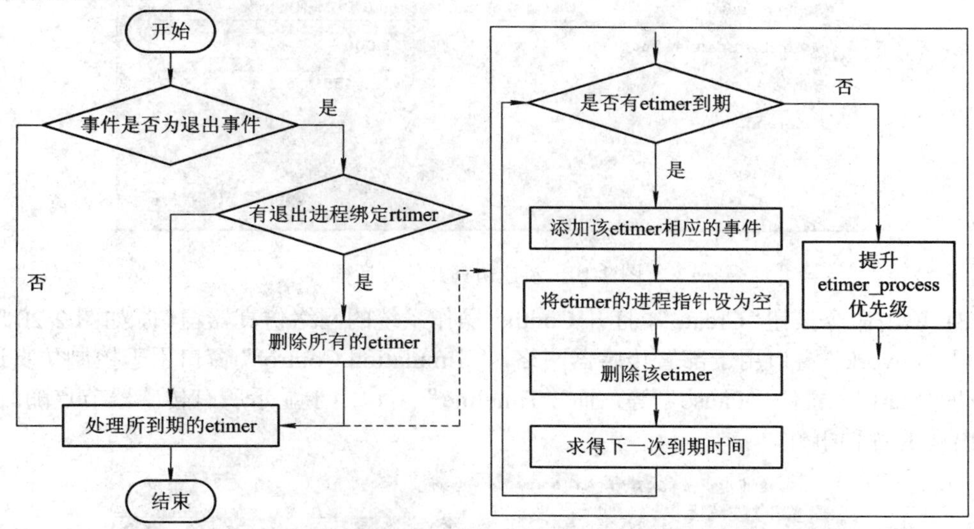

图 2-17　etimer_process 的 thread 函数流程图

2.6　Cooja 仿真工具举例

本节给出在仿真工具 Cooja 下一对节点间通信的简单实例，说明在 Cooja 下建立无线传感器网络的基本过程。

(1) 启动 Cooja，窗口如图 2-18 所示。

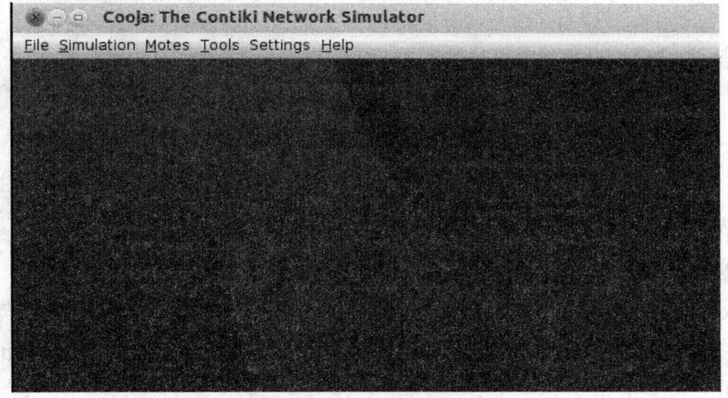

图 2-18　Cooja 窗口

(2) 新建仿真：选择“File->New simulation”，出现如图 2-19 所示的新建仿真文件对话框，可以指定新建仿真文件名称，默认文件名为“My simulation”，可以设置基本参数，如传输媒体特性、时延和随机数种子等。

Create new simulation
Simulation name My simulation
Advanced settings
Radio medium Unit Disk Graph Medium (UDGM): Distance Loss
Mote startup delay (ms) 1,000
Random seed 123,456
New random seed on reload
Cancel Create

图 2-19　新建仿真文件对话框

(3) 单击命令按钮“Create”，打开 Contiki 操作系统的网络仿真器窗口，如图 2-20 所示。其中，“Network”窗口用于部署传感器网络，“Simulation Control”窗口用于控制仿真过程，如启动“Start”、暂停“Pause”等，而“Timeline”窗口用于显示所有传感器节点随时间推移而出现的各种事件。

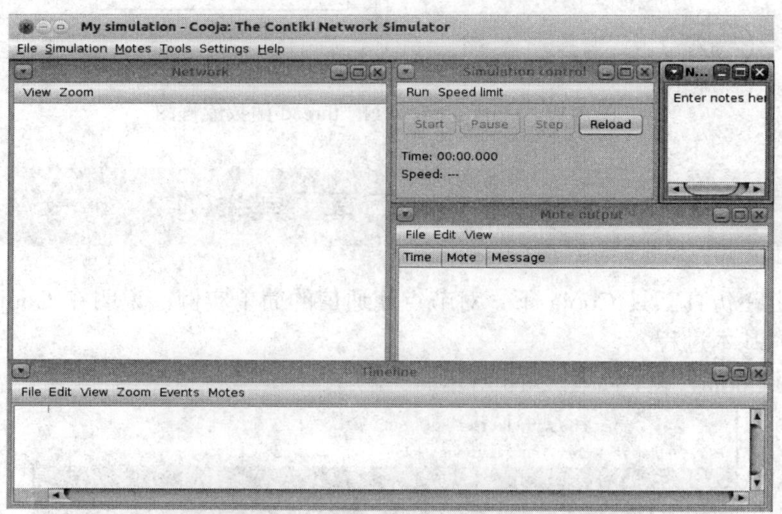

图 2-20　Contiki 网络仿真器

(4) 通过选择“Motes->Add motes->Create new mote type->Sky mote...”菜单项，在网络中创建传感器节点，弹出的对话框如图 2-21 所示；可以在“Description”文本框中指定新加入节点的描述符，单击命令按钮“Browse”选择节点上需加载的运行程序。然后，在如图 2-22 所示的“Select Contiki Process Source”对话框中选择编辑好的程序，如选择 Contiki 操作系统自带的单播发送者程序“~/contiki-2.7/examples/ipv6/simple-udp-rpl/unicast-sender.c”，并单击命令按钮“Open”。

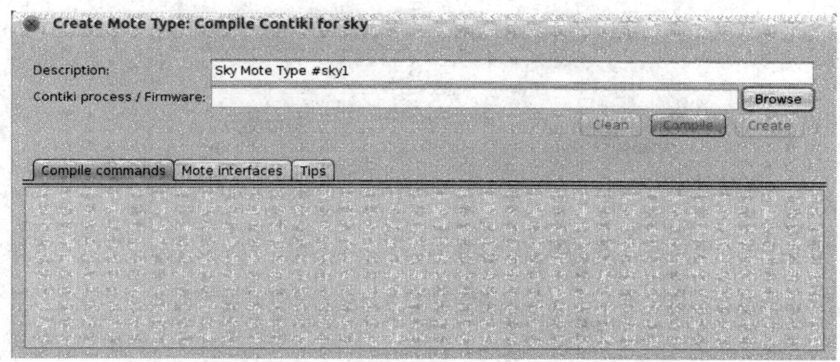

图 2-21　创建节点对话框

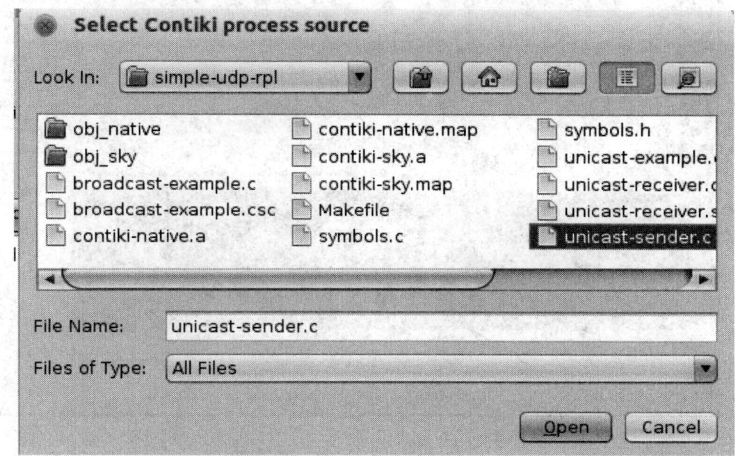

图 2-22　选择进程

(5) 在“Compile Contiki for sky”对话框中单击命令按钮“Compile”编译节点上加载的源程序，编译结果如图 2-23 所示。

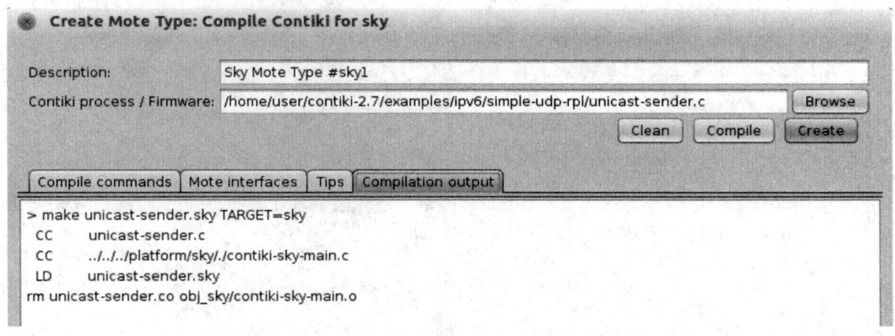

图 2-23　编译源程序

(6) 如果编译出现错误则需修改源程序，否则单击命令按钮“Create”建立发送节点。在如图 2-24 所示的“Add motes”对话框中可设置创建该类节点的个数以及节点的位置，单击命令按钮“Add”即可创建节点。图 2-25 展示了仅建立了一个节点的网络。

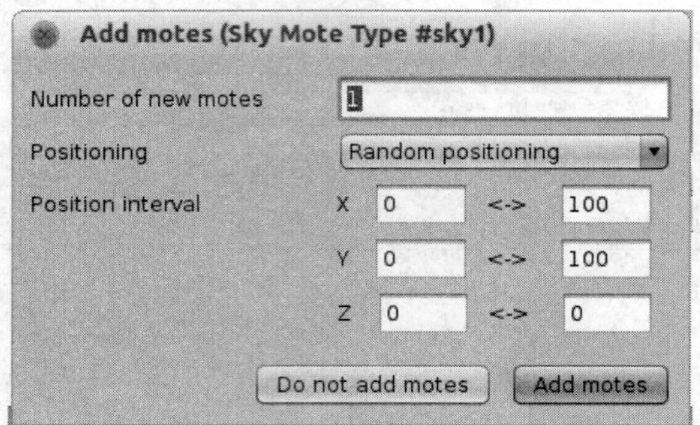

图 2-24 增加节点

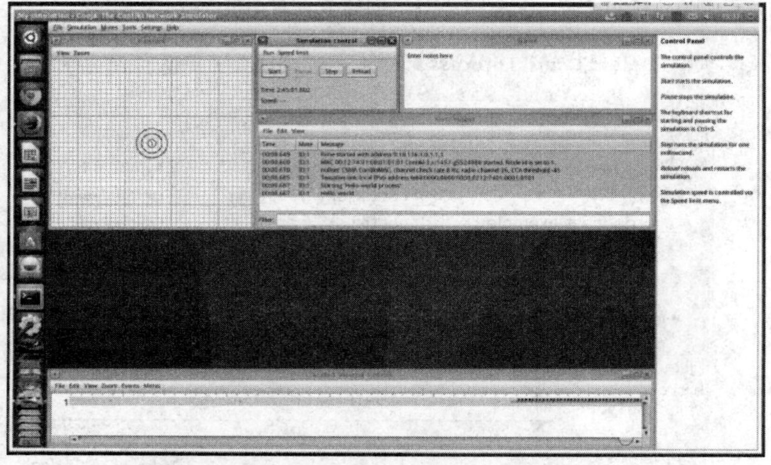

图 2-25 单个节点网络

(7) 利用同样的方法，再建立网络中的第二个节点，其上加载的程序为单播接收程序“~/contiki-2.7/examples/ipv6/simple-udp-rpl/unicast-receiver.c”。拥有两个节点的网络如图 2-26 所示。

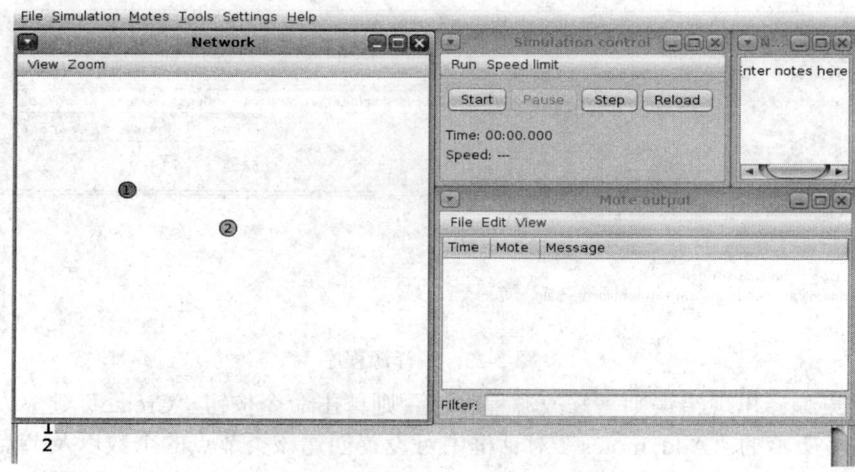

图 2-26 拥有两个节点的网络

(8) 在“Simulation control”窗口中单击命令按钮“Start”开启仿真过程，仿真运行过程如图 2-27 所示。

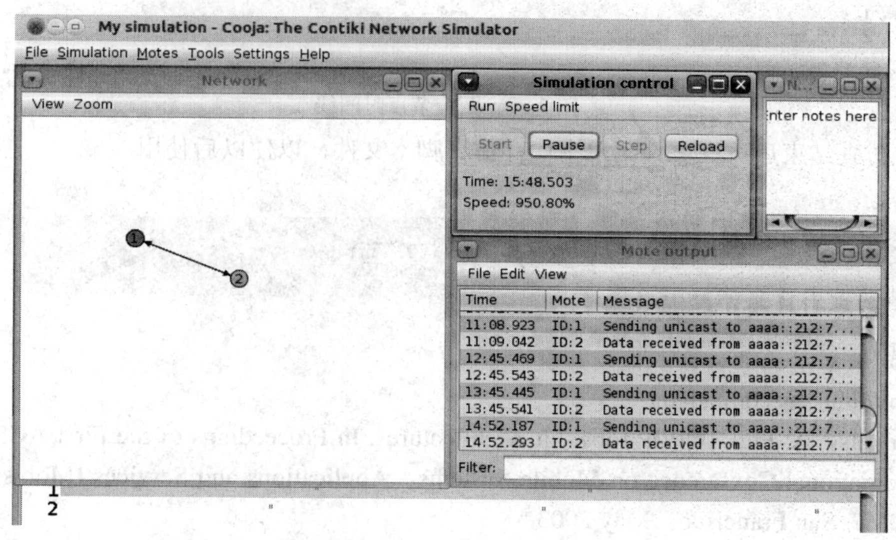

图 2-27　仿真运行过程

仿真运行期间，可分别在“Mote output”窗口和“Timeline”窗口观察仿真运行过程。图 2-28 显示了两个节点的配置过程以及两个节点的模拟通信过程。

Mote output

File Edit View

Time	Mote	Message
00:00.513	ID:2	Rime started with address 0.18.116.2.0.2.2.2
00:00.521	ID:2	MAC 00:12:74:02:00:02:02:02 Contiki 2.7 started. Node id is set to 2.
00:00.528	ID:2	CSMA ContikiMAC, channel check rate 8 Hz, radio channel 26
00:00.539	ID:2	Tentative link-local IPv6 address fe80:0000:0000:0000:0212:7402:0002:0202
00:00.542	ID:2	Starting 'Unicast receiver example process'
00:00.548	ID:2	IPv6 addresses: aaaa::212:7402:2:202
00:00.551	ID:2	fe80::212:7402:2:202
00:00.659	ID:1	Rime started with address 0.18.116.1.0.1.1.1
00:00.667	ID:1	MAC 00:12:74:01:00:01:01:01 Contiki 2.7 started. Node id is set to 1.
00:00.674	ID:1	CSMA ContikiMAC, channel check rate 8 Hz, radio channel 26
00:00.685	ID:1	Tentative link-local IPv6 address fe80:0000:0000:0000:0212:7401:0001:0101
00:00.688	ID:1	Starting 'Unicast sender example process'
00:00.694	ID:1	IPv6 addresses: aaaa::212:7401:1:101
00:00.697	ID:1	fe80::212:7401:1:101
01:02.656	ID:1	Sending unicast to aaaa::212:7402:2:202
01:02.789	ID:2	Data received from aaaa::212:7401:1:101 on port 1234 from port 1234 with length 10: '...
02:24.375	ID:1	Sending unicast to aaaa::212:7402:2:202
02:24.417	ID:2	Data received from aaaa::212:7401:1:101 on port 1234 from port 1234 with length 10: '...
03:52.048	ID:1	Sending unicast to aaaa::212:7402:2:202
03:52.164	ID:2	Data received from aaaa::212:7401:1:101 on port 1234 from port 1234 with length 10: '...
04:19.070	ID:1	Sending unicast to aaaa::212:7402:2:202
04:19.167	ID:2	Data received from aaaa::212:7401:1:101 on port 1234 from port 1234 with length 10: '...
05:11.055	ID:1	Sending unicast to aaaa::212:7402:2:202
05:11.164	ID:2	Data received from aaaa::212:7401:1:101 on port 1234 from port 1234 with length 10: '...

Filter:

图 2-28　节点串口输出

图 2-29 显示了两个节点的时间线窗口，时间线上的无颜色区域表示该节点的收发设备关闭；时间线上的灰色区域表示收发设备处于打开状态；时间线上的蓝色区域表示节点发送分组，而绿色区域表示节点接收分组；时间线上的红色区域表示出现干扰事件，如冲突等。

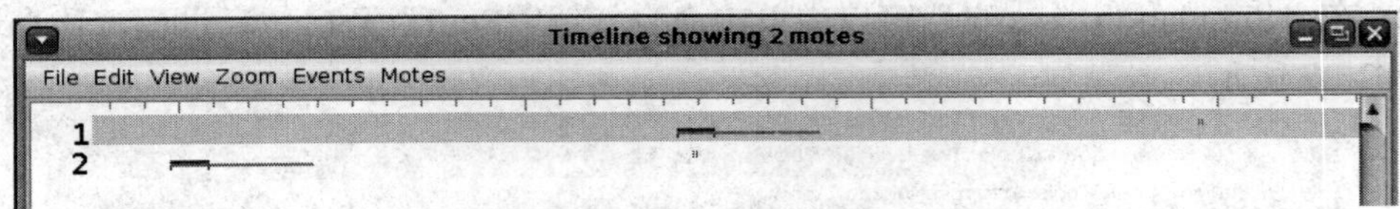

图 2-29　两个节点时间线

(9) 仿真结束后可在文件菜单中保存仿真脚本文件，以便以后使用。

参考文献

[1] http://www.contiki-os.org/.

[2] http://dunkels.com/adam/.

[3] Dunkels，A. Full TCP/IP for 8-bit Architectures. In Proceedings of the First ACM/Usenix International Conference on Mobile Systems，Applications and Services (Mobisys 2003). ACM，San Francisco，May 2003.

[4] Dunkels A. Rime-A lightweight Layered Communication Stack for Sensor Networks，博士论文，2003.

[5] http://github.com/contiki-os/contiki.

第3章　应用层协议

应用层的作用是为无线传感器网络应用抽象出物理拓扑，并为用户通过无线传感器网络与物理世界交互提供必要的接口。本章介绍应用层采用的三类方案：信源编码、查询处理和网络管理。

3.1　信源编码

信源编码(数据压缩)是无线通信中信息传输的第一步，无论任何时候传感器节点有信息要传输时，信源首先用信源编码器进行编码。实际上，信源编码利用的是信息的统计特征，例如，通常用几个比特的源码字表示信源信息，因此，信源编码也被称为数据压缩。为了减少数据量的同时保留部分或全部信息内容，信源编码会压缩掉冗余信息。基于编码后信息的保留情况，基本的压缩方案可分为两大类：无损压缩和有损压缩。无损压缩是指在不破坏数据完整性的情况下减小要传输的数据内容，如分组大小。有损压缩是指为了获得更高的压缩效率，允许信息丢失。由于有损压缩要求更复杂的算法，因此无线传感器网络一般采用无损压缩技术。无线传感器网络利用来自不同信源节点信息的相关性来压缩数据，这种压缩技术是一种分布式压缩技术。下面介绍两种适合于传感器网络的数据压缩技术。

3.1.1　Sensor LZW

Sensor LZW(S-LZW)[1]是 Lempel-Ziv-Welch(LZW)[2]压缩算法的变形。LZW 是基于字典的数据压缩方法，它把符号串编码为字典中的标记(token)，编码前字典被初始化并且按照编码期间遇到的符号的顺序填充字典。无线传感器网络使用 LZW 算法存在的问题是无线信道错误的广泛影响，如果编码器的输出流不能被解码器完全接收，LZW 的解码将无法执行。因此，要被压缩的数据应该是小的数据块，以便在没有大量数据丢失和能量消耗的情况下执行重传机制，而且，由于内存受限，应该限制字典的大小，S-LZW 使用 512 条记录的字典及 528 字节的分组。由于每个传感器节点同时都在观察某种物理现象，因此要被压缩的数据在时间上具有高度相关性，即要压缩的数据具有重复性。S-LZW 通过利用收集到的数据的重复特征，能够改进数据的压缩效率，并通过增加存储最新观测数据的 mini-cache 结构来解决这一问题。除了依赖数据内部的相关性外，为了进一步提高压缩效率，压缩前还可以通过把数据变换为具有几种模式的形式，这种变换称为预处理步骤。

S-LZW 使用的第一个预处理步骤是 BWT(Burrows-Wheeler Transform)变换，一般用于图像、文本和声音数据的压缩。图 3-1 说明了 BWT 变换的过程，BWT 变换辅助的 S-LZW 表示为 S-LZW-MC-BWT。图 3-1 列出了字符串“swiss_miss”的抽样信息，对于 S-LZW-MC-BWT 变换，n 个符号的字符用于建立 $n \times n$ 矩阵(图 3-1 中的第一列)，其中第一行是符号的原始串，矩阵的每一行被构造为前一行的左循环移位副本。然后，根据每行第一个字符对各行排序(图 3-1 中的第二列)。最终，最后一列是 BWT 变换的输出(图 3-1 中的最后一列)。BWT 记录符号使得相同符号在接近的位置出现，这样能极大地提高压缩效率。

swiss_miss	_missswiss	s
wiss_misss	iss_misssw	w
iss_misssw	issswiss_m	m
ss_missswi	missswiss_	_
s_missswis	s_missswiss	s
_missswiss	ss_missswi	i
missswiss_	ssswiss_mi	i
issswiss_m	sswiss_mis	s
ssswiss_mi	swiss_miss	s
sswiss_mis	wiss_miss	s

图 3-1　BWT 变换的过程

S-LZW 使用的第二个预处理方法是基于监控数据的内部数据结构，因为在监控应用中，一般数据的长度和内容是已知的并且是固定的，而且，观察值的集合、整个观察值或观察值中一些最重要的比特位一般是相同的。因此，为了进一步提高压缩效率，可能需要执行一些结构化的变换，更具体地说，每个观测数据用于填充矩阵的行直到达到最大长度，然后，矩阵被转换并且使用转换矩阵压缩数据。因为重复使用了变换矩阵，所以可以进一步提高压缩效率，使用这种技术的协议表示为 S-LZW-MC-ST。

3.1.2　分布式源编码机制

以节点为中心的压缩机制通过减少每个传感器节点的本地数据内容改进了节能效率，连续观测值的时域相关性特征可以被本地的压缩机制所利用。但大多数应用可能因数据具有高的时域相关性而不要求节点频繁采样数据，传感器部署具有高密度特征，位置接近的传感器节点的观测值具有高度相关性，利用这种相关性可以大大减少数据的内容。1970 年，Slepian、Wolf 和 Wyner 等[3-4]提出了分布式源编码方案(Distributed Source Coding，DSC)，它指的是在没有相互通信的情况下，多个传感器节点的输出被压缩的机制。具体地说就是在相互没有交换任何信息的情况下，假设一个节点的信息和另一节点的信息存在相关性而被压缩，则信息发送给汇聚节点，接收到由不同传感器节点独立压缩数据的汇聚节点执行联合解码。

Slepian-Wolf 是著名的无损失 DSC，其操作方法如图 3-2 所示。

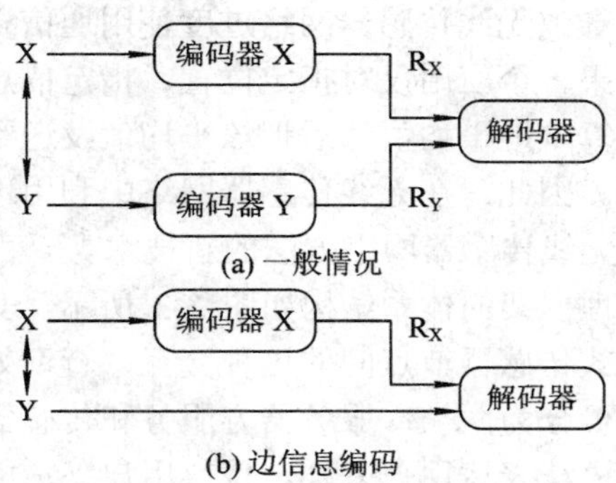

图 3-2 Slepian-Wolf 编码操作方法

3.2 查询处理

无线传感器网络由根据应用需求监控物理现象的多个传感器节点组成，汇聚节点通过向传感器节点发送“查询”分组确保获得感兴趣的数据，查询分组中包含请求信息。传感器节点通过直接给汇聚节点发送请求的原始数据，对汇聚节点的查询作出应答。传感器节点的处理能力提供了网内处理这些查询的不同方法，这些方法要保证节能。这种汇聚节点和传感器节点之间的查询-处理过程称为查询处理。

无线传感器网络可以看成是节点连续给汇聚节点传输数据流的分布式数据库，然而，由于无线传感器网络具有以下特征，现有的为分布式数据库设计的数据库管理系统并不适合无线传感器网络[5]。

流数据：在没有确定查询信息的情况下，传感器节点通常以定义好的时间间隔连续生成数据流。

实时处理：传感器数据通常表达实时事件，而且在汇聚节点磁盘上保存采集到的原始数据通常成本较高，因此对流式数据的查询需要实时处理。

通信差错：因为传感器节点要通过多跳无线通信技术传输数据，无线传输差错将会影响到达汇聚节点的分布式信息的可靠性和时延性。

不确定性：传感器节点采集到的信息包含来自环境的噪声，而且，传感器的质量及其部署位置可能是导致单个传感器节点读数误差的因素。

受限的磁盘空间：传感器节点的存储空间严格受限，因此，传感器节点发送过的信息以后不可能再被查询。

处理与通信：无线传感器网络中数据处理的能量消耗低于数据通信的能量消耗，因此，在查询处理中应利用传感器节点的数据处理能力。

传感器节点的处理能力为无线传感器网络查询处理中遇到的问题提供可能的解决方案，通过给汇聚节点发送原始的观测值，传感器节点可以方便地响应汇聚节点发送的查询请求，这种方法称为仓储法(warehousing)[6]。传感器节点的查询处理和对传感器网络的访问是分开的，这样，可以设计集中式的数据库管理系统，系统可以提供利用经典数据库管理技术访问采集数据的方法。

然而，仓储法的使用会导致无线传感器网络过度使用通信资源，并且在汇聚节点上累积高冗余的数据。例如，如果一个应用仅对指定位置、指定信息的平均值感兴趣，那么对该位置的节点来说，首先计算本地平均值然后把该平均值发送给汇聚节点要比发送所有单个节点采集到的信息更有效。因此，在无线传感器网络中利用现有的查询处理技术可能导致低效方案，需要设计适合无线传感器网络方法的新技术。

无线传感器网络查询处理框架的体系结构如图 3-3 所示，其中用户和传感器网络进行交互，为了实现用户和分布式传感器节点间的这种交互，查询处理方案提供必要的工具。因此，这些方案提供的服务可分为两类：服务器方服务和传感器网络方服务。在每种查询处理方法中，首先用完善的语法表达用户兴趣，使得用户兴趣能够容易地转换为对网络其他部分的"查询"，这就建立了查询处理方案的服务器方部分。传感器网络方服务大致可分为两个步骤：查询分发和数据收集。在查询分发阶段，通过向网络中的所有节点或部分节点转发根据用户兴趣生成的查询执行查询分发；在数据收集阶段，如果传感器节点观测到的数据与收到的查询相匹配，则响应这些查询。查询处理算法设计中主要关注的是节能的查询表示、查询分发以及感兴趣数据的收集。

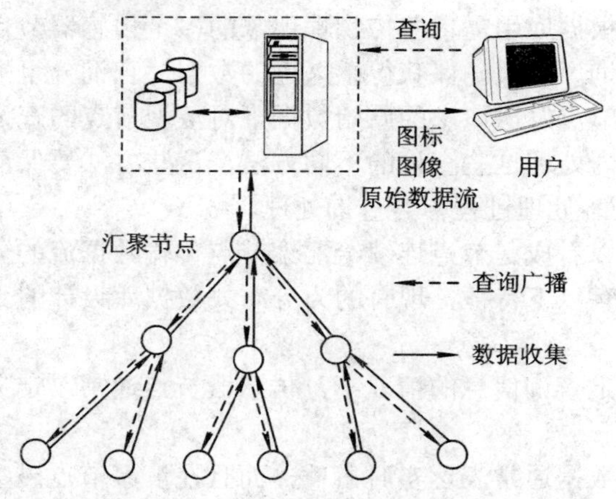

图 3-3　查询处理框架的体系结构

3.2.1　查询描述方法

用户需求和兴趣的描述是有效查询处理算法设计中的关键因素，用户兴趣应该有效地表示成将在无线传感器网络中给每个传感器节点发送的分布式查询。为了以上目的，用户兴趣可能被看成是任务描述器，通过分配描述任务的属性值列表命名用户兴趣。例如在动物跟踪应用中，需要部署一组传感器节点监控特定的动物并且执行通信功能，假设用户对接收到的检测到四条腿动物的信息感兴趣，可以使用下面的属性列表把用户兴趣表示成一个查询：

type=four-legged animal

interval=20 ms

duration=10 seconds

rect=[-100, 100, 200, 400]

在这种情况下，汇聚节点对来自属性值 rect 指定位置上的间隔周期为 20 ms，持续时间为 10 秒的分组感兴趣。传感器节点可用以下属性值列表响应该兴趣：

type=four-legged animal

instance=elephant

location=[125,220]

intensity=0.6

confidence=0.85

timestamp=01:20:40

响应信息表明在时间为 01:20:40，位置为[125, 200]上的传感器节点检测到了大象。另外，还可以提供检测的可信度、信号强度等更多详细信息。然后，汇聚节点使用这些信息和其他传感器节点的响应信息估计动物的位置并跟踪动物的活动。

传感器节点通过使用有效语法描述用户兴趣是查询描述中的主要问题，使用过程描述语言设计的 SQTL(Sensor Query and Tasking Language)[7]已经解决了这一问题，为了用户和无线传感器网络进行交互，SQTL 定义了查询定义和任务分配两种原语。

(1) 查询定义：为了收集与特定兴趣相关的信息，用户生成形如“感知区域东南角的温度是多少？”等形式化的描述，这些描述称为查询。查询操作是一种同步操作，用户需要等待查询结果一直到执行进一步的处理任务，如锁定等。

(2) 任务分配：一些长期运行的应用不能通过查询来执行，如与某现象长期变化相关的兴趣，用户向传感器节点指定任务而不是查询，因此，传感器网络能够有效响应形如“跟踪感知区域中任何移动对象”的任务。在任务执行期间，用户不会被终止，而是在已经收集到的数据上执行某些操作。

无线传感器网络可以看成是分布式数据库，基于用户兴趣持续生成数据流，即与用户兴趣相关的数据能够从观测到兴趣事件的每个传感器节点发送到汇聚点。因此，传统的数据库方案可应用于无线传感网络的数据处理。根据收集到的信息，汇聚节点能够执行高层操作给用户提供感兴趣数据的全局视图。例如，如果用户对给定区域的平均温度感兴趣，那么，汇聚节点能够收集到特定区域每个传感器节点的温度信息，然后，计算这些值的平均值并作为对用户兴趣的响应。

然而，传统的分布式数据库方法没有考虑信息传输的代价。在无线传感器网络中，由于必要的通信能耗和频繁的丢包导致信息传输代价大，为了向整个网络分发处理任务，必须利用传感器节点的本地处理能力，这样，可以减少整个网络上传输的数据量，同时保留提供给用户感兴趣的信息内容。例如，位置接近的传感器节点交换它们的读数，并且在本地计算平均值后再发送给汇聚节点，而不是给汇聚节点发送它们采集到的原始读数。这样，不是感知区域中的所有传感器节点都发送采集到的数据，而是仅仅传输表示该区域平均值的单个分组，如此不但保留了信息内容的完整性，而且就通信代价而言使得做到最大节能是可能的。

传统的查询技术无法完成网内处理，通过任务分配，用户可以要求传感器节点执行一些数据收集、本地处理和邻居间的协同任务，SQTL 提供了定义这些交互要求的语法。

在汇聚节点设计每个 SQTL 程序并且封装在 SQTL 分组中，根据收到的 SQTL 分组，每个传感器节点执行 SQTL 分组指定的行为，这些行为包括存储以后使用的 SQTL 程序，给特定的节点集合转发或执行该程序。为了分发收到的消息，每个传感器节点使用传感器执行环境 SEE(sensor execution environment)。根据 SQTL 命令，SEE 提供了用户能够使用的、具体的低层原语，三类原语分别如下：

传感器访问：getTemperatureSensor(), turnOn(), TurnOFF()；

通信：tell(), execute(), send()；

位置感知：isNorthof(), isNear(), isNeighbor()。

使用这些原语，能够对传感器节点远程编程，使其能执行包括本地邻居间协同等在内的各种任务。这样，每个节点执行 SQTL 框架。基于 SEE 提供的 SQTL 包用于过滤收到的消息，一些消息可能被立即删除或转发给某些邻居节点。如果某种条件满足，作为正在运行的应用节点执行 SQTL 程序。

这里简单介绍温度采集应用的 SQTL 程序，假设汇聚节点对感知区域中温度采集值中的最大温度感兴趣，汇聚节点给所有传感器节点发送包含下面 SQTL 程序的 SQTL 应用：

```
(execute
        :sender      SINK
        :receiver    (:group NODE(1) :criteria TRUE)
        :application-id  123
        :language    SQL
        :content     (SELECT Max(getTemperature () )  From   ALL_NODES ))
```

SQTL 程序包括要求节点从其子节点获得最大温度值的 SQTL 函数，对应的结构如图 3-4 所示。首先，汇聚节点给节点 A 发送带有 SQTL 程序的 SQTL 应用，如图 3-4(a)所示。根据收到的消息，节点 A 给它的孩子节点 B、C 和 D 发送 SQTL 消息，如图 3-4(b)所示，每个节点确认消息响应节点 A 并且重复相同的过程。最后，如图 3-4(c)所示，最大值返回给节点 A。使用自己获得的温度信息，节点 A 向汇聚节点返回最大温度值。

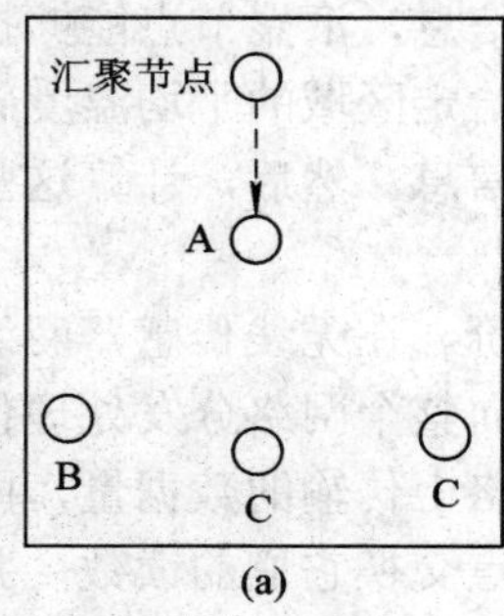

(a)

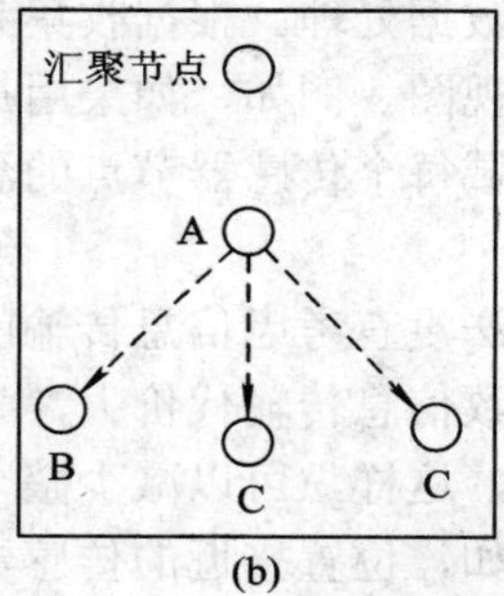

(b)

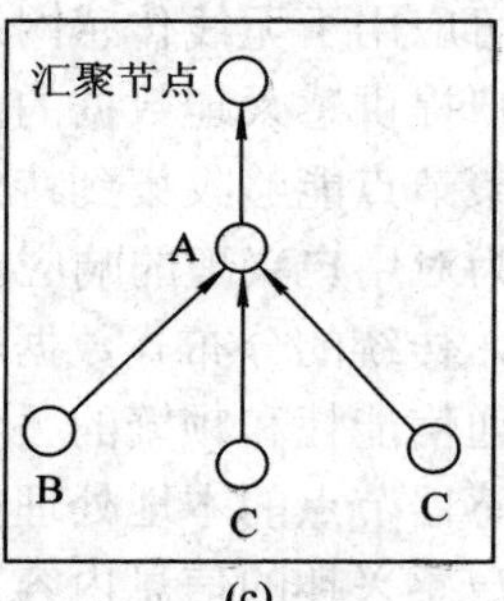

(c)

图 3-4　使用 SQTL 的查询分发和数据采集

SQTL 向无线传感器网络中的节点提供了分发用户兴趣的有效方法，使用 SQTL 程序，在没有执行主程序的情况下支持高层的运行。因此，在传感器节点执行 SQTL 程序指定的用户查询和任务。因为支持不同类型的应用，SQTL 能够用于任何类型的查询和任务，甚至允许基于 SQTL 消息更新传感器节点软件。

查询描述技术使得节点能够灵活操作传感器网络中的信息传输，这样，信息传输不仅依赖于汇聚节点生成的请求，而且也能由网络中的每个传感器节点启动。在前面介绍的

SQTL程序代码中，感知区域中传感器节点能够生成相同的SQTL程序，其中的“sender”为传感器节点“SENSOR”。这一点对基于事件的无线传感器网络来说尤其重要，用户不知道网络中可能出现的事件，如果传感器节点检测到了某种活动，它就会“发布”那种数据的可用性并且通知用户，如果用户感兴趣，会发送进一步的查询信息，这样，通过给更多的传感器节点分配收集数据的任务以提高事件信息的准确度。根据查询消息生成的方法，可把查询处理方法分成以下三类。

(1) 基于推送(Push-based)的查询处理：也称为传感器节点启动的信息传输，在这种情况下，传感器节点发布或广告它们采集到的信息，可能局部发布，也可能为了进一步的处理发送给汇聚节点。

(2) 基于提取(Pull-based)的查询处理：也称为由汇聚节点启动的信息传输，汇聚节点向网络中的传感器节点集合分发用户兴趣。在这种情况下，兴趣可能与物理区域的属性相关，或者与要被观察的兴趣事件相关，基于用户兴趣，传感器节点以请求的信息作为响应。

(3) 基于推送-提取(push-pull)的查询处理：网络中能够同时使用基于推送和提取的查询方法，在这种情况下，传感器节点和汇聚节点都积极参与查询处理。

查询处理方法的类型描述了要使用的适当结构，除了查询处理要使用的高层结构外，可以使用不同的查询类型，基于时域内容和空域内容两种不同标准，并对查询进行分类。

根据时域内容，可以把查询分为以下三类：

(1) 连续查询：查询类型一般与监控应用相关，传感器节点以特定的频率连续发送它们的观测值，查询描述中指定查询周期，连续查询一般与任务分配相关。

(2) 实时查询：这类查询与采集瞬间或某个时间点的特定属性相关，与未来的瞬间和时间点查询相关的查询与任务分配相关。

(3) 历史查询：除了执行基于连续或实时查询的感知外，传感器节点也能够存储与以前感知信息相关的信息。历史查询采集关于过去的信息，它们一般被认为是与传统的分布式数据库方法密切相关的。

除了时域内容，也可以根据部署传感器节点的方法，如空域内容对查询进行分类，与系统级任务相关的查询可能涉及网络中的所有节点，但传感器网络中的大多数查询可能仅要求一组传感器节点而不是所有节点都对查询作出响应。根据这种要求，进一步把查询分为以下三类：

(1) 以数据为中心查询：这是使用最多的查询类型，在查询中定义兴趣的特定事件。查询没有直接要求任何节点发送观测值，而是要求如果节点读数与查询要求匹配时节点响应收到的查询请求。根据周围环境温度值变化的火灾监控系统是以数据为中心查询的典型例子。

(2) 位置查询：与监测事件不同，用户可能感兴趣的是监控网络的某个区域，在这种情况下，需要根据传感器节点的位置指定特定节点，这种查询使用位置查询。

(3) 实时监测查询：如入侵检测这样的应用，事先不知道数据源，仅当感兴趣的对象移动到传感器节点时，传感器节点才响应查询。

查询类型也会影响网络中为传输查询消息而建立路由的方法，响应查询的传感器节点集合与查询消息的接收者并不总是相同的。例如，一方面，以数据为中心的查询可能会传输给网络中的所有节点，而仅当感兴趣事件出现时节点才响应查询请求；另一方面，对于位置查询，查询消息可能专门发送给感兴趣区域中的节点。因此，需要基于网络中使用的查询类型采取相应的路由决策。

3.2.2　数据融合

无线传感器网络通信的主要特征通常是在单个节点如汇聚节点上收集感知信息，因此，信息流通常可看成是如图 3-5 所示的逆多播树，汇聚节点向传感器节点查询物理现象观测值。这种信息流的多对一特征导致汇聚节点附近节点上出现高的信道竞争和拥塞现象，因为这些节点比距离汇聚节点远的节点收到的信息更多，导致这些节点提前耗尽自己的能量，结果是汇聚节点和网络的其余部分断开连接。

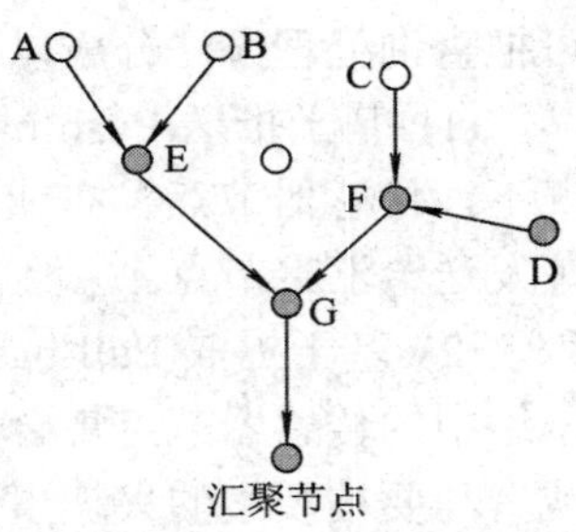

图 3-5　数据融合实例

通过把信息内容在整个网络发送的方式可以消除多对一信息流的不利影响，无线传感器网络观察时间和空间上相关的物理现象，因此，每个传感器网络发送的信息与其他网络发送的信息在某种程度上具有相关性，相互位置非常接近的节点，其相关性可能大到与这些节点发送的分组相同。而对于相距较远的节点，尽管收集到的信息内容可能完全不同，但信息类型仍然相同。例如，与温度感知相关的查询中所有节点发送的温度信息，这样，即使传感器节点汇报的温度值可能不同，但发送分组也包含类似的首部信息。

无线传感器网络中信息内容和分组内容的相似性可用于最小化从几个传感器节点到汇聚节点的数据流量。例如，对于观察到相同信息且位置接近的传感器节点，不是每个节点发送分组而是发送代表这组传感器节点的单个分组。类似地，通过把温度信息当作一个数组，来自感知区域不同位置的分组能够被合并成单个分组。另外，通过执行基于用户查询的网内处理能够进一步减少流量。例如，在 3.2.1 节中介绍的例子中，如果用户感兴趣的是最大温度值，传感器节点可以把自己的读数与从孩子节点接收到的信息合并而仅仅报告接收到的值的最大值。这样，注入网络的多个分组合并成了很少的几个分组，消除了信息在网络上传输时瓶颈节点上的流量。这些方法构成了无线传感器网络数据融合技术的基础，它们一般和查询处理方法合并使用。例如，在图 3-5 中，以汇聚节点为根的树用于从传感器节点到汇聚节点的信息传输，可以在该树中执行数据融合。如果来自多个传感器节点的数据表达的是物理现象的相同属性，那么它们能被融合。树中接收到来自多个节点信息的节点通常用于数据融合，并且称它们为融合点。例如，节点 E 融合来自节点 A 和 B 的数据，节点 F 融合来自传感器节点 C 和 D 的数据。

数据融合(aggregation 或 fusion)可以看成是将来自多个传感器节点的数据合并成有意义的信息集合的一组自动化的方法[8-9]。数据融合方案一般由以下三个主要组件构成：数据存储、融合函数和融合路径。

数据融合发生在收集了来自多个传感器节点信息的融合点上，由于采样和通信不同步的特点，融合数据在融合点上不一定同时到达，因此，应该存储这些数据直到有足够的信息用于融合。由于片上内存是有限的，所以不仅应该能以最大化节约存储空间的方式存储感知数据，还应该能够保留信息的准确度。根据查询的类型，以不同的精度存储数据。如果对融合函数而言单个信息是重要的，以列表或柱状图的形式存储采集信息。这样，在融合点上极大程度地保留了信息内容。然而，这也会导致需给该数据分配更高的存储空间并且限制了能够存储的数据点的数量，此外，由于查询与数据的统计属性如平均数、方差或最大值相关，则可以仅存储采集数据的统计描述，这样能够更有效地分配内存空间。

融合方案的第二个主要组件是融合函数的选择，正如上面说明的，融合函数的类型影响数据存储的方法，这与融合函数的效率是密切相关的，融合函数可能与一阶统计函数如平均、最大值和最小值等一样简单，或像压缩与重复一样简单的基本操作，这就简化了数据存储方法以及融合点上需要执行的处理。另一方面，也可能要求选择与时域/空域相关的计算、信号处理或算法的更高级的函数作为融合函数，结果将使融合操作的复杂性增加，导致融合点上有更高负荷。

最后，融合路径的构造是融合方案的主要挑战，如果一些点上的信息能够被有效且快速地收集，这些点就可以被选作融合点。然而，由于无线传感器网络通信的动态特征，要做到这一点是很困难的。由于传感器硬件、物理现象和无线信道的不确定性，融合点上收集到的信息可能不可用，因此，由于感知硬件间歇性的问题，传感器节点可能采集不到请求的数据。而且，数据传输一般是基于数据中心的查询方法的，因此，响应查询的节点的个数依赖于不确定的物理现象的属性。类似地，由于无线信道错误，到达融合点之前某些节点发送的分组可能丢失。

由于这些不确定性，在融合点上事先判断可用的数据量是不可能的，更重要的是，整个网络生存期可用的数据量是变化的，而且，无线信道的多跳通信结构和广播特征导致一次仅传输一个消息。因此，节点不可能有邻居的完整信息和要融合的信息，这将导致融合精度和相关时延之间的折中。这样，在网络中找到每个融合任务最有效的融合点是不平凡的。

融合对于无线传感器网络的通信有几个好处：计算和通信能量消耗的非对称性推动了网内处理方案的使用，数据融合是减少网络中通信流量的网内处理方案的经典例子，能够改进网络的节能效果；由于数据融合最小化了网络负荷，网络可以扩展成具有大量传感器节点和几个汇聚节点的大规模网络。

尽管有它的优势，但数据融合导致资源受限传感器节点额外的存储要求，因此，融合方案应该设计成内存消耗最小且同时保留数据融合后的精确度。而且，由于融合方案不完美，网内处理可能导致信息丢失。例如，如果考虑不周，异常值可能导致简单的最大/最小融合的结果错误。此外，对于资源受限的传感器节点而言，提供具有鲁棒性的融合方案是一个主要的挑战性问题。目前已经设计了一些无线传感器网络的数据融合方案，这些方案的大多数是作为查询处理协议的一部分来实现的。

3.3 数据管理系统

传感器可以放置在需要采集数据的任何地方，因此，随着物联网技术的发展，基于传感器网络系统的应用越来越普遍。除了数据采集和数据复制问题外，在这些应用中，面向数据库技术的方法已经被证明是管理大量传感器生成的数据的有用方法。根据这种方法，无线传感器网络被看做是分布式数据库，传感器节点被当作具有感知数据的数据源，网络中节点以行的形式存储在关系数据库中。这种面向数据库的方法已经推动了无线传感器数据采集方法的设计。这种设计有两个基本目标：(1) 类似于传统的数据库系统，无线传感器网络数据库应提供类似 SQL 的抽象，以便对节点的数据感知和采集进行简单编程；(2) 数据采集过程应该减少网络中的能量消耗。

传统的数据库系统中，传感器数据库尝试在终端用户和传感器节点之间建立抽象概念。这种抽象的目标是允许用户只专注于收集所需的数据，而不是被决定如何从网络中提取数据的复杂机制所困扰，因此，传感器数据库在无线传感器网络的数据存储和查询中有两种主要的方法[10]：仓储(warehousing)方法和分布式(distributed)方法。

1．仓储方法

在仓储方法中，传感器扮演收集者的角色。把传感器收集的数据按照一定的周期发送给处理用户查询的中央数据库，这种模型是数据存储和查询处理中最常用的模型。然而，它的缺点是浪费资源以及传输大量数据造成的瓶颈，并且这种方法不适合实时处理。

2．分布式方法

分布式方法是另一种可选的方法，它把每个传感器节点都当作一个数据源，无线传感器网络形成分布式数据库，以行和列的形式表示感知数据属性。在这种方法中，不需要把感知数据定期发送给数据库服务器，感知数据保留在传感器节点中并且通过基站向网络发送对数据的查询。根据路由技术，这些查询通过网络分发到具有处理和存储能力的传感器节点，由节点处理查询。传感器节点响应查询请求时，把感知数据发送给它们的父节点，父节点合并收到的数据和自己的数据后再向上发送给它们的父节点，如此继续直到数据到达网关。这种在传感器节点内部处理数据的方法称为网内处理，这种方法不仅减少了传输数据的数量和大小，而且降低了延迟。无线传感器网络分布式数据库的结构如图 3-6 所示。

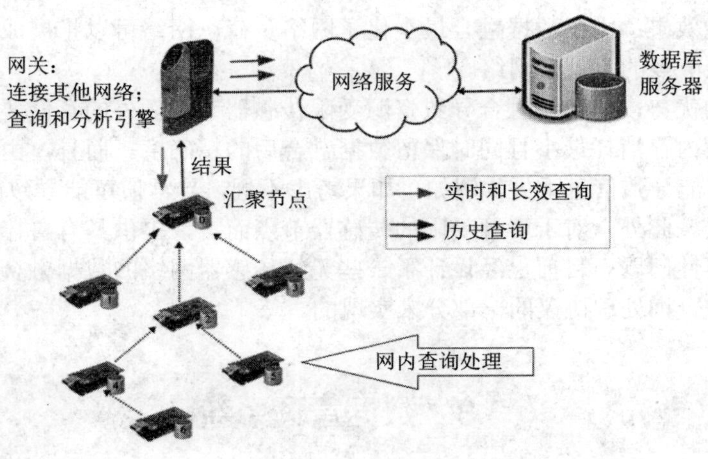

图 3-6　无线传感器网络的分布式数据库结构示意图

3.3.1 Cougar

Cougar 系统[11]是分布式查询处理平台，为了在这个平台上执行网内处理，使用了“分簇”的方法。网络由几个簇组成，每个簇由簇头管理。属于某个簇的孩子节点向相应的簇头节点周期性地发送它们的读数，簇头融合接收到的读数并将计算结果转发给网络“前端”(Front End)。前端是位于网关节点上的查询优化器，当它接收到用户查询后生成优化的分布式查询处理方案。此外，在该体系结构中，每个节点嵌入查询层，查询层是网络层和应用层之间处理查询的查询代理，如图 3-7 所示。另外，Cougar 系统通过将几个数据分组融合成一个分组执行分组合并，这种技术增加了网络的生存期，因为发送多个小数据分组比发送一个大的分组代价更大。

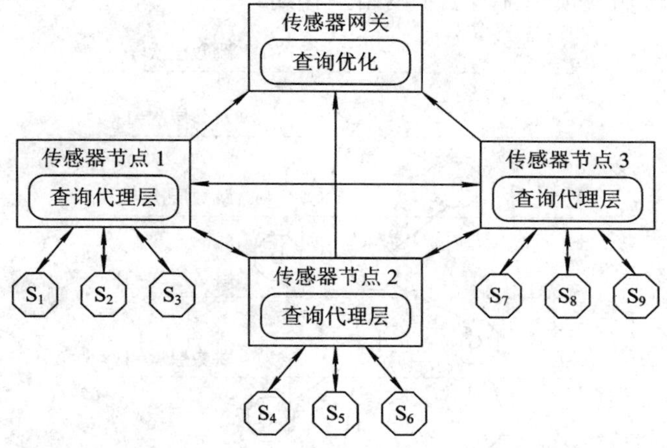

图 3-7　Cougar 的架构图

Cougar 的网内处理采用声明式查询方法，这种方法允许用户和应用查询透明访问传感器节点。因此，Cougar 使用了一种有效的目录管理、查询优化和查询处理技术以便把用户和与传感器节点相关的物理细节分开，通过这种技术处理传感器数据并且把处理结果发送给用户。Cougar 使用类 SQL 查询语言指定查询，传感器数据以记录形式表示，每条记录包含多个字段，包括关于传感器节点的信息(标识符、位置等)、时间戳、传感器类型(如温度、光照等)以及读数值，传感器网络被认为是不同类型传感器的多个表组成的分布式数据库系统。

Cougar 声称是为无线传感器网络设计的，但它可以部署在能量充足的类 PDA 设备上，甚至可以运行在 Windows CE 和 Linux 系统上，因此，它没有考虑传感器节点的能量和计算资源受限问题。

3.3.2 TinyDB

TinyDB 项目[12]是基于 TinyOS 操作系统的、为网络设计的数据库管理器，它是合并了采集技术的传感器网络分布式查询处理器。用户通过接口选择希望获得的数据，查询处理器分解查询并发布到整个网络。传感器节点收集、过滤和融合数据并响应用户查询。

传感器节点的内部组织是基于关系模型的，并且使用类 SQL 查询语言指定查询，传感器数据按照预定模式的元组形式，例如温度传感器生成的元组的可能形式是<sensorId, location, temperature, timestamp>。

从物理上来说，传感器元组属于传感器表，它被划分给网络中的所有设备，每个设备生成并且存储自己的读数。逻辑上以传感器元组形式的虚拟表上定制查询，不同于关注数据库当前状态的传统查询，这些查询通常是连续的，连续运行的目的是通知传感器记录应用的变化，查询结果以数据流的形式通过多跳拓扑到达网络根节点(基站)。

TinyDB 包括对统计融合查询(如最小、最大、和、计数、平均值等)的支持，当传感器读数沿着被称为语义路由树(SRT)的通信树向上传输时，包含查询相关信息的中间节点对数据做融合处理，如图 3-8 所示。这种网内融合处理减少了必须经由网络传输的大量数据，防止了到根节点的传输瓶颈并且增加了网络生存期。

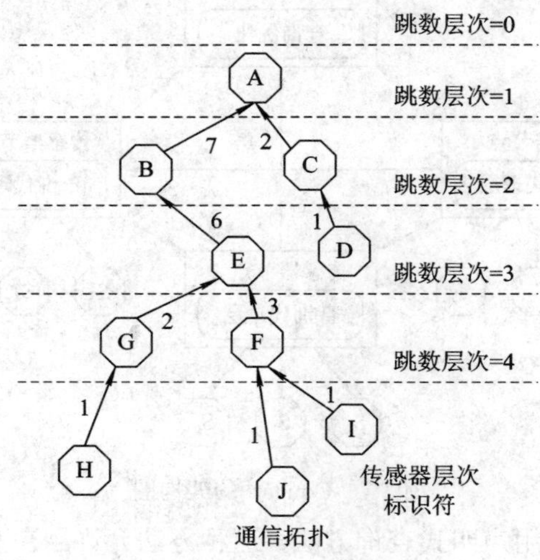

图 3-8　TinyDB 通信树

3.3.3 Antelope

Antelope[13]是专门为资源受限的传感器设备设计的数据库管理系统，它提供了一组关系数据库操作，这些操作允许动态创建数据库和实现复杂的数据查询。为了能够有效地执行对大量数据集的查询，Antelope 包含了一种灵活的数据索引机制，该机制包括三种不同的索引算法。为了能够移植到不同的平台上，以及避免处理 Flash 级和不同存储芯片配置系统的复杂性，Antelope 使用了 Contiki 操作系统的 Coffee 文件系统提供的存储抽象。

Antelope 由如图 3-9 所示的八个模块组成：查询处理器模块解析 AQL 查询；隐私控制模块确保查询是允许的；逻辑 VM 模块执行查询；数据库内核模块拥有数据库逻辑并且协调查询执行；检索抽象模块拥有检索逻辑；检索处理模块建立对现有数据的检索；存储抽象模块包含所有存储逻辑；结果转换模块以易于程序使用的方式呈现查询结果。关于 Antelope 数据库系统的细节参见文献[13]。

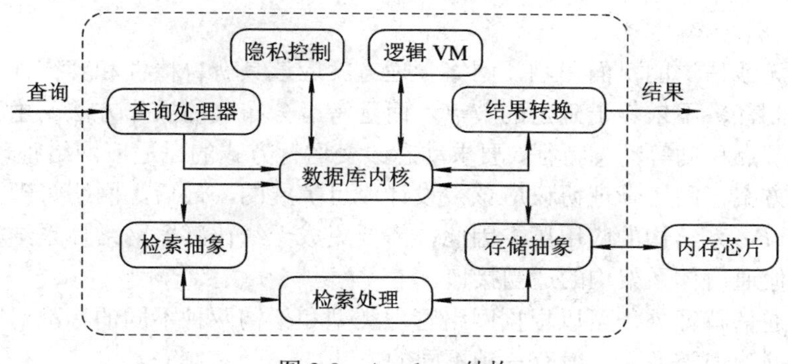

图 3-9　Antelope 结构

3.4 网络管理

无线传感器网络的动态特征要求有效的机制监控和管理组件[10]，类似于任何网络体系结构，无线传感器网络要求有效的管理工具，使得网络管理或系统用户能够与网络中的传感器节点较容易地交互。然而，由于无线传感器网络低功耗、无线链路的特征使得信息传输成本高并且不可靠。因此，节能的可靠性管理是一个挑战性问题。类似地，就存储和处理而言，传感器节点是资源受限的，因此，传感器节点上的网络管理负荷应尽可能小。

网络管理任务一般按两步执行：网络监控和管理控制。作为网络监控的一部分，为了估计网络的当前状态，有效收集来自传感器网络的信息是必要的。收集信息包括连通性、覆盖范围、拓扑结构和移动性等广泛的数据，以及基于节点的节点状态、剩余能量、内存使用情况和发射功率等。考虑到无线通信的影响，收集这些分布式信息是主要的挑战，而且，这些属性的动态变化要求精确状态描述的、频繁的网络监控。

基于接收到的网络监控信息，为了维持期望的运行状态，需要执行多个管理控制任务。这些任务包括路由管理、协议更新、流量管理以及基于节点运行的节点组件关/闭、发射功率管理、信号速率控制和节点移动等。 而且为了达到期望的网络状态，需要进一步执行网络监控任务，因此，对网络管理方案来说，网络监控和管理控制任务应该同步运行。

由于无线传感器网络的独有属性导致网络管理遇到如下几个主要挑战：

(1) 数据负荷：无线传感器网络的高密度特征增加了从网络上采集到的数据量，而且，网络管理方案需要的不同类型数据显然增加了每个传感器节点提供的信息量。

(2) 不可靠的通信：环境条件、能量受限、无线信道错误和网络拥塞使得精确的节点监控十分困难，网络管理决策应该考虑这些因素引起的大量丢包问题。

(3) 信息可视化：从大量传感器节点连续接收到大量数据使得数据可视化是个挑战性问题。

为了克服这些问题，已经设计了一些网络管理方案。这些方案一般共享无线传感器网络专门使用的几个共同特征。由于传感器节点资源受限，为了减少能耗、处理以及存储开销，运行在传感器节点上的网络管理组件采用轻量级的操作，而且，大多数方案依赖于基于事件的方法使得传感器节点能自动改变它们的状态，以使宝贵的资源不会在端到端的传输中浪费掉。

为了克服无线信道的负面影响，网络管理方案应该具有鲁棒性和容错性，因此，网络监控和管理控制任务不依赖于确定的节点，而是考虑分布式的操作方法。由于信道错误、环境因素以及节点移动等动态特征，要求动态改变运行方式的自适应网络管理方案，同时，如同其他网络方案，网络管理协议应该被设计成可扩展的。最后，网络管理方案应在无线传感器网络协议体系结构的应用层。因此，需要集成无线传感器网络体系结构与互联网、蜂窝网络等其他通信体系架构的适当接口。

除了这些通信特征外，可以根据网络管理类型和架构两种不同的标准对网络管理方案进行分类，根据管理类型，一般有三种不同的方法：

(1) 被动方法：连续执行网络监控任务，在汇聚节点处理接收到的数据。这种管理机制依赖于检测到任何状态变化的事后处理方法，在状态发生变化的情况下，分配管理控制任务。

(2) 反应式方法(事件触发)：反应式方法依赖于执行网络管理的传感器节点的片上处理能力，与节点的各种状态相关的一些兴趣事件被定义为基于事件的查询，因此，如果出现感兴趣的事件，启动网络监控功能。分配网络管理控制任务作为对这些事件的响应，网络管理方案依赖于对这些采集数据的实时处理。

(3) 先验式方法：主动执行网络监控任务并且实时处理收集的数据，网络管理协议对预测到的任何改变作出反应并且控制任何未来事件。

除了网络管理类型，网络管理操作中存在三种不同的网络体系结构，如图 3-10 所示。

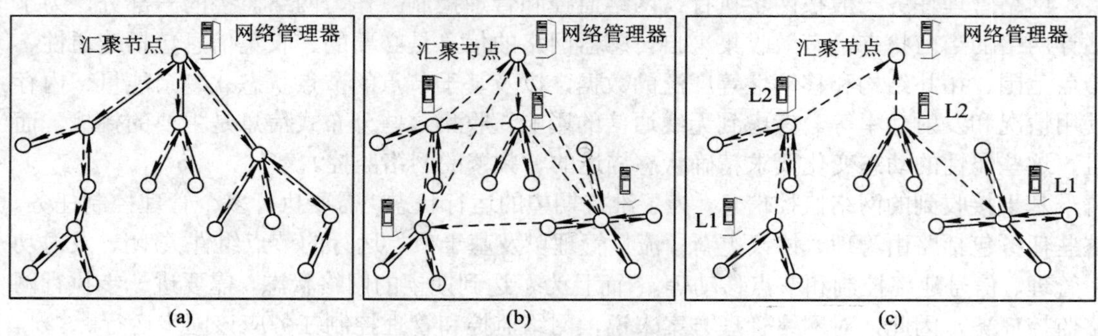

图 3-10 基于网络体系结构的网络管理类型

(1) 集中式体系结构：如图 3-10(a)所示，网络管理功能存在于汇聚节点中，在这种情况下，无线传感器网络用于网络监控和管理控制数据传输服务中。汇聚节点收集关于网络的全局信息并且执行基于这些信息的复杂网络管理决策。这种体系结构减少了资源受限传感器节点上的处理负荷，但它需要把监控数据从网络中的每个节点传输到汇聚节点，这增加了网络中的通信负荷。在这种结构中，由于单个节点信息是重要的，融合方案可能不适用。

(2) 分布式体系结构：与依赖单个网络管理者如汇聚节点不同，分布式方案使用分布于网络中的几个网络管理者，如图 3-10(b)所示，确定几个传感器节点或特定设备承担网络管理者角色并分发网络管理任务，每个网络管理者与一组传感器节点相关。由于是由本地网络管理者控制传感器节点而不是单个中央管理者，这样，改进了管理方案的鲁棒性的同时也减少了通信代价。然而，分布式网络管理者之间的协调和相关通信是一个难题，且网络管理者处理负荷大，这就需要特定的硬件或者限制网络管理功能。

(3) 层次式体系结构：由于网络管理者分布于网络中，就收集网络全局视图而言，分布式网络管理方案面临许多问题。相反，如图 3-10(c)所示，层次化网络管理方案以层次化方式使用网络中的管理者。尽管网络管理任务分布于网络管理者之间，但每个管理者向上层的管理者提交报告，汇聚节点是最上层的管理者。因此，在没有增加网络中通信成本的条件下，由低层网络管理者处理本地管理任务。另外，通过向高层管理者和汇聚节点报告必要的信息，网络的全局视图仍能获得，这样就能使汇聚节点使用整个网络的管理控制决策。

目前已经有一些无线传感器网络的网络管理方案，下面介绍两个具有代表性的网络管理方案。

3.4.1 MANNA 体系结构

MANNA(Management Architecture for Wireless Sensor Networks)[14]体系结构支持从无线传感器节点动态信息采集并且用无线传感器网络模型或者图图形化这些信息。无线传感器网络图提供了网络中某些参数的全局视图和它的状态，并在管理信息库(MIB)中定义了收集的信息和它们的关系。

MANNA 体系结构依赖于分布式管理体系结构，其中管理者完全以分布式或层次化的方式部署在网络中，通过给汇聚节点分配管理任务也支持集中式网络管理方式。这种体系结构维持两种类型的管理信息，即静态的和动态的信息。静态信息指服务、网络和网络组件的配置参数，动态信息用无线传感器网络图表示。由于动态特征，要求管理者从网络收集信息。基于管理体系结构，不同管理实体可能参与创建无线传感器网络图。无线传感器网络图的例子如下：

感知覆盖区域图：该图提供了基于位置的、现有传感器节点覆盖区域的全球视图和每个传感器节点接收到的覆盖信息。

通信覆盖区域图：类似于感知覆盖区域图，表达了传感器节点的通信范围和每个节点的可用邻居信息，该全球视图有助于识别网络中的连通性问题。

剩余能量图：基于从网络节点接收到的剩余能量信息，表达网络中剩余能量的拓扑视图，这些信息在识别网络能量消耗时是必要的。因此，如信息传输率等应用参数可以被修改，而且，网络中可以增加一些节点以替换剩余能量较少的节点。

MANNA 提供了无线传感器网络管理活动的结构化视图，三个维度抽象管理功能。传统的网络管理一般被组织成管理功能域(容错检测、配置、性能、安全和审计)和管理级别域(商业、服务、网络、网络元素管理以及网络元素)，网络功能域和管理级别域构成了两个维度。除了这些维度，根据配置、维护、感知、处理和通信，无线传感器网络功能考虑三个维度，因为网络管理与无线传感器网络的通信结构密切相关，这三个维度是必要的。

除了管理功能的抽象视图之外，MANNA 还提供了三种主要的管理结构：功能、信息和物理。功能结构用于识别每个组件的功能。具体来说，MANNA 使用两种不同的组件支持分布式管理。基于从网络中收集到的信息，管理者执行管理控制决策。除了管理者，某些节点被定义为代理，代理从一组传感器节点收集信息，代理的定义有助于解耦网络监控和管理控制功能并且给不同组件分配任务，可以以集中式、分布式和分层的方式部署网络管理者。类似地，代理可以分布于网络中形成簇或用于在汇聚节点收集整个网络信息。因此，在不依赖特殊管理体系结构的条件下，MANNA 支持灵活的网络管理任务。另外，功能结构识别管理者、代理和管理信息库 MIB 之间的关系：MIB 存储给定的当前网络状态中对象的定义和它们的关系。物理结构完全遵循功能结构，类似地，信息结构定义了基于管理者和代理任务的对象关系。

MANNA 中的网络管理操作是基于网络管理协议 MNMP 的，传感器节点组织成簇并和簇头节点通信以交换任何状态变化信息。簇头可能是收集状态信息的代理或直接执行管理任务的管理者，它们负责融合来自簇头节点的监控数据并且把该信息发送给管理者或汇聚点。对于所有的网络体系结构，中央网络管理者存在于汇聚节点，该管理者一般负责网络全球视图所要求的复杂管理任务。

3.4.2　SNMS 体系结构

大多数网络管理系统依赖于路由机制以及与传感器网络交互的可靠性等底层的网络服务，然而，这种方法导致网络管理方案和系统设法监控的网络之间的严格相关性。结果是，基本应用和网络协议中的任何错误都会影响网络管理系统，从而导致这些错误不能被检测。SNMS(Sensor Network Management Sysem)[15]通过提供与底层网络管理协议无关的查询服务集合解决了该问题，并将一些管理信息存储在传感器节点上以便在网络中断的情况下查询这些信息。

与依赖于底层的网络协议不同，SNMS 使用单独的网络协议栈，该栈是专门为可靠查询分发和分布式数据收集而设计的，基于应用中的错误或命令上传编译的二进制，因此，SNMS 与网络操作无关。

SNMS 的网络体系结构如图 3-11 所示。类似于前面介绍的查询处理机制，SNMS 依赖于以节点为根的路由树并且启动查询。在大多数情况下，网络管理者位于汇聚节点，因此路由树以汇聚节点为根。由于 SNMS 结构支持集中式网络管理，以及网络管理中的两种主要操作：网络监控(收集数据)和管理控制(命令分发)。

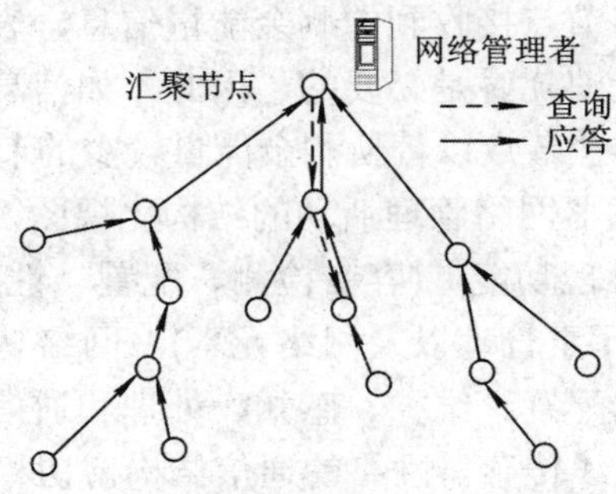

图 3-11　SNMS 的网络体系结构

对于数据收集，基于汇聚节点发送的消息生成路由树，该过程由树的构造阶段和树的修正阶段构成。汇聚节点给它的邻居节点发送树构造消息，每个节点基于树构造消息的接收信号强度RSS估计链路质量并且选择父节点，同时，将追加到消息上的RSS值作为累积的RSS值。因此，当构造消息在整个网络上传播时信道感知路由树被构造，来自根节点的更进一步的消息可用于连续的RSS度量精炼树结构。因此，如果节点接收到了另外的消息，它会在消息的累积RSS值上增加接收消息的RSS值，如果总数小于当前父节点的成本，则节点选择发送者为新的父节点。

由于根据父节点发送的消息构造路由树，导致链路可能具有非对称性，更确切地说，尽管选择了父子之间链路质量高的节点作为父节点，但这种选择没有考虑孩子节点与父节点之间的链路质量。为了维护双向的通信质量，节点跟踪父节点转发消息时的确认消息，如果成功概率较低，选择其他的父节点。

SNMS也支持仅有网络中节点的子集参与的路由树构造，这需要在消息中包含三个字段：目标地址、目标组和生存期。基于目标地址和目标组，节点判断消息是否指向它自己或它的孩子节点，既而分组被处理、转发或删除，如果分组的生存期到期，它不会重传该分组。

无线传感器网络中，广泛的查询会被发送给整个网络。为了提供灵活性，SNMS中没有定义这些查询，相反，网络管理者可以定义任意查询并且设计位于传感器节点上的通信组件。因此，对于每个查询，可以生成相关组件，使得网络管理系统可定制。管理者可以使用字符定义每个查询。尽管在网络层没有使用具有任意大小的查询名字，基于管理者的定义，每个查询被映射为整数键并且编程相应的传感器节点，通过分配新的键值和编程节点，能够进一步扩展查询定义。

基于这些定义，SNMS查询由一系列属性键值和抽样周期组成。基于这些目标要求，通过生成的路由树向使用SNMS网络栈的网络分发查询，节点接收到查询之后，抽样周期用于周期性地观察查询请求的属性，查询结果包含在响应消息中并且使用相同的路由树发送给汇聚节点。由于没有使用预定义的查询而是使用具有代表性的键值，数据结构不是自描述的，因此，SNMS限制了传感器节点的数据融合能力，并且操作主要在网络管理者如汇聚节点上执行。

在汇聚节点，为了向用户表达查询结果，接收到的响应被收集起来。因为字符串用于查询和属性的定义，对于管理任务决策的SNMS体系架构要求人为管理。除了数据传输，SNMS也支持本地缓存发送给网络管理者感兴趣的确定事件。这样，在SNMS网络栈存在任何错误的情况下，可以获取本地缓存的事件信息，这种方法提供了一种“门卫”机制。

参考文献

[1] C. M. Sadler and M. Martonosi. Data compression algorithms for energy-constrained devices in delay tolerant networks. In Proceedings of ACM SenSys'06, Boulder, CO, USA, November 2006.

[2] D. Salomon. Data Compression: The Complete Reference. Springer, 1997.

[3] D. Slepian and J. K. Wolf. Noiseless coding of correlated information sources. IEEE Transactions on Information Theory, 19(4):471-480, July 1973.

[4] A. Wyner and J. Ziv. The rate-distortion function for source coding with side information at the decoder. IEEE Transactions on Information Theory, 22: 1-10, January 1976.

[5] S. Madden and M. J. Franklin. Fjording the stream: an architecture for queries over streaming sensor data. In Proceedings of the 18th International Conference on Data Engineering, pp. 555-566, San Jose, CA, USA, 2002.

[6] P. Bonnet, J. E. Gehrke, and P. Seshadri. Towards sensor database systems. In Proceedings of Second International Conference on Mobile Data Management, pp. 3-14, Hong Kong, China, January 2001.

[7] C. Srisathapornphat, C. Jaikaeo, and C.-C. Shen. Sensor information networking architecture. In Proceedings of the International Workshop on Parallel Processing (ICPP'00), p. 23, Washington, DC, USA, August 2000.

[8] W. R. Heinzelman, A. Chandrakasan, and H. Balakrishnan. Energy-efficient communication protocol for wireless microsensor networks. In Proceedings of IEEE Hawaii International Conference on System Sciences, pp. 1-10, January 2000.

[9] W. R. Heinzelman, J. Kulik, and H. Balakrishnan. Adaptive protocols for information dissemination in wireless sensor networks. In Proceedings of MobiCom'99, pp. 174–185, Seattle, WA, USA, August 1999.

[10] Ousmane Diallo, Joel Jose P. C. Rodrigues, Mbaye Sene, Jaime Lloret. Distributed Database Management Techniques for Wireless Sensor Networks, IEEE Transactions on Parallel & Distributed Systems, 2015, 26(2): 604-620.

[11] P. Bonnet, J. Gehrke, and P. Seshadri. Cougar: The Sensor Network is the Database, accessed 25/01/2013 Available:www.cs.cornelle.edu/database/cougar/, 2001.

[12] S. Madden, W. Hong, J. Hellerstein, and K. Stanek. TinyDB: A Declarative Database for Sensor Networks, accessed 25/01/2013 Available: http://telegraph.cs.berkeley.edu/tinydb/overview.html

[13] Nicolas Tsiftes, Adam Dunkels. A Database in every sensor, Proceedings of the 9th ACM Conference on Embedded Networked Sensor Systems, ACM press, 2011, 316-332.

[14] B. Zhang and G. Li. Analysis of network management protocols in wireless sensor network. In Proceedings of the International Conference on Multimedia and Information Technology, pp. 546-549, Los Alamitos, CA, USA, 2008.

[15] G. Tolle and D. Culler. Design of an application-cooperative management system for wireless sensor networks. In Proceedings of EWSN'05, pp. 121-132, Istanbul, Turkey, January 2005.

第4章 运输层协议

无线传感器网络的成功和效率直接依赖于传感器节点与汇聚节点之间的可靠通信。在多跳、自组织和高密度的传感器网络环境中，要实现可靠通信，除了具有鲁棒性的物理层调制技术、链路层媒体接入控制技术、差错控制技术以及错误容忍路由技术外，可靠的运输层机制是必不可少的。无线传感器网络运输层协议类似于传统无线网络，也需提供拥塞控制、可靠传输和多路复用与分解服务。然而，针对传统无线网络提出的运输层方案[1]并不适合无线传感器网络，这些方案遵循端到端 TCP 方法，关注可靠数据传输以及解决无线链路错误和移动性带来的问题。然而，TCP 可靠传输是基于端到端确认和重传机制的，传感器网络实现这种端到端的可靠传输机制会增加负荷，传感器节点生成的数据流中固有的相关性使得严格的端到端可靠传输机制耗能严重，而且为了缓存已传输而尚未得到接收方确认的分组，这些协议需要充足的内存需求，但是传感器节点的缓存空间和处理能力有限。本章介绍目前提出的一些经典无线传感器网络运输层协议。

本章把无线传感器网络中的数据流分为两类，即传感器节点向汇聚节点发送感知数据的数据流和汇聚节点向传感器节点发送查询信息以及分配感知任务的数据流。这两类数据流对可靠性的要求不同，运输层使用的协议也不同。用于从传感器节点向汇聚节点传输感知数据的经典运输层协议如 RMST[2]和 CODA[3]等，用于从汇聚节点向传感器节点发送命令的经典运输层协议如 PSFP[4]和 GURDUA[5]等。

4.1 RMST 协议

RMST(Reliable Multi-Segment Transport)协议[2]是第一个无线传感器网络运输层协议，其目标是提供端到端可靠数据传输。RMST 协议是基于网络层定向扩散(参见 5.1.4 节)路由协议设计的，它利用定向扩散路由协议提供的网络层服务，这也意味着数据流的所有分组都将沿着同一条路径传输，除非路径上的节点出现故障。当然，在出现故障的情况下，重新启动定向扩散路由机制建立源节点与目标节点之间的新路径，继续进行数据传输。

基于以上假设，RMST 协议支持两种操作模式：无缓存模式和缓存模式。在无缓存模式下，RMST 协议的可靠传输机制类似于传统 TCP 的可靠传输机制，即只有源节点和目标节点负责完成可靠传输，这种机制的好处是不要求多跳无线传感器网络中中间节点的参与。在缓存模式下，为了降低端到端的重传负荷，选择数据传输路径(定向扩散路由机制建立的“加强路径”)上的中间节点配备缓存，并缓存传输过的数据。因此，对于丢失的数据包可通过这些中间传感器节点逐跳恢复。

图 4-1 说明了无缓存模式下的可靠传输过程，左上角的节点试图通过某条多跳路径向汇聚节点发送一系列数据分组，图中标出了汇聚节点已经接收到的最后一个数据分组的序列号。无缓存模式下，使用端到端的重传机制保证数据传输的可靠性。假设序列号为 4 的数据分组在到达汇聚节点前丢失了(图 4-1(a))，而汇聚节点在接收到序列号为 5 的数据分组时才检测到序列号为 4 的数据分组丢失的错误(图 4-1(b))。此时，汇聚节点向源节点发送 NACK 否认消息并请求重传第 4 个数据分组(图 4-1(c))，最终源节点重传序列号为 4 的数据分组并能够到达汇聚节点(图 4-1(d))。

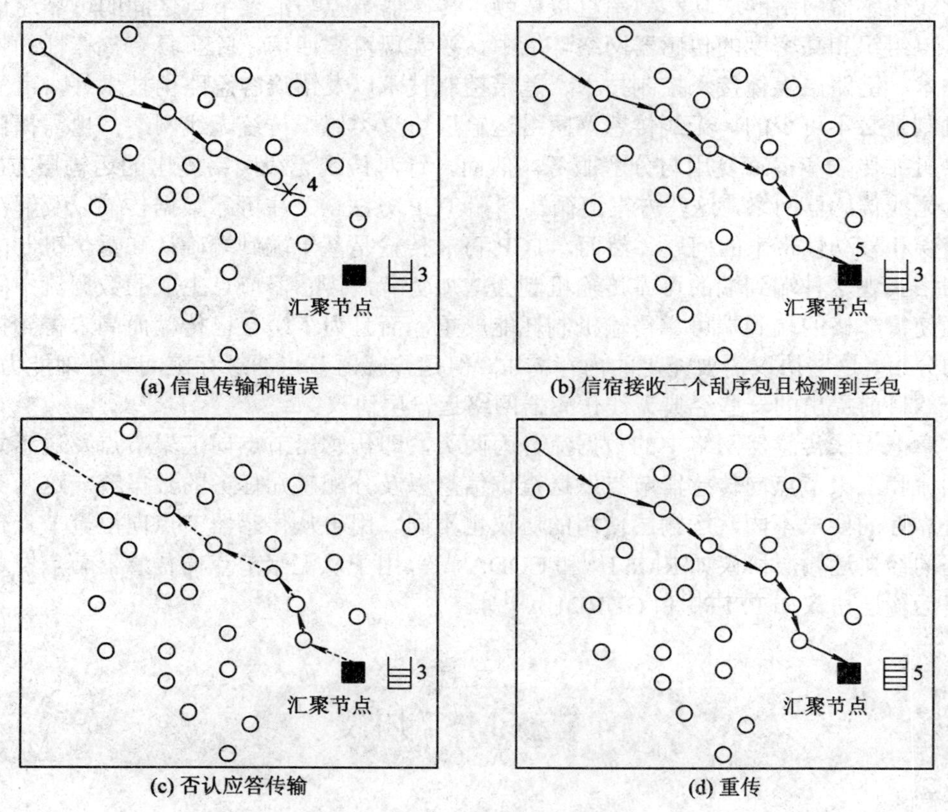

图 4-1 RMST 无缓存模式下的差错恢复

图 4-2 说明了缓存模式下的可靠传输过程，加强路径上的某些传感器节点并标记为缓存节点(黑色圆点)，即配备了缓存的节点。在该模式中，缓存节点也参与丢包检测。在图 4-2(a)和图 4-2(b)中，当序号为 3 的数据分组丢失时，最近的缓存节点能够检测到这种错误。这时，该缓存节点就会向源节点所在方向发送 NACK 否认消息并请求重传第 3 个数据分组，如图 4-2(c)所示。然而，该 NACK 消息可能并不用发送到源节点，而是只要加强路径的反向路径上某个缓存节点，其缓存了序号为 3 的数据分组，并且该节点接收到要求重传第 3 个数据分组的 NACK 消息，它就会丢掉 NACK 消息不继续转发并且重传序号为 3 的数据分组。

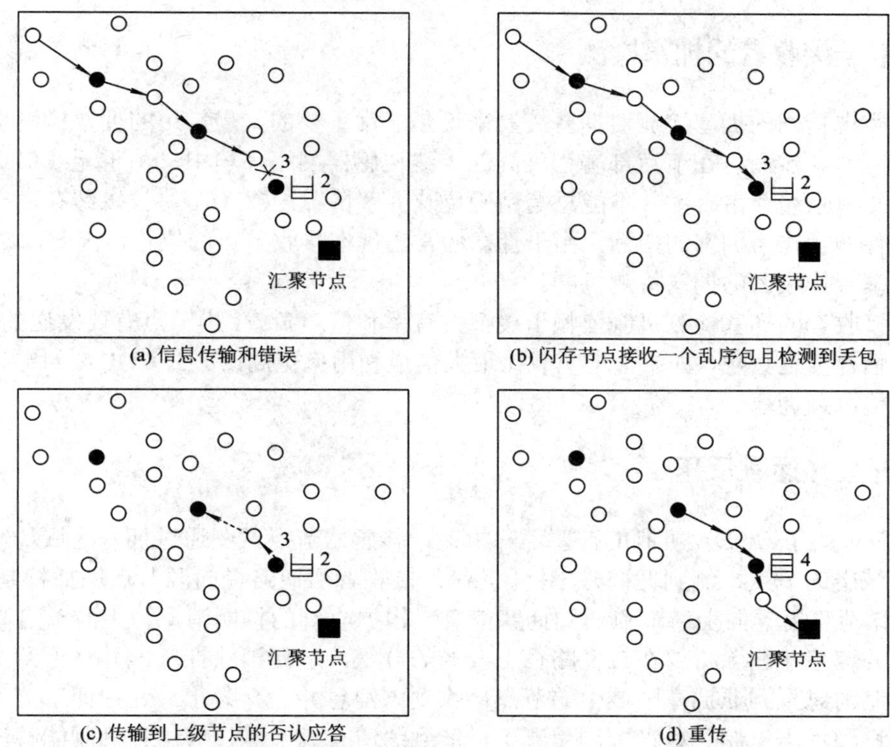

(a) 信息传输和错误　(b) 闪存节点接收一个乱序包且检测到丢包

(c) 传输到上级节点的否认应答　(d) 重传

图 4-2　RMST 缓存模式下的错误恢复，黑色方块代表配备缓存节点

缓存模式中，RMST 协议本质上保证了两个最近的缓存节点间通信的可靠性，重传也只需在它们之间进行而不必在整条路径上重传，从而将重传的开销降到最低。然而，这种机制在缓存节点中引入了额外的处理和存储开销，这有可能增加网络的整体复杂性和能耗。大多数事件检测和跟踪应用并不需要 100%的可靠性，因为每个数据流的数据是相关的，并且允许一定程度的丢包事件出现，但 RMST 协议将它们作为多个流处理，这很可能导致传感器网络资源的浪费，并造成拥塞和丢包。

4.2　CODA 协议

CODA(Congestion Detection and Avoidance)[3]协议是一种以拥塞检测、消除和预防为目的的运输层协议。为实现该目标，CODA 协议的设计假设了三种数据传输场景：

(1) 源节点频繁生成数据并发送数据，拥塞可能出现在源节点附近；

(2) 对于低速通信，拥塞可能临时出现在热点位置；

(3) 热点可能为多个数据流提供服务，由于网络拓扑和网络通信能力特征，可能存在永久性的热点。

对于前两种类型的拥塞，CODA 提供局部的拥塞控制机制，而对于第三种类型的拥塞，为调整源节点的数据率，需要端到端的控制机制。

为了解决不同应用场景出现的拥塞，CODA 协议提出了以下三种机制：基于接收者的拥塞检测、开放环逐跳反压和封闭环多源调整机制。

4.2.1 基于接收者的拥塞检测

能够实现精确的拥塞检测对拥塞控制来说是非常重要的，最常用的拥塞检测指标是节点缓存占有率。然而，在节点部署密度高的无线传感器网络环境中，由于无线信道中分组冲突错误，节点缓存占有率并不能总是精确反映拥塞情况。CODA 协议以缓存占有率和信道负荷条件两者作为拥塞的指标，由于拥塞经常出现在接收节点的位置，因此，CODA 设计了一种基于接收者的拥塞检测机制。

基于接收者的拥塞检测机制依赖于缓存占有率和信道负载，当节点有要发送的数据时，监听信道估计信道负载，如果信道负载比最大信道利用率更高，那么 CODA 判定为出现拥塞，亦即检测到拥塞。

4.2.2 开放环逐跳反压

图 4-3 说明了 CODA 机制的拥塞消除机制，传感器节点试图通过拥塞区域传输分组。当拥塞区域中的节点检测到拥塞时(图 4-3(a))，接收者沿逆路径向源节点广播抑制消息(图 4-3(b))，该消息用于向上游节点通知拥塞信息。根据收到的抑制消息，上游节点降低它们发送数据的速率或删除将要在转发路径上发送的分组，以便消除拥塞，并且上游节点会再次广播抑制消息直到非拥塞区域中的节点接收到该消息并丢弃为止，这种拥塞消除机制称为开放环逐跳反压机制。尽管抑制消息不可能到达所有源节点，但这种机制能够消除拥塞区域的局部拥塞，而且，如图 4-3(c)所示，收到抑制消息的拥塞区域外节点为了避开拥塞区域中的热点，可使用跨层路由技术重新选择转发路径。

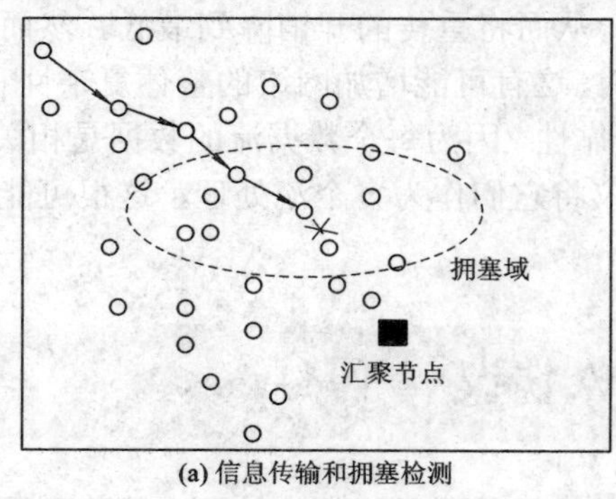

(a) 信息传输和拥塞检测

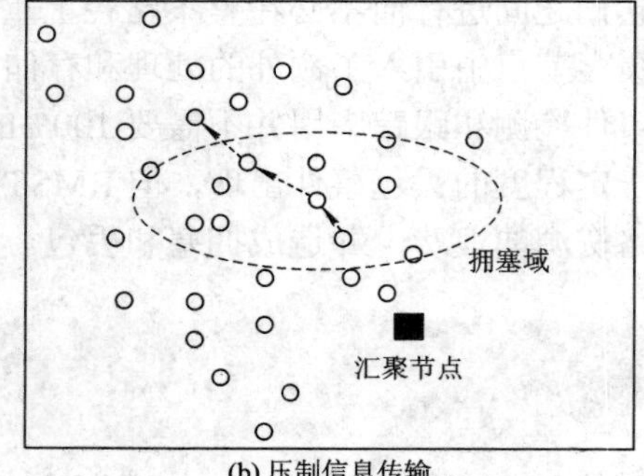

(b) 压制信息传输

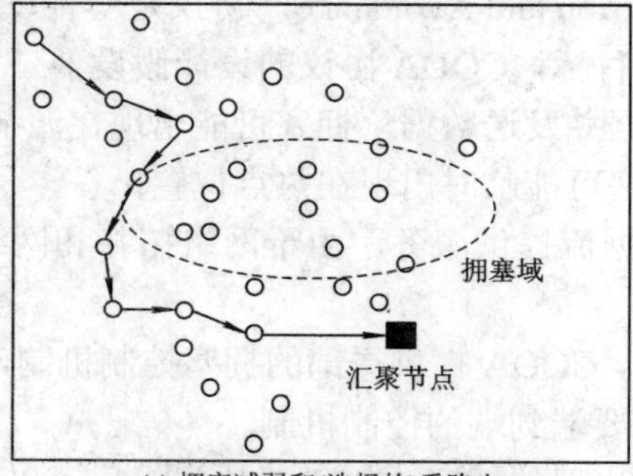

(c) 拥塞减弱和(选择的)重路由

图 4-3 开放环逐跳反压机制

4.2.3 封闭环多源调整

除了无线传感器网络动态特征导致的局部拥塞外，多个源节点生成的通信流量可能造成整个网络范围的拥塞。具体来说，如果多个源节点注入的通信负载超过了网络能够处理的网络负载，局部拥塞控制机制将无法消除这种拥塞。针对这种情况，CODA 协议使用了如图 4-4 所示的封闭环多源调整机制，这种机制类似于传统的端到端拥塞控制机制。该机制中，每个源节点监控源速率为 *r*，如果源速率超过了门限值 vS_{max}，即信道的最大理论吞吐量，则源节点进入封闭环控制阶段。在这种情况下，源节点在发往汇聚节点的分组首部中设置调整位以便通知汇聚节点，因此，汇聚节点开始每收到 *n* 个分组再发送周期性的 ACK 确认消息，如果源节点在一段时间内不能接收到 ACK 消息，它会认为整个网络出现拥塞并降低发送速率。

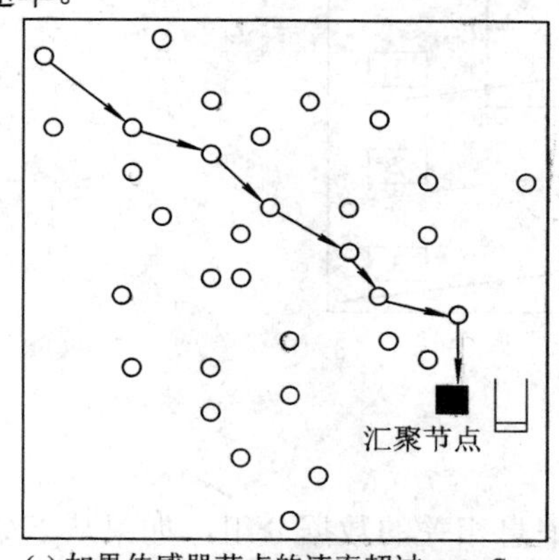

(a) 如果传感器节点的速率超过 $r >> vS_{max}$，该节点进入闭环控制

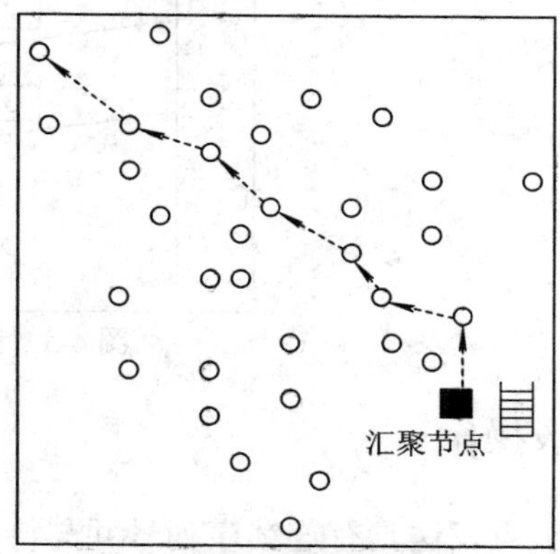

(b) 每接收到 *n* 个数据包汇聚节点，就恢复一个ACK

图 4-4　封闭环多源调整机制

4.3 PSFQ 协议

PSFQ(Pump Slowly, Fetch Quickly)[4]协议是为了解决从汇聚节点到传感器节点的数据传输问题而设计的，与关注传感器节点到汇聚节点数据传输的许多传输层协议不同，其逆路径一般用于网络管理任务和重新设置传感器节点的任务，因此，PSFQ 协议主要关注的是可靠性问题。由于传感器节点生成的数据具有高度相关性，因此，传感器节点到汇聚节点的路径可以容忍信息丢失，而为了从汇聚节点向传感器节点可靠地分发控制信息，从汇聚节点到传感器节点的路径要求支持一对一通信，因此，PSFQ 协议提供三种主要功能：注入操作、提取操作，状态报告

4.3.1 注入操作

因为可靠性比时效性更重要，所以 PSFQ 协议使用了一种低速的分发机制，即慢速注入(pump)机制。该机制基于向网络慢速的注入分组，在这种情况下，到目标节点路径上的每个节点等待一定的时间后再转发收到的消息。

图 4-5 说明了 PSFQ 协议的注入操作，其中传感器节点正在给它的邻居节点 A 发送数据分组，节点 A 将此信息转发给节点 B。设置两个时钟 T_{min} 和 T_{max}，这两个时钟用于调度从传感器节点到汇聚节点路径上的节点传输时间。传感器节点每隔 T_{min} 时间给它的直接邻居广播数据分组，根据接收到的数据分组，邻居节点随机选择介于 T_{min} 和 T_{max} 之间的随机等待时间后再转发收到的数据分组。因此，节点在传输下一个数据分组之前，至少要等待 T_{min} 时间，而这些数据分组传输之间的间隔可用于恢复丢失的数据分组。而且，随机时延能减少相邻节点对同一数据分组的冗余广播次数，如果其中一个节点转发了数据分组，其他相邻节点则会停止发送该数据分组。

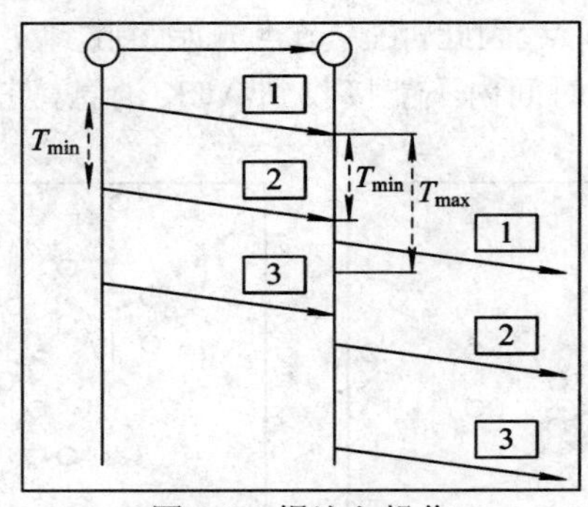

图 4-5　慢注入操作

4.3.2　提取操作

传感器节点发送具有连续序列号并与特定消息相关的数据分组，如果从汇聚节点到传感器节点传输路径上的节点检测到数据分组失序，则启动提取操作。在这种情况下，为了从直接邻居节点快速恢复丢失的分组，每个节点发送否认分组 NACK 执行积极的逐跳恢复操作，该机制称为快速提取机制。

图 4-6 说明了 PSFQ 协议的快速提取机制。当节点 A 检测到丢包后，它给直接邻居广播 NACK 分组，可能出现没有收到应答消息或仅仅接收到丢失的部分数据分组的情况。在这种情况下，如果节点 A 在周期 $T_r(T_r<T_{max})$内没有接收到任何应答消息，那么它会每隔 T_r 时间继续发送 NACK 分组。如果节点 A 的一个邻居节点缓存中有该分组，那么此节点将会在 $\frac{1}{4}T_r \sim \frac{1}{2}T_r$ 时间间隔内发送该数据分组。

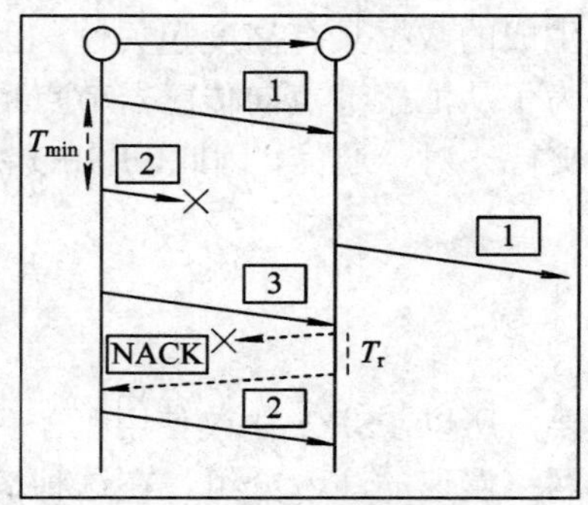

图 4-6　快速提取操作

通过使用两个分组传输期间持续发送的 NACK 分组，提取操作能够恢复本地错误，然而，为了阻止消息内爆(implosion)问题，PSFQ 协议限制给一跳邻居发送 NACK 分组的数量，换句话说，没有通过多跳路由广播 NACK 分组。

PSFQ 中的丢包检测机制依赖于数据流中的分组序列号，在数据流中间的分组丢失的情况下，该机制能够有效检测到这些丢失的包，但在数据流的最后一个分组或所有分组丢失的情况下该机制则不适用。为了解决这一问题，PSFQ 使用了一种先验式(proactive)提取操作，在这种方法中，接收者使用基于时钟的提取操作机制。

图 4-7 说明了先验式提取操作。如果一个节点收到一个数据分组之后，它等待 T_{pro} 时间仍没有接收到后续数据分组，则发送否认分组 NACK 给它的邻居节点以确认丢包还是数据传输结束。这里的等待时间 T_{pro} 计算方法如下：

$$T_{pro}=a*(S_{max}-S_{last})*T_{max}$$

其中，a 是常数($a\geqslant 1$)，S_{max} 是数据流分组最大序号，S_{last} 是已经接收到的数据分组的最大序号。

因此，越接近数据传输结束时，节点主动发送否认分组 NACK 消息越早。在缓存长度受限的情况下，等待时间由公式 $T_{pro}=a*n*T_{max}$ 决定，其中，n 是缓存器的长度。

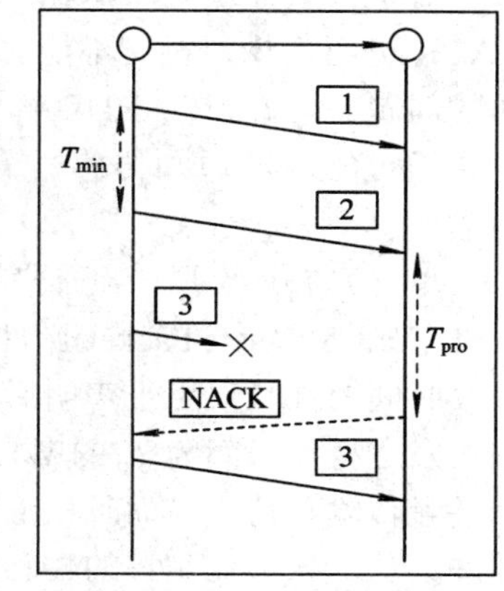

图 4-7　先验式提取操作

4.3.3　状态报告

PSFQ 协议的第三个组件是报告操作，利用分组首部设置的报告位，汇聚节点启动报告操作，该操作允许汇聚节点从传感器节点请求反馈信息。用于报告操作的分组通过网络发送给指定节点，根据收到的报告请求，传感器节点发送报告消息并立即响应报告请求，沿到汇聚节点路径上的每个节点通过捎带方式把状态信息添加到报告中。如果路径中的上游节点在时间 T_{report} 内没有接收到报告请求响应，则建立自己的报告分组并发送给汇聚节点。

报告操作也用于单个分组传输，如果汇聚节点将要发送的消息适合于一个分组，那么通过设置报告位启动报告操作，无论任何时候目标传感器节点接收到这个分组时，它都会以报告分组作响应，这样，单个分组流的 PSFQ 协议集成了端到端的差错控制机制。

4.4　GARUDA 协议

GARUDA 协议[5]解决了从汇聚节点到传感器节点的可靠数据传输问题。为了能够成功传输单个分组数据，GARUDA 协议合并了一种高效的基于脉冲的方案，而且，如同 RMST 协议一样(参见 4.1 节)，GARUDA 协议选择网络中的某些确定节点执行缓存和管理丢包恢复过程，称这些确定节点为核心节点。为了该目的，网络中的每个节点合并了两阶段丢包恢复机制，以便可靠接收来自汇聚节点的分组。

对于不同的应用场景，GARUDA 协议完成从汇聚节点到传感器节点的可靠数据传输由以下三种机制组成：单个/首个数据分组传输机制、核心节点构造机制和两阶段丢包恢复机制。

4.4.1 单个/首个分组传输机制

对于丢失分组，GARUDA 协议主要依赖于否认消息 NACK 的恢复策略。然而，基于 NACK 分组的恢复机制不能解决仅有一个分组数据传输的丢包问题或数据流中所有分组丢失的问题。因此，GARUDA 协议合并了基于脉冲的数据传输机制，该机制中汇聚节点会事先通过短脉冲通知传感器节点，然后将有单个分组传输或者是多个分组的第一个分组传输。

单个/首个数据分组传输机制如图 4-8 所示，汇聚节点以某种振幅和周期发送 WFP(Wait-for-Fisrt-Packet)脉冲序列，通知传感器节点即将出现可靠短消息传输。WFP 脉冲持续时间短并且仅用于声明后续分组的传输。当汇聚节点要发送分组时，如图 4-8 所示，它将发送持续时间为 T_p 的 WFP 脉冲序列，WFP 脉冲的持续时间远小于分组传输的持续时间并且传输负荷小。而且，汇聚节点以远大于分组传输持续时间的周期 T_s 继续传输 WFP 脉冲。从汇聚节点到目的传感器节点路径上的每个节点广播收到的 WFP 脉冲信息，这样，网络中的每个节点都获知将要接收到分组的信息。

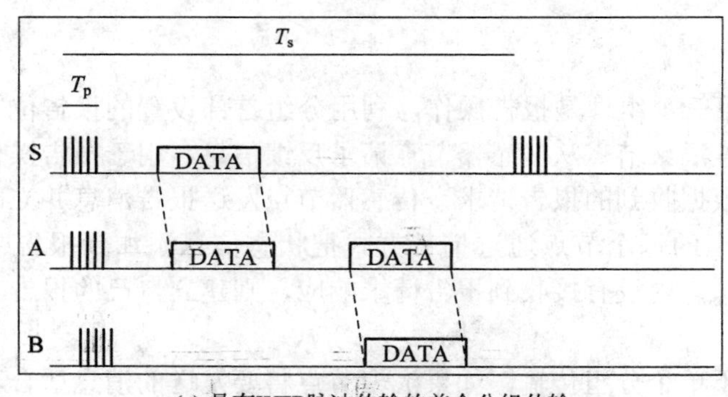

(a) 具有WFP脉冲传输的首个分组传输

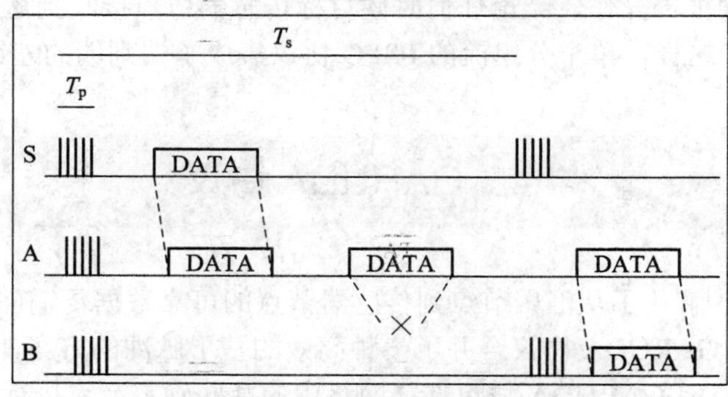

(b) 使用WFP脉冲的分组恢复过程

图 4-8　GARUDA 协议首个分组传输机制

当 WFP 脉冲在网络中传播足够的时间后，如图 4-8(a)所示，汇聚节点传输分组。根据接收到的数据分组，每个节点停止传输 WFP 脉冲，切换到数据传输模式，并且如图 4-8(a)所示转发分组。如果节点没有接收到数据分组，启动错误恢复阶段。如图 4-8(b)所示，如果节点 B 没有接收到来自节点 A 的数据分组，它将继续以周期 T_s 发送 WFP 脉冲，这些 WFP 脉冲也作为节点 A 执行重传的 NACK 分组提示信息。如果节点 A 发送一个分组后接收到 WFP 脉冲，它会给节点 B 重传该分组，因此，GARUDA 确保了单个分组或数据流中第一个分组在目的接收节点的可靠接收。

4.4.2　核心节点构造

类似于 RMST 协议中的缓存模式，GARUDA 协议依赖于网络中的某些具体节点缓存数据，称这些节点为核心节点。为了减少选择核心节点的额外开销，GARUDA 协议设计了一个简单有效的核心节点构造机制。第一个分组传输期间，GARUDA 协议隐含使用了核心节点构造机制，满足如下条件的节点可作为核心节点：

(1) 传感器节点到汇聚节点的跳数是 3 的倍数；

(2) 没有侦听到相邻节点已被选为核心节点的信号，如图 4-9 所示。根据从汇聚节点收到的第一个分组，每个节点确定自己的标识信息并且转发分组。核心节点在转发分组中标明自己的“核心”节点身份，为了执行丢包恢复任务，其他的非核心节点与核心节点之一联系。

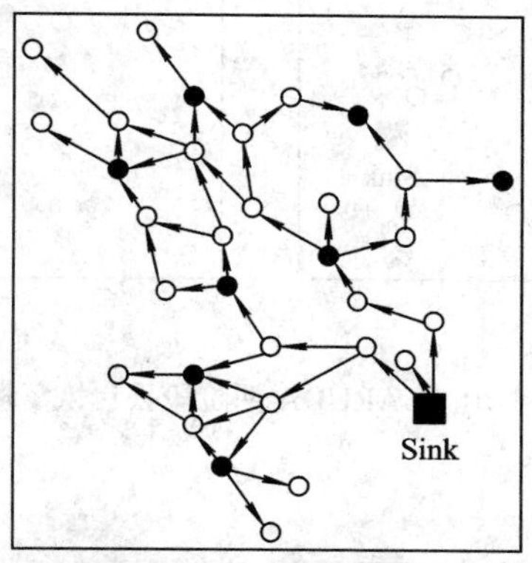

图 4-9　GARUDA 核心节点构造(黑色节点为核心节点)

4.4.3　两阶段丢包恢复机制

一旦构造了核心节点，核心节点将控制执行数据传输。在分组丢失的情况下，利用两阶段丢包恢复机制，即核心节点首先从上游的核心节点恢复丢失的数据分组，然后把该包传输给与它相邻的非核心节点，如图 4-10 所示。通过在其他核心节点间尽可能快地交换单播消息，每个核心节点设法恢复丢失分组，该恢复过程与失序分组转发机制并行执行。无论任何时候核心节点 A 发现丢包时，它检查到汇聚节点路径上第一个节点 B 的 A-map 信息，A-map 是指核心节点间交换得到的其他核心节点缓存的可用分组信息。如图 4-10(a)所示，如果节点 B 的 A-map 显示节点 B 有丢失的分组，节点 A 给节点 B 发送单播消息。如

图 4-10(b)所示，节点 B 会以该丢失分组应答节点 A。一旦节点 A 接收到所有丢失的分组，如图 4-10(c)所示通过广播 A-map 信息表明该恢复完成。然后，如图 4-10(d)所示，非核心节点 C 从核心节点 A 请求丢失的分组。使用这种两阶段恢复机制，汇集节点发送的所有分组可靠地传输给目的接收节点。

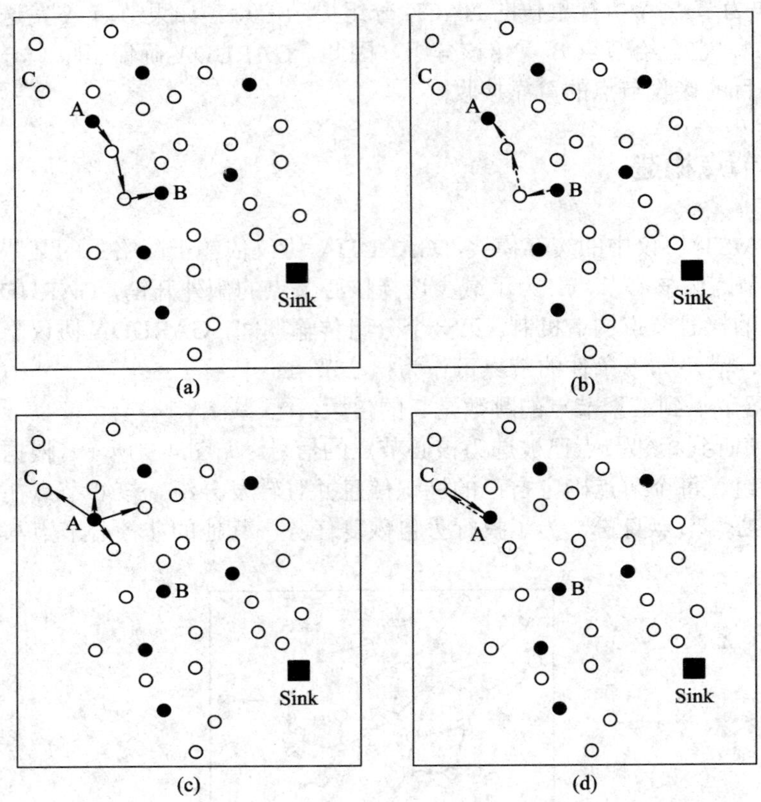

图 4-10　GARUDA 两阶段丢包恢复机制

参考文献

[1] A. Al Hanbali and E. Altman. A survey of TCP over ad hoc networks. IEEE Communications Surveys & Tutorials, 7(3): 22-36, 2005.

[2] F. Stann and J. Heidemann. RMST: reliable data transport in sensor networks. In Proceedings of the 1st IEEE International Workshop on Sensor Network Protocols and Applications, pp. 102-112, Anchorage, AK, USA, May 2003.

[3] C.-Y.Wan, S. B. Eisenman, and A. T. Campbell. CODA: congestion detection and avoidance in sensor networks. In SenSys'03: Proceedings of the 1st International Conference on Embedded Networked Sensor Systems, pp. 266-279, Los Angeles, USA, 2003.

[4] C.-Y. Wan, A. T. Campbell, and L. Krishnamurthy. Pump-slowly, fetch-quickly (PSFQ): a reliable transport protocol for sensor networks. IEEE Journal on Selected Areas in Communications, 23(4): 862-872, April 2005.

[5] S.-J. Park, R. Vedantham, R. Sivakumar, and I. F. Akyildiz. GARUDA: achieving effective reliability for downstream communication in wireless sensor networks. IEEE Transactions on Mobile Computing, 7(2): 214-230, 2008.

第5章 网络层协议

路由问题是无线传感器网络网络层要解决的主要问题之一，由于无线传感器网络的无线通信、资源受限等特征，设计有效的路由协议面临许多挑战。首先，对于大规模高密度的无线传感器网络，建立全球的寻址机制是不可能的，因此，传统基于IP网络的路由协议不适合于无线传感器网络；其次，与典型的通信网络相比，传感器网络几乎所有的应用都要求多到多通信，即要求多个感知数据源向多个汇聚节点(网关)发送数据；第三，传感器网络节点资源(能量、处理、存储)受限，因此，要求谨慎使用和管理资源；第四，在大多数应用环境中，除少量移动节点外，网络中节点的位置一般是固定的；第五，传感器网络与具体应用密切相关；第六，由于数据收集通常是基于位置的，传感器节点的位置感知非常重要；第七，传感器网络中节点采集到的数据一般是基于共同观察到的物理现象的，因此这些数据冗余度高；最后，由于节点能量受限，节点状态(例如，故障)的突然改变可能引起频繁且不可预测的网络拓扑变化。

针对以上问题，目前提出的无线传感器网络路由协议大致可分为四大类：数据为中心的平面结构路由协议、层次结构路由协议、位置感知路由协议和基于服务质量(QoS)的路由协议。本章将介绍这几类路由协议中的经典路由协议。

5.1 数据为中心平面结构路由协议

在平面结构网络中，每个节点一般扮演相同的角色，并且传感器节点协同执行感知任务，基于IP地址的路由协议对无线传感器网络不适用。为了解决这一问题，研究者提出了以数据为中心的路由协议代替以主机为中心的路由协议的方法。在以数据为中心的路由方法中，基于属性的命名机制可用于执行对物理现象的查询。例如，查询“温度高于20° C的区域”是比查询“指定节点的温度”更普遍的查询，即用户感兴趣的是对物理现象的查询而不是对单个节点的查询。

图5-1说明了一个以数据为中心的路由协议。假设汇聚节点对温度高于70° F(20° C)的区域感兴趣，那么编址与这个兴趣匹配的节点。以数据为中心的路由协议根据查询内容提供路径，因此，对每次查询发送信息的节点会改变，而且，使用单个以数据为中心的查询也能寻址距离较远位置上的节点，如图5-1所示。

本章介绍常用的以数据中心的经典路由协议。

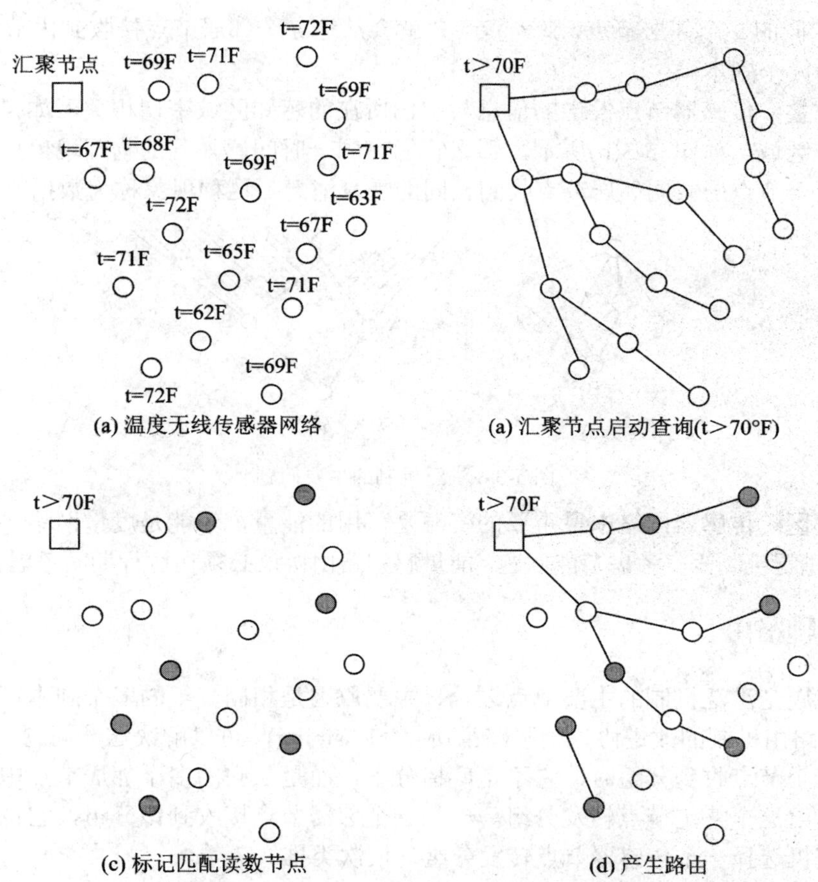

(a) 温度无线传感器网络　(a) 汇聚节点启动查询(t＞70°F)

(c) 标记匹配读数节点　(d) 产生路由

图 5-1　以数据为中心的路由

5.1.1　洪泛机制

洪泛机制(Flooding)[1]是有线和无线多跳自组织网络上路径发现和信息传播的常用技术。当网络中的节点收到分组时，它把该分组广播给它的所有邻居节点，如图 5-2 所示，这种传递分组的方式将继续，直到网络中的所有节点都接收到该分组，结果是洪泛分组会遍历整个网络。当然，当分组到达目标节点或分组经历的跳数达到设定的最大值时，通过限制继续重新广播分组控制洪泛过程。

图 5-2　洪泛机制

洪泛机制是一种反应式协议，即每个节点接收到分组时向前广播，实现简单。洪泛机制的好处是不需要事先知道邻居信息，也不需要网络拓扑维护和复杂的路由发现过程。然而，洪泛机制存在以下问题[2]：内爆现象(implosion)、数据重叠(data overlap)和资源盲区(resource blindness)。

内爆现象：是指在洪泛机制中，对向同一目标节点广播同一分组的节点个数未作限制，导致目标节点可能收到多个重复分组的现象称为内爆现象。如图 5-3(a)中，如果节点 A 和节点 B 有相同的 n 个邻居节点，那么节点 B 就会从这 n 个邻居节点接收到由节点 A 发送的同一分组的 n 个副本。

数据重叠：传感器节点发送的信息与它们所在的感知区域密切相关，如果两个节点有重叠的感知区域，如图 5-3(b)所示，那么它们在同一时间感知到的物理现象可能相同，从而导致这两个节点的共同邻居节点收到相同的重复消息，这种现象称为数据重叠现象。

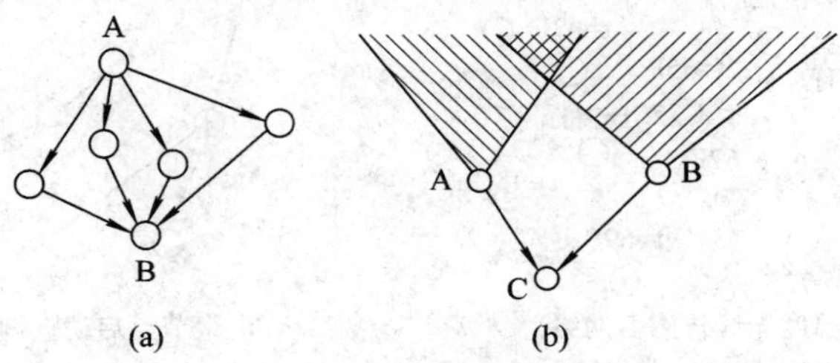

图 5-3　洪泛机制的主要问题

资源盲区：传感器网络中最重要的资源是可用的能量，节能是度量网络协议的重要指标。然而，洪泛机制没有考虑节能问题，能量感知路由协议必须在运行期间考虑可用的能量。

5.1.2　闲聊路由

内爆问题是洪泛机制的主要缺点之一，主要原因是相同分组的多个副本可能遍历整个网络。洪泛路由机制的改进协议闲聊路由协议(Gossiping)[1]可以解决这一问题。闲聊路由协议中，当一个节点收到分组时，它不是广播分组，而是从它的多个邻居节点中随机选择一个节点并仅给这个特定节点转发分组。一旦这个邻居节点接收到该分组，它也从自己的邻居节点中随机选择一个传感器节点转发分组，依次类推。

尽管闲聊路由能够避免内爆问题，因为任何节点仅能得到消息的一个副本，但在要求给所有传感器节点传播消息的情况下，闲聊路由则增加了延迟。但是，由于闲聊路由限制了分组多个副本的传输，它的能耗显然低于洪泛机制。尽管这两种机制不尽完美，但在传感器网络部署阶段，汇聚节点可能使用洪泛或闲聊路由确定活动节点，在传感器网络初始化阶段，受限的洪泛机制可能用于收集网络拓扑信息，即每个节点的邻居节点信息。

5.1.3　SPIN 协议

SPIN(Sensor Protocol for Information via Negotiation)协议[2]通过协商和资源自适应的方法解决洪泛机制中存在的主要问题。“协商机制”与传感器节点直接发送所有采集到的数据不同，其传感器节点间首先通过交换描述数据特征的信息相互协商。通过这种协商机制，数据源仅给对采集数据感兴趣的节点发送数据分组。“资源自适应”是指在 SPIN 协议运行期间，每个节点都会监控自己的能量资源，以便执行能量感知决策。例如，当一个节点的能量低于某个门限值时，节点可能不转发接收到的用于转发协商信息的分组和数据分组。SPIN 协议的资源自适应机制可延长节点寿命，最终使整个网络寿命会更长。

SPIN 协议的协商机制通过交换广告(ADV)分组、请求(REQ)分组和数据(DATA)分组完成。ADV 分组是节点对拥有数据特征的简单描述；REQ 分组用于节点向数据拥有者(可能是生成数据的源节点也可能是通过发送 REQ 分组获得数据的节点)请求数据；DATA 分组是包含完整数据的分组。如图 5-4 所示，发送数据前，采集到数据的传感器节点通过广播 ADV 分组向网络通知它所拥有的数据(第 1 步)，ADV 分组是对拥有数据特征的描述，ADV 分组比数据分组小；如果邻居节点对接收到的 ADV 分组描述的数据感兴趣，它会以 REQ 分组作响应(第 2 步)，也就是请求拥有数据的节点给它发送数据；最后，拥有数据的节点会给发送 REQ 分组的节点转发 DATA 分组(第 3 步)，这样就完成了一跳的数据传输。按照这种机制，数据可能会在网络中逐跳向前传播，如图中第 4～6 步所示。如果有多个节点发送了 REQ 分组，相应的拥有数据的节点会给每个节点发送 DATA 分组。

图 5-4 描述的是基本的 SPIN 协议，也称其为点对点的 SPIN 协议(SPIN-PP)，目前研究者也提出了一些 SPIN-PP 协议的改进协议，如能量感知 SPIN-EC 协议，针对广播网络的 SPIN-BC 协议以及考虑可靠传输的 SPIN-RL 协议等。

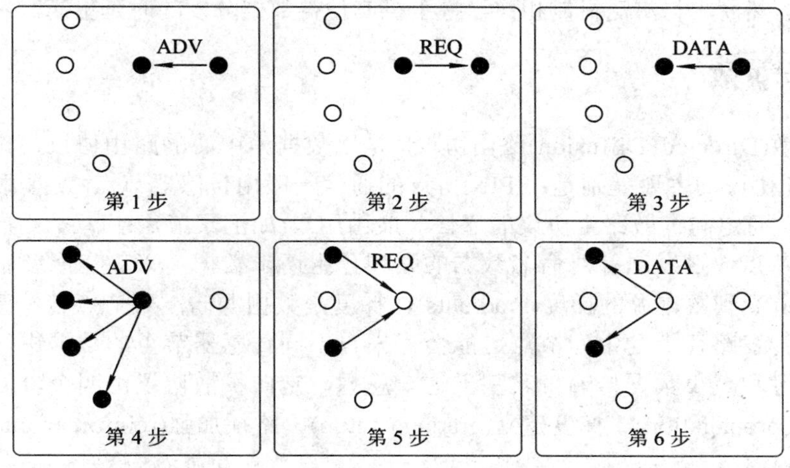

图 5-4 SPIN 协议

SPIN 协议没有解决传统洪泛和谣传路由协议中的资源盲区问题，通过在 SPIN-PP 中增加简单的能量启发式机制，设计了能量感知 SPIN-EC 协议。它的基本思想是只要所有节点都有足够的能量，它们就参与 SPIN-PP 协议的三次握手机制(ADV、REQ 和 DATA 分组传输)。然而，一旦节点的剩余能量接近一个指定的最低能量门限值时，节点会选择参与三次握手机制，即如果节点相信在剩余能量不会低于门限值的前提下能完成协议的所有阶段，节点可能才会参与三次握手过程。因此，如果节点判断它有足够的能量发送请求和接收请求的数据，节点才会对接收到的广告分组作应答。同样，如果一个节点推断，即使在它的所有邻居节点都请求它拥有的数据的情况下它也能完成协议，那么节点可能会启动三次握手过程。

SPIN-PP 协议的另一个缺点如图 5-4 中的第 5 步和第 6 步所示，无论任何时候当有多个节点发送 REQ 分组时，每一次都会给每个节点发送数据分组。由于无线信道的广播本质，因为在每次单播中节点的每个邻居都能够接收到分组，SPIN-PP 协议中的方法是对资源的一种浪费。而且，当有多个 REQ 分组发送时，SPIN-PP 协议没有提供任何冲突预防机制。SPIN-BC 协议能够解决这一问题，该协议是为广播网络设计的。与 SPIN-PP 协议相比，SPIN-BC 协议在节点传输 REQ 分组前引入了随机退避机制，如果节点对某个数据感兴趣但是侦听到了与该数据相关的 REQ 分组，那么它会删除自己要发送的 REQ 分组并且等待 DATA 分组，根据接收到 REQ 分组，发送者广播单个 DATA 分组，所有对该数据感兴趣的节点都能够接收到。这样，SPIN-BC 减少了由多个对某个数据感兴趣的邻居导致的能量消耗和额外开销。

SPIN-RL 协议向 SPIN-BC 协议提供了一种可靠传输机制，如果节点接收到 ADV 分组但没有接收到 DATA 分组(由于无线信道引起的传输错误)，那么它从可能已经接收到 DATA 分组的邻居节点请求 DADA 分组。而且，SPIN-RL 限制了节点的重传周期，使得它们在指定周期前不会重传 DATA 分组。

SPIN 协议的目的是解决洪泛机制和谣传路由中的主要问题，由于阻止了冗余传输，仿真结果表明 SPIN 协议比洪泛机制和谣传路由更节能，而且，由于路由仅需局部交换，SPIN 是可扩展的。然而，与洪泛机制相比，握手机制使得数据分发的时延更高。

5.1.4　定向扩散

定向扩散(Directed Diffusion)路由协议[3]是以数据为中心的路由协议，定向扩散路由协议与 SPIN 协议的主要差别是：SPIN 协议的通信一般由传感器节点(数据源)启动而在汇聚节点结束，而定向扩散路由协议的通信一般由用户(如汇聚节点)启动。定向扩散路由协议中，汇聚节点通过发送针对命名数据的兴趣分组请求数据，兴趣在网络中传播时会建立起从汇聚节点到数据源的梯度(gradients)，梯度是数据源向汇聚节点转发感知数据的路径，沿数据转发路径上的中间节点可能会对来自不同传感器节点的数据进行融合，以便消除冗余信息和减少数据传输量。基于这一思想，定向扩散协议由四个阶段组成：兴趣传播(interest propagation)、梯度建立(gradient setup)、路径加强(reinforcement)和数据传输(data delivery)。

如图 5-5(a)所示，汇聚节点向所有传感器节点发送兴趣分组启动定向扩散路由协议，这个阶段称为兴趣传播阶段，采用洪泛机制。兴趣消息承担“查询(exploratory)消息”的角色，目的是找到对特定任务具有匹配数据的节点，在任务执行期间，汇聚节点会持续地、周期性地广播兴趣分组。

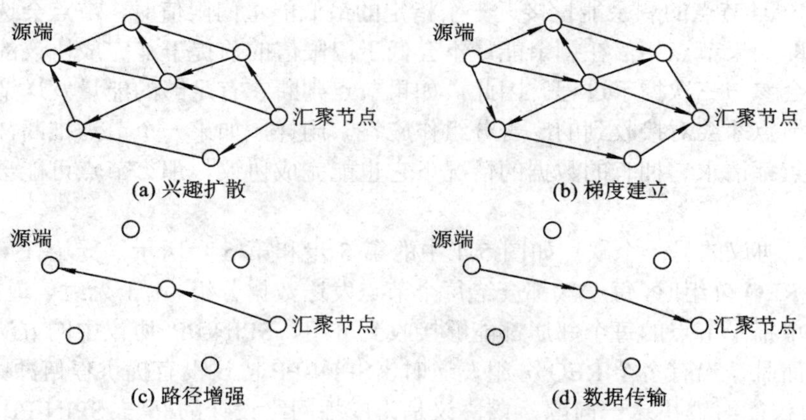

图 5-5　定向扩散路由协议的执行

根据收到的兴趣分组，每个传感器节点会在兴趣缓存中记录兴趣分组信息，兴趣缓存有时间戳(timestamp)、梯度(gradient)、间隔(interval)和周期(duration)四个字段。时间戳字段记录接收到兴趣分组的本地时间，梯度字段记录给它转发兴趣分组的节点信息，间隔字段用于建立从该节点到汇聚节点的逆路径，周期字段用于指定兴趣分组在缓存中存储的时间。可以指定本地规则定义不同的梯度建立技术，因此，要把梯度信息发送给发送兴趣分组的第一个节点，这样，使选择剩余能量最多的节点建立梯度成为可能。当兴趣分组遍历整个网络时，会建立从数据源到汇聚节点的梯度，如图 5-5(b)所示。

兴趣分组指明了给定时间从传感器网络希望得到的数据，收到兴趣分组的每个节点检查它采集到的数据，如果它拥有的数据与兴趣分组请求的数据相匹配，该节点就成为一个数据源节点，源节点会沿着兴趣分组传输阶段建立的梯度路径(如图 5-5(b)所示)发送数据。

定向扩散路由协议梯度建立阶段没有限制节点拥有的梯度个数，源节点可能会有针对相同兴趣分组的多个梯度，即源节点有多条向汇聚节点转发数据的可选路径。在这种情况下，汇聚节点可能通过一条特定路径上的指定节点重新发送兴趣分组以加强那条路径，如图 5-5(c)所示，可根据最优链路质量、从邻居节点接收到的分组个数或最低时延等规则选择要加强的路径。路径加强阶段，每跳节点仅把兴趣分组转发给与加强路径相关的节点，最终会建立如图 5-5(d)所示的从源节点到汇聚节点的数据传输路径。

定向扩散路由协议与 SPIN 协议不同的是，SPIN 协议中拥有数据的源节点(生成数据或从其他节点获得数据)主动发布广告信息，对数据感兴趣的节点发送请求分组进而源节点向其转发数据。而定向扩散路由协议是由汇聚节点按需发布查询信息(兴趣分组)，拥有与兴趣分组匹配数据的节点可能会转发数据。定向扩散路由协议中，基于建立梯度的过程，所有的通信都是邻居与邻居间的通信，不需要寻址机制并且允许每个节点执行数据融合和数据缓存，这些特征有利于减少能量消耗。然而，定向扩散路由协议是基于查询的协议，对于环境监测等需要持续数据传输的传感器网络应用并不适合。

5.1.5　谣传路由

我们把传统的洪泛方法描述为源节点通过遍历整个网络的事件传播它的感知数据的事件洪泛(event flooding)，而查询洪泛(query flooding)描述了在没有可利用的定位信息引导、查询到适当传感器节点的情况下向网络所有节点传播查询的过程。谣传路由(Rumor routing)协议[4]是定向扩散路由协议的一种改进，该协议的目的是合并事件洪泛机制和查询洪泛机制的特征。

谣传路由中，每个节点保存邻居节点表和包含对所有已知事件转发信息的事件表。一旦节点观察到事件(例如物理世界中的现象)，则把该事件添加到事件表中(包括零距离)并且根据一定的概率生成代理(agent)，这里的“概率”值指并不是所有事件都引起代理生成，而是一个长时间存在的分组，这个分组遍历网络，用于传播当前事件或沿着到达远程节点路径上遇到的其他事件的信息。一旦代理到达一个节点，该节点能够使用该代理的内容更新它自己的事件表。例如图 5-6(a)中，给出了源于节点 E 的代理到达之前指向事件 E1 和 E2 的节点 A 的事件表。当代理到达节点 A(经过节点 G)时，节点 A 获知 E1 可以通过邻居节点 G 使用比它表中存储的更短的路径到达节点 A，因此，它用从来自节点 E 的代理获得的最新信息更新它的事件表(如图 5-6(b))。

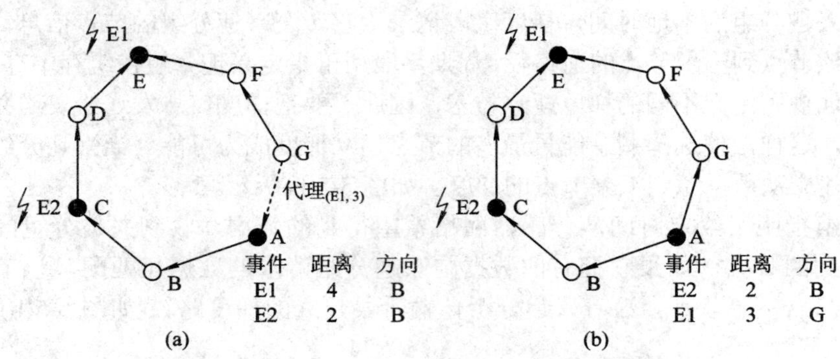

图 5-6　谣传路由

当节点想要发布针对特定事件的查询时，它首先检查自己是否拥有到达目标事件的路径。如果拥有，它将查询转发给事件表项记录的邻居节点。如果没有路径能到达，选择一个随机的邻居节点并且把查询转发给这个邻居节点。每个节点上继续这个过程，同时查询消息收集最近经过节点的清单，以避免再次访问这些节点。代理和查询信息都使用生存时间(TTL)计数值，每经过一跳该计数值递减，并且仅当计数值大于零时转发该消息。要注意的是，即使节点不知道目标事件的方向，但是通过将消息转发给随机的邻居节点，该查询也可能到达记录了期望事件的节点。由于可以查询无法到达目标事件，因此当在确定的时间(这取决于 TTL 值)内没有收到响应时，查询节点可以使用其他技术，例如洪泛查询。

总之，谣传路由试图在查询和事件洪泛之间找到一种折中。查询与事件比非常高时，查询洪泛是昂贵的，但当网络中产生的总事件数较低时，事件洪泛更合理。在查询与事件比适中时，两种协议都不实用。尽管谣传路由使用了基于查询的方法，但它试图把查询路由到观察到特定事件的节点而不是泛洪到整个网络。谣传路由没有考虑延迟问题，而是找到了一条非优化的路由。另外，在事件较多的网络中，随着感知到事件的增加，节点表的大小也会增加，存储和维护这种表的代价将是个问题。

5.2　位置感知路由协议

传感器网络的许多应用需要位置信息，在这些应用中，感兴趣的主要是一定环境中的物理现象，因此，传感器网络中传感器节点的位置与感知数据密切相关。人们可以在传感器节点上集成 GPS 设备以获得传感器节点的位置信息，然而，由于成本问题不需要给传感器网络中所有类型的传感器节点都配备 GPS 设备，只需要给拥有充足能量资源的基站配备 GPS 设备，然后使用后面章节中讨论的定位技术就可以给网络中的所有其他节点提供精确的位置信息。

如上所述，考虑到传感器节点的位置信息建立路由是自然的选择，位置感知路由协议

(Loacation-based routing or geographical routing)利用节点位置信息可提供有效的、可扩展的、节能的或降低时延的路由协议。本节介绍几种考虑位置信息的经典路由协议。

5.2.1　MECN 协议

MECN(Minimum Energy Communication Netwok)协议[5]的主要思想是：在给定的通信网络上计算节能子网络，得到的子网络使网络中任意一对节点之间通信能量消耗最小。该方案的设计从网络图 G′ 开始，G′中每个顶点表示传感器节点，连接两个节点的边表示这两个节点能够相互通信。从网络图 G′ 中 MECN 协议计算子图 G，G 中顶点个数与 G′相同，但 G 中边的个数少于 G′ 中边的个数，即 G′ 中能够直接通信的节点在 G 中可能要通过其他节点转发才能实现通信。

图 5-7 说明了子图的形成过程，图 5-7(a)是图 G′ 的一部分，建模了节点 A 的相邻节点。在该图中，节点 A 可以直接与节点 B 通信。然而，一对节点之间传输数据的能量消耗与 d^n 成正比，其中 d 是节点间距离，整数 $n\geqslant 2$。因此，对于节点 A 来说，使用节点 C 作为节点 A 和节点 B 之间通信的中继节点可能更节能。考虑通信节能问题，那么可以计算出网络图 G′ 的子图 G 来。这样，子图 G 中从节点 A 到它所有邻居节点的数据传输能耗小于图 G′ 中从节点 A 到它所有邻居节点的数据传输能耗。

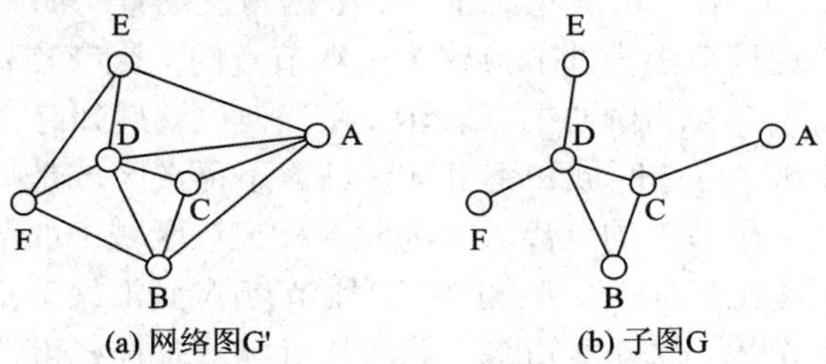

图 5-7　MECN 协议中的子图形成过程

任意一对节点 X 与 Y 之间发送数据的能耗公式可表示为

$$P(\mathrm{X}, \mathrm{Y}) = td(\mathrm{X}, \mathrm{Y})^n$$

其中，t 是常量，$d(\mathrm{X}, \mathrm{Y})$是节点 X、Y 之间的距离，$n\geqslant 2$ 是无线传输的路径损耗指数。因为 $P(\mathrm{X}, \mathrm{Y})$与节点 X、Y 之间距离的 n 次方成正比，因此，由其他节点转发数据可能比 X、Y 之间直接传输数据的能耗更少。用 r 表示子图 G(V，E)中节点 X(X_0)和 Y(X_k)之间的一条路径，r=(X_0，X_1，…，X_k)是节点的序列，并且(X_i，X_{i+1})∈E，路径 r 的长度是 k，则节点 X_0 和 X_k 之间的能耗公式如下：

$$C(r)=\sum_{i=0}^{k-1}(p(\mathrm{X}_i,\mathrm{X}_{i+1})+c)$$

其中，$p(\mathrm{X}_i，\mathrm{X}_{i+1})$是节点 X_i，X_{i+1} 之间发送数据的能量消耗，c 是接收数据的能量消耗。G′ 中从节点 X_0 到 X_k 的所有路径 r'，如果有 $c(r)\leqslant c(r')$，那么 r 是一条最小能量消耗路径。这样，如果对所有的(X, Y)∈V，G 中存在一条路径 r 是 G′ 中节点 X 和 Y 之间的最小能量路径，那么子图 G 有最小能量消耗属性。

MECN 协议的实际运行依赖于协议设计者提出的中继区域(relay regin)概念。根据前面说明的子图形成过程，节点 A 和中继节点 C 的中继区域由这样一些节点所在的区域构成，即节点A通过节点C给这些节点转发数据比节点A直接给这些节点发送数据节能。假设节点A和中继节点C的中继区域如图5-8中的阴影部分所示，那么如果节点A希望与节点B通信，则以节点C作为中间节点给节点B转发数据比节点A直接给节点B转发数据能量消耗少。

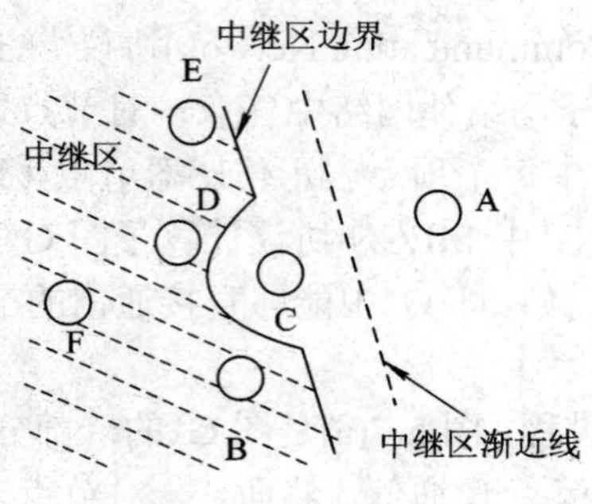

图5-8　中继区域

5.2.2　有损链路位置转发机制

在介绍具体的转发机制前，这里先描述一个数据转发场景。如图5-9所示，假设源节点A尝试通过自己一跳通信范围内的节点作为中继节点向汇聚节点转发数据分组。节点A的一跳通信范围可用以节点A为圆心的圆表示。在任何位置感知路由算法中，节点A的一跳通信范围分为两个区域：可选区域和不可选区域。不可选区域是指该区域中节点到汇聚节点的距离比节点A到汇聚节点的距离大，因此，标记该区域中的节点为不可选节点。相反，可选区域是指该区域节点到汇聚节点的距离比节点A到汇聚节点的距离更近，标记该区域中的节点为可选择节点。位置感知路由算法的目标就是选择可选区域中的一个节点作为下一跳节点向目标节点转发分组，这种方法可有效预防路由环路。下面介绍几种常用的从可选区域中选择节点的策略。

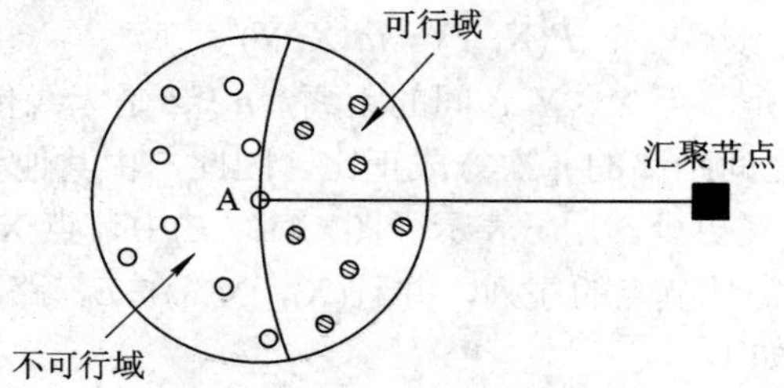

图5-9　基于位置的路由机制

1．贪婪转发

贪婪转发(Greedy forwarding)是最简单的位置路由协议，其主要思想是节点仅仅根据局部信息做出转发决策，逐跳向目标节点移动分组。然而，能够满足这种转发需求的不同算法可能导致资源需求和生成路由并不相同。图5-10(a)所示为贪婪转发机制，节点A会选择可选区域中距离目标节点“最近”的节点作为转发数据的下跳节点，但这个“最近”有不同的度量标准。文献[6-8]中提出了四种度量标准：MFR(Most Forwarding Progress within

Radius)、NFR(Nearest with Forwarding Progress)、CR(Compass Routing)和 GRS(Greedy Routing Scheme)。MFR 和 NFR 标准中，首先做可选区域中每个节点在节点 A 和汇聚节点连线上的投影，选择这些节点中投影位置到节点 A 距离最大(MFR 标准)或最小(NFR 标准)的节点为下一跳节点。图 5-10(a)中按照 MFR 度量标准可选节点为 M，按照 NFR 度量标准可选节点为 N。在 CR 度量标准中，选择节点 A 到可选区域中邻居节点连线与节点 A 到汇聚节点连线之间夹角最小的节点为下跳节点，如图 5-10(a)中的节点 C。而在 GRS 度量标准中，节点 A 直接选择到汇聚节点直线距离最近的可选区域节点为下跳节点，如图 5-10(a)中的节点 G。

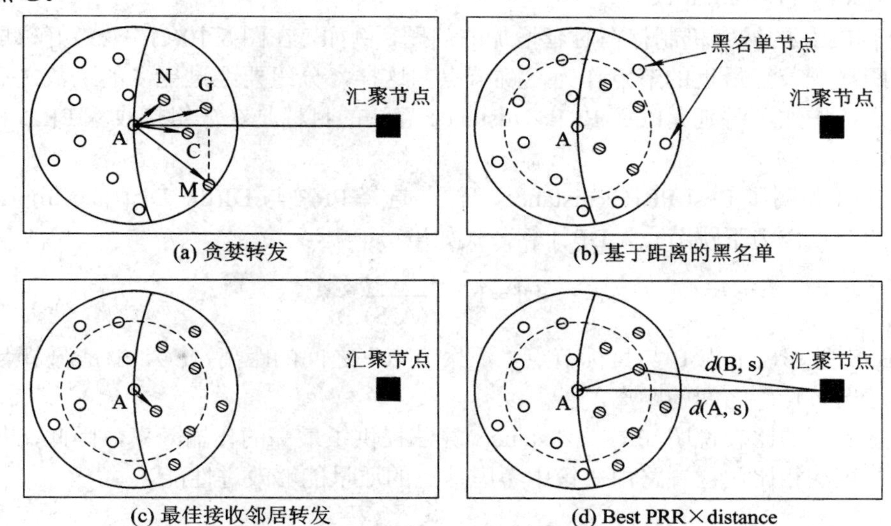

图 5-10　有损链路位置转发技术

2．基于距离的黑名单

在理想环境中，节点的通信范围可用以该节点为圆心的圆表示，在建立完整路由过程中，上面提到的几种贪婪转发度量标准有一定的优势，因为分组经历几跳几点传输，因此这些技术能够提供快速的传输。然而，除了节点的位置，两个节点间的信道质量也是建立无线多跳网络路由必须考虑的因素。例如，尽管选择距离目标节点最近的节点可能建立只有几跳的路由，但因信道质量与距离成反比，选择距离目标近但距离源节点远的节点通常会导致出现频繁重传现象。

为了消除节点间距离的影响，节点通信范围边界上的节点通常被列入黑名单，如图 5-10(b)所示。假设节点的通信半径是 100 m，但取半径为 80 m 的区域为可选区域，半径大于 80 m 的区域中的节点列入黑名单不予选择。

3．基于接收的黑名单

两个节点间的距离与信道质量没有直接的关系，因此，基于距离的黑名单协议可能选择信道质量低的节点作为下跳节点。相反，基于接收的黑名单协议把分组接收率低于某个门限值的节点列入黑名单。为此目的，每个节点会记录它的邻居节点的分组接收率 PRR(Packet Reception Rate)，并和这些邻居节点相互交换该信息。这样，当节点发送分组时，它会选择可行区域中 PRR 高于某个门限值的节点作为下一跳节点。

如果节点的邻居节点中没有满足信道质量门限值的节点，绝对的基于接收黑名单协议可能导致网络中断，因此，通常使用相对的基于接收的黑名单协议。相对的基于接收的黑名单协议根据 PRR 值把邻居节点排序，然后根据黑名单门限值，把 PRR 值最低的节点列入黑名单，这种技术根据每个节点的邻居节点的情况自适应操作的方法。绝对的基于接收黑名单协议算法的特例就是链路质量最好邻居接收算法，该算法选择的下跳节点是具有最高 PRR 的邻居节点，如图 5-10(c)所示。通过控制门限值，绝对的基于接收的黑名单算法能够在两种极端方案贪婪转发和最佳接收邻居方案中选择。

4．Best PRR×distance

依赖于 PRR 的转发机制存在时延增加的问题，例如，在图 5-10(c)中，最好邻居算法倾向于选择距离源节点最近的节点作为下跳节点，这样，分组要经过更多的跳数之后才能到达汇聚节点，增加了时延。Best PRR×distance 算法的目标是在分组接收率 PRR 和距离之间找到折中。

图 5-10(d)说明了 Best PRR×distance 算法。选择 PRR 与 DI(the Distance Improvement)乘积最大的节点作为下跳节点，DI 计算公式如下：

$$\mathrm{DI}=1-\frac{d(\mathrm{B},\mathrm{S})}{d(\mathrm{A},\mathrm{S})}$$

其中，d(B, S)是邻居节点 B 与目标节点“汇聚节点”之间的距离，d(A, S)是源节点 A 与目标节点“汇聚节点”之间的距离。

对这些机制的比较说明 PRR×distance 算法提供了最高的传输效率，因此，与仅考虑地理位置的算法相比，位置路由决策中考虑信道的质量能够改进性能。

5.2.3 GAF 协议

GAF(Geographic Adaptive Fidelity)协议[9]是另一种基于位置的能量感知路由协议，该协议起初是为具有移动节点的网络设计的。在 GAF 中，把网络区域划分成虚拟网格，在任何给定时间，每个单元格中只有一个设备可作为转发节点，这个节点负责向汇聚节点转发数据，而所有其他节点可能进入休眠状态以达到节能的目的。此外，GAF 假设两个相邻单元格 A 和 B 中的节点能够相互通信，如图 5-11 所示。网格和单元格的大小可以预先确定，允许每个节点(假设它知道自己的位置)决定它自己属于哪个单元格，这意味着除边界单元格节点外，网络中大多数节点在它四周都有邻居节点。

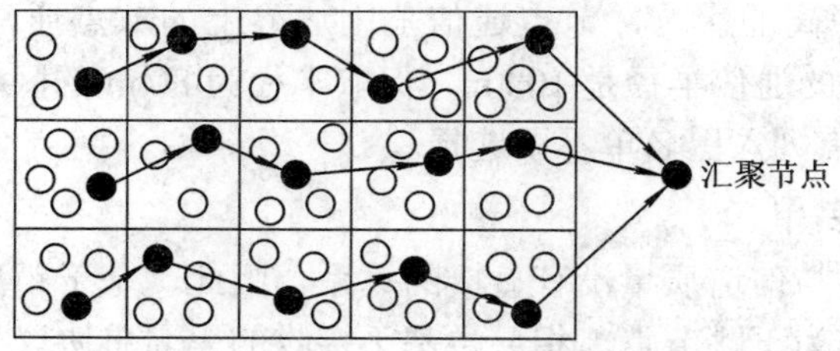

图 5-11　GAF 虚拟网格机制

GAF 协议中的节点有三种不同状态：发现状态(discovery)、活跃状态(active)和休眠状态(sleep)。开始时，每个节点进入发现状态，它监听来自它所在单元格其他节点的消息。

每个节点都设置两个定时器，一旦第一个定时器触发，节点广播发现消息并进入活跃状态。一旦第二个定时器触发，该节点重新进入发现状态。当节点处于活跃状态时，它会周期性地重播发现消息。此外，处于发现状态或活跃状态的节点，无论任何时候它确定某个其他节点将处理分组转发时，都会进入休眠状态。使用与具体应用相关的协商过程，如基于节点期望的生存期来实现三种状态间的转换。协商过程中，处于活跃状态的节点会赢得处于发现状态的节点而成为转发节点。一般情况下，这种方法的目的是尽快达到一个单元格只有一个活跃节点的状态。进入休眠状态的节点周期性地重新进入发现状态重复协商转发节点的过程。

5.2.4 GEAR 协议

前面介绍的MECN、贪婪转发机制和GAF协议都是单播路由协议，然而，在某些应用环境中，可能需要向某个区域中的所有节点发送相同分组，针对这种区域多播需求，文献[10]提出了一种基于位置的多播路由协议GEAR(Geographic and Energy Aware Routing)，该协议的目的是给特定目标区域内的所有节点转发分组。GEAR 由两个阶段组成：使用考虑位置和能量两个因素的邻居节点选择算法选择向目标区域转发分组的下跳节点，以及使用递归的位置转发算法向目标区域内的节点转发分组。

网络中的每个节点拥有两种类型的通过它的邻居节点到达目标节点的成本计算方法：估算成本(estimated cost)和学习成本(learned cost)。每个邻居节点 $\mathrm{N_i}$ 和目标区域 R 间的估算成本 $c(\mathrm{N_i}, \mathrm{R})$定义为

$$c(\mathrm{N_i}, \mathrm{R}) = \alpha d(\mathrm{N_i}, \mathrm{R}) + (1-\alpha)e(\mathrm{N_i})$$

其中，α 是一个可调权重值，$d(\mathrm{N_i}, \mathrm{R})$是从邻居节点 $\mathrm{N_i}$ 到区域 R 的几何中心 D 的距离，$e(\mathrm{N_i})$是节点 $\mathrm{N_i}$ 消耗的能量。也就是说，估算成本 $c(\mathrm{N_i}, \mathrm{R})$是剩余能量和到目标区域距离两者的合并。节点 N 的学习成本 $h(\mathrm{N}, \mathrm{R})$是估算成本的改进，计算学习成本时允许节点绕过网络中的空洞(voids or holes)(如果没有空洞，学习成本与估算成本相同)。GEAR 也采用本地贪婪转发决策，即当节点接收到分组时，它会挑选距离目标节点最近的邻居节点作为下一跳节点。

当节点 N 接收到分组，并且如果没有邻居节点更接近目标节点时，节点 N 知道它处在一个空洞中。在这种情况下，学习成本函数用于选择 N 的一个邻居节点作为下一跳，即把该分组转发给学习成本最低的节点。节点 N 选择了下一跳邻居节点 $\mathrm{N_{min}}$ 之后，把自己的学习成本 $h(\mathrm{N}, \mathrm{R})$设置为 $h(\mathrm{N_{min}}, R)+c(\mathrm{N}, \mathrm{N_{min}})$，其中 $c(\mathrm{x}, \mathrm{y})$是节点 x 给节点 y 发送分组的成本。因此，学习成本会增加，这允许上游节点避免给网络空洞中的节点转发分组。图 5-12(a)是该过程的实例，其中 T 表示目标区域的几何中心。节点 S 希望给目标节点转发分组并且它的三个邻居节点 B、A 和 I 比它距离目标节点更近。假设 B 和 I 的学习成本和估算成本是 $\sqrt{5}$，A 的学习成本和估算成本都是 2，S 将给成本最低的邻居节点转发分组，也就是 A。节点 A 将发现自己处于网络空洞中，它将给学习成本最小的邻居节点转发分组，例如节点 B。另外，它将更新自己的学习成本 $h(\mathrm{A}, \mathrm{T}) = h(\mathrm{B}, \mathrm{T}) + c(\mathrm{A}, \mathrm{B})$，即假设成本 $c(\mathrm{A}, \mathrm{B}) = 1$，A 的学习成本将变成 $\sqrt{5}+1$。为了绕过网络空洞，S 将把下一个要发送给 T 的分组直接转发

给节点B而不是节点A。

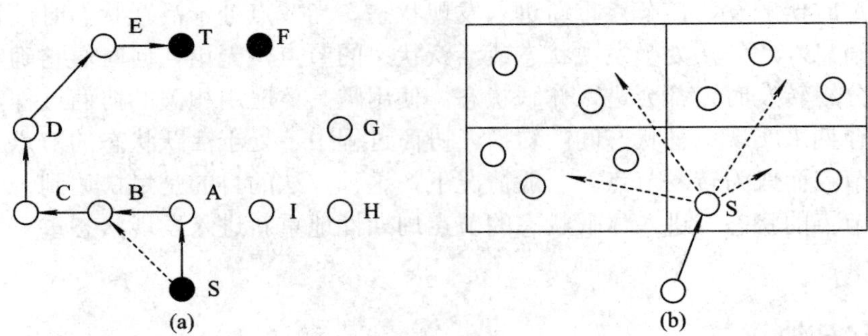

图5-12　GEAR协议

一旦分组到达目标区域R，具有重复抑制方案的简单洪泛机制可用于给区域R内的所有节点分发分组。然而，由于洪泛机制的成本较大，GEAR依赖于如图5-12(b)所示的称为递归位置转发的处理方法。假定目标区域R是矩形，节点S接收到发往区域R的分组并且它自己就在区域R内。那么S复制四个分组副本并且分别发送到R的如图所示的四个更小的子区域(较小的矩形)。对每个子区域，GEAR重复分组转发和区域分割过程，直到分组到达仅有一个节点的当前子区域为止。

5.3　基于QoS的路由协议

前面提到的协议主要关注网络中的能量消耗问题，然而，能量消耗仅是WSN中最重要的性能度量之一，但不是唯一的度量标准，除了节能之外，一些应用中的QoS需求需要得到保证。本节介绍传感器网络几种具有代表性的基于QoS的路由协议。

5.3.1　SAR协议

SAR(Sequential Assignment Routing)协议[11]是第一个基于QoS的无线传感器网络路由协议，它提供一种表驱动(table-driven)多路径方法。SAR以汇聚节点的一跳邻居为根节点建立多棵树，每棵树从汇聚节点开始向外生长，同时要避免选择QoS低(如低吞吐量/高时延)的节点并且要考虑能量存储情况。这一过程的目的是建立从感知区域中的每个传感器节点到汇聚节点的多条路径，当然可能会出现一个节点同属于多条路径的情况。

SAR根据QoS、能量和分组优先级选择传输分组的路径。每个节点对连接汇聚节点的每条路径指定三个参数：能量资源、附加QoS标准(additive QoS)和优先级。能量资源参数是指假设节点专用这条路径，那么在能量耗尽之前该节点能够发送的分组最大个数；与路径相关的QoS被表达成附加QoS标准，附加QoS标准与每条链路上的能量和时延有关，值越高意味着QoS越低；优先级由具体的应用确定。

SAR协议建立的多条可用路径能够保证错误容忍和路径中断时的快速恢复，但是建立和维护多棵树是复杂的任务，在大规模传感器网络中尤为严重。

5.3.2　SPEED协议

为了确保传感器节点采集的信息有用，并且能够根据采集信息及时处理相应事件，许多无线传感器网络应用严格要求在规定的时间内完成数据采集，例如对一些感兴趣的事件要求能够快速做出响应，如监控系统中对移动物体的检测，或对桥梁即将发生故障的检测等。

SPEED协议[12]是一种提供实时通信服务的协议，包括实时单播、实时区域多播和实时区域任播技术。除了端到端的时延和吞吐量外，距离也是保证QoS需求的另一个重要因素。SPEED也是基于位置的路由协议，SPEED协议实现了端到端的传输速率保证、网络拥塞控制以及负载平衡机制。为了实现这些机制，SPEED协议由四个组件组成：邻居信标交换协议NBEP(Neighbor Beacon Exchange Protocol)、无状态非确定位置转发SNGF (Stateless Non-deterministic Geographic Forwarding)算法、邻居反馈环策略NFL(the Neighbor Feedback Loop)和反压机制BP(BackPressure)。

1. NBEP协议

SPEED协议也是一种基于位置的路由协议，即节点之间的交互依赖来自邻居节点的位置信息而不是路由表。为了邻居节点间交换位置信息，SPEED协议周期性地运行邻居信标交换NBEP协议，交换的信标消息包含三个字段：节点ID、位置和平均接收时延。最终，每个节点构造一个邻居表并且用于保存它的邻居信息。邻居表有5个字段：节点ID、位置、接收时延、发送时延和有效期。发送时延是从该节点到邻居节点的估计时延值；接收时延是分组在发送方MAC层所经历的时延以及传播时延估算值之和；周期性地对所有邻居节点的接收时延求平均值即可得到节点的接收时延；在NBEP协议中，如果在规定的时间段内没有收到来自某个邻居节点的更新消息，则节点会从邻居表中删除该节点；有效期用于记录需要从邻居表中删除某节点的到期时间。

2. SNGF协议

SPEED协议的路由组件是SNGF协议，图5-13说明了SNGF协议的运行过程。假设节点A想给目标节点D转发分组，节点A首先选择“可选区域”(参见5.2.2节)中的节点作为候选转发节点，用FCS表示候选转发节点集合，图5-13中所示的FCS = {E, F, G}。然后，计算节点A以节点j(j∈FCS)为中继节点时给目标节点转发分组的速度，计算公式如下：

$$\text{speed}_A^j(D) = \frac{d_{A,D} - d_{j,D}}{\text{HopDelay}_{A,j}} \qquad \forall j \in \text{FCS}$$

其中，$d_{A,D}$和$d_{j,D}$分别是节点A和D到节点j的距离，$\text{HopDelay}_{A,j}$是估计的节点A与节点j之间的一跳时延。

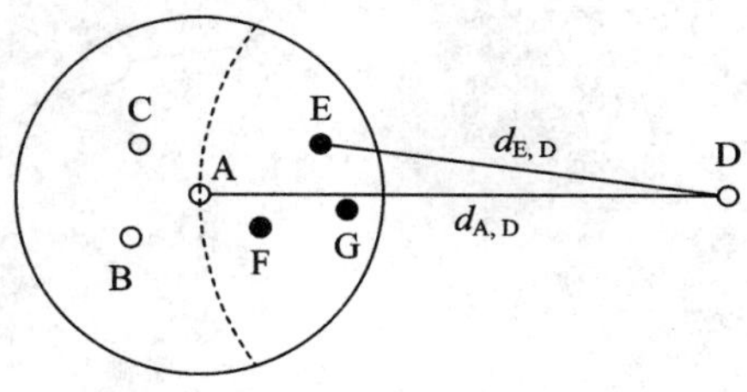

图5-13　SNGF协议

3. NFL 协议

SNGF 算法选择 FCS 中估计的转发速度比既定的速度门限值 S_{setpoint} 更高的节点作为下一跳节点，这样，可以保证转发分组速度能够达到要求的最小转发分组速度。然而，如果 FCS 中没有满足这一要求的节点，那么根据邻居反馈环 NFL 协议随机删除这个分组。NFL 协议根据不能提供要求转发速度的节点缺失率(miss ratios)确定转发概率(relay ratios)，计算转发概率的公式如下：

$$u = 1 - K\frac{\sum_{i=1}^{N_{\text{FCS}}} e_i}{N_{\text{FCS}}}$$

其中，N_{FCS} 是集合 FCS 中节点的个数，e_i 是 FCS 中节点的缺失率，K 是常数。如果转发概率小于 0 和 1 之间的一个随机生成数，则删除该分组不转发。NFL 协议的目标是保持系统性能在一个期望值下运行，即它试图保持单跳时延低于某个确定时延值 D。

4. BP 机制

在一些情况下，可能出现大量分组流向某个节点或某个区域(热点)而竞争信道的现象，SPEED 协议使用反压机制 BP 解决这一问题，BP 机制有两种功能：① 当节点查找下跳节点失败时预防出现空洞；② 使用反馈方法减少拥塞，即它是一种拥塞控制机制。

图 5-14 所示的两个例子说明了反压机制的原理。在这两个例子中，阴影区域是会出现拥塞的高流量区域。在第一种情况中，通过信标交换过程节点 3 能够获知节点 6 和节点 7 发送信标消息的时延较大，SGNF 算法会减少选择节点 6 和节点 7 作为转发节点的概率，从而降低这些节点周围出现的拥塞。在第二种情况中，节点 3 的所有可能转发节点都在拥塞区域，也就是节点 3 是缺失率高的节点，在这种情况下，NFL 和 SGNF 两种机制共同处理拥塞问题。例如，节点 3 可能会丢弃一定数量的分组，而这些丢弃的分组被当作是在该节点计算的时延值为 D 的分组。节点 3 的上游节点，如节点 2 监测到节点 3 的平均时延增加。节点 2 和节点 3 可能遇到同样的情况，进而反压过程将传递到节点 1，即反压过程继续向上游节点传递直至到达源节点。通过这种反压信标传递过程，就可以抑制源节点向网络注入分组或重构能够绕过拥塞区域的路由，达到消除拥塞的目的。

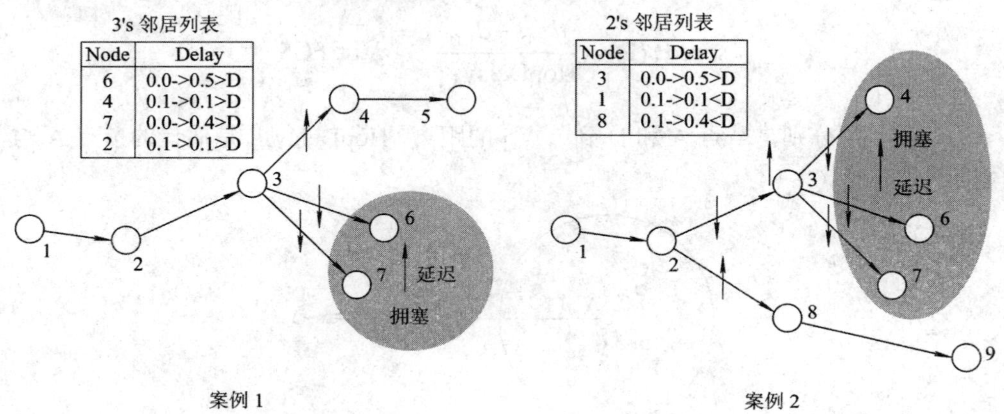

图 5-14　SPEED 反压机制

5.4　层次化路由协议

前面几节介绍的路由协议都属于平面结构路由协议，它们存在的问题是，随着节点密度的增加，节点距离汇聚节点越近，需要路由的数据负荷越大，即位于汇聚节点附近的节点要比网络其他部分节点路由更多的信息。由此可知，这些节点可能由于能耗大而失效更快，最终导致汇聚节点与传感器网络感知区域断开连接，由此可知，平面结构路由协议导致整个网络能量消耗不均匀，并且限制了协议的可扩展性。层次化路由协议可解决平面结构路由协议存在的这种问题，本节介绍经典的层次化路由协议。

5.4.1　LEACH 协议

LEACH(Low-Energy Adaptive Clustering Hierarchy)协议[13]是用于收集数据并向汇聚节点转发数据的路由协议。LEACH 协议的主要目标是：

(1) 延长网络寿命；

(2) 减少每个传感器节点的能量消耗；

(3) 使用数据融合减少通信消息数量。

为了实现这些目标，LEACH 协议采用分层方法把网络组织成“簇”的集合，每个簇由选择的簇头管理。簇头要负责执行多项任务：

(1) 定期从簇成员收集数据，根据收集到的数据，簇头要对这些数据做融合操作以便消除相关值中的冗余信息[13, 14]；

(2) 簇头的第二个任务是直接把融合后的数据发送给汇聚节点，融合数据的传输是单跳传输，如图 5-15 所示描述的是 LEACH 协议的网络模型；

(3) 簇头的第三个主要任务是建立基于 TDMA 的调度信息，方法是给簇中的每一个节点分配一个传输数据的时隙，通过广播分组向簇成员发布调度信息，为减少簇内和簇外传感器节点间冲突的概率，LEACH 协议中节点使用码分复用通信。

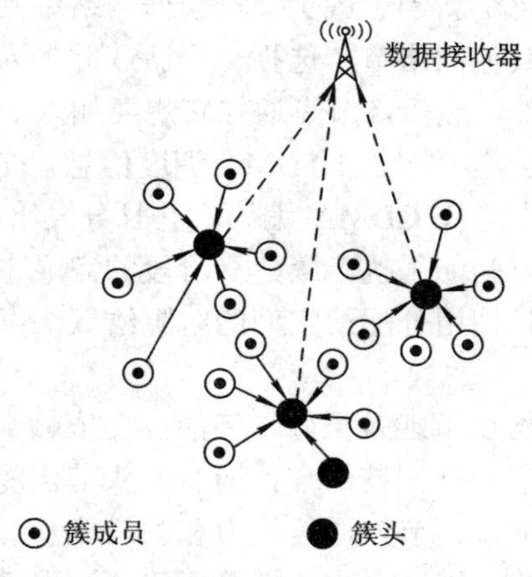

图 5-15　LEACH 协议网络模型

LEACH 协议的基本操作由如图 5-16 所示的两个阶段组成：簇建立阶段和簇稳定阶段。簇建立阶段由簇头选择和簇形成两步组成。簇稳态阶段的主要任务是数据收集、数据融合和向汇聚节点发送数据。为了最小化协议开销，假定建立阶段持续时间比稳态阶段持续时间短。

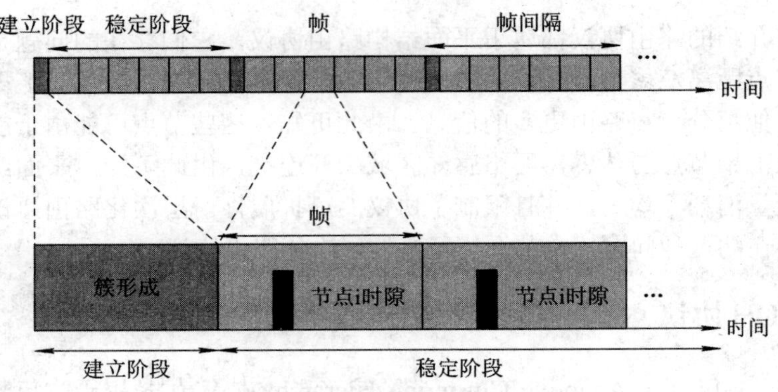

图 5-16　LEACH 的阶段

在簇建立阶段的开始，以簇头选择作为一轮的开始，簇头选择过程要保证簇头角色由传感器节点轮流承担，因此能保证整个网络节点的能量消耗是均匀分布的。为了判断是否轮到某个节点 n 承担簇头角色，它会生成一个在 0 到 1 之间的随机数 v，并且把该随机数与簇头选择门限值 $T(n)$相比较，如果 $v<T(n)$，该节点作为簇头节点。假设在每轮中节点成为簇头的期望值是 P，门限值确保在前面的 $1/P$ 轮承担过簇头的节点在本轮不再被选择。

为了满足上述要求，可按下式计算参与竞争节点 n 的门限值：

$$T(n)=\begin{cases}0 & \text{if } n\notin G \\ \dfrac{p}{1-P(r \bmod (1/p))} & \forall\, n\in G\end{cases}$$

其中，变量 G 表示在前面 $1/P$ 轮未承担簇头角色的节点集合，r 表示当前轮。

簇头选择过程完成后，每个新当选簇头节点会向网络中其他节点发布选择结果。根据收到的簇头选择信息，每个其他网络节点选择一个新簇并加入该簇，新簇选择标准可能是基于接收信号强度或其他条件，然后，节点通知它想要加入新簇的簇头。

簇形成后，每个簇头节点建立和发布 TDMA 调度信息，TDMA 调度信息为每个簇成员指定分配的时隙。每个簇头也选择 CDMA 编码，并且分发给所有簇成员。CDMA 编码需谨慎选择，以便降低簇内节点间的干扰。簇建立阶段的完成也是簇稳定阶段的开始，在簇稳定阶段，节点收集信息并且使用分配给它们的时隙给簇头发送收集的数据，数据收集定期执行。

仿真结果表明 LEACH 协议节能效果好，节能主要依赖于簇头的数据融合率。虽然有这些好处，但 LEACH 协议仍存在一些缺点，所有簇头节点能够单跳到达汇聚节点的假设不现实，从一个节点到另一节点，节点通信能力和剩余能量可能随时间的推移而不同，而且，稳定期长短是实现节能的关键，而为了抵消簇建立过程带来的开销，实现节能是必要的。较短的稳定阶段增加协议开销，而较长的稳定阶段导致簇头能量消耗过快。目前提出了一些解决这些问题的算法，有兴趣的读者可参考相关资料。

LEACH 协议的几个特征使得该协议能够减少能量消耗，因为基于剩余能量以轮流的方式选择簇头节点，这样，在 LEACH 协议中能量需求可分布到所有传感器节点。LEACH 协议是一个完全分布式的算法，不需要来自汇聚节点的控制信息，局部实现簇管理，也不需要知道全局的网络知识，而且，簇头数据融合为节能做出了极大贡献，因为节点不需要直接向汇聚节点发送信息。仿真研究证明 LEACH 协议优于传统路由协议。

5.4.2 PEGASIS 协议

PEGASIS(Power-Efficient Gathering in Sensor Information Systems)协议[15]和它的扩展分层 PEGASIS 是一组无线传感器网络路由和信息收集协议。PEGASIS 协议有两个主要目标：

(1) 通过实现高效节能和均匀整个网络节点能量消耗来延长网络寿命；

(2) 设法降低数据源节点到汇聚节点间的数据传输时延。

PEGASIS 协议考虑的网络模型如下：假设部署在一个地理区域内的节点类型相同，并且每个节点有关于其他节点的位置信息，而且，它们有控制发射功率以便覆盖任意传输范围的能力，节点也可以配备 CDMA 无线收发器，负责收集和向汇聚节点发送数据。该协议的目标是设计一种路由结构和数据融合机制，以便减少能量消耗并且能够以最小的时延向汇聚节点发送数据，同时该协议能够使网络节点的能量消耗均衡。

与其他依赖于树结构或分簇结构的层次化路由协议不同的是，PEGASIS 协议使用了一种“链式”结构。基于这种链结构，节点与最近的邻居节点通信。链的构造从距离汇聚节点最远的节点开始，从最近的邻居开始到终点，网络节点逐步加入到链结构中。链结构外的节点以贪婪方式加入到链结构中，成为距离当前链结构最顶端节点最近的邻居节点，直到所有节点加入到链结构中。为了确定最近的邻居节点，节点使用信号强度来测量到所有邻居节点的距离，使用这个信息，节点调整信号强度使得只有最近节点能侦听到。

选择链结构中的节点为链首节点，它负责向汇聚节点传输融合数据。每轮数据传输后，链首角色会轮流承担。轮数由汇聚节点管理，汇聚节点发布高功率信标帧触发从一轮到下一轮的转换。链首角色由链结构中节点间轮流承担，确保整个网络中节点间的能量消耗均衡。但要注意的是，承担链首角色的节点可能距离汇聚节点较远，这样可能要求链首节点以较高的功率向汇聚节点发送数据。

PEGASIS 协议中，数据融合过程沿链结构完成。最简单的形式中，融合过程按如下方式顺序执行：首先，链首节点给链结构右侧的最后节点发布一个令牌，根据收到的令牌，终端节点给链中通向链首的下游邻居节点传输数据，邻居节点融合数据并且再把数据传输给下游邻居节点，继续该过程直到融合数据到达链首节点为止。根据从链结构右端收到的数据，链首节点向链结构左端的最后一个节点发布令牌，并且执行相同的融合过程直到数据到达链首节点。根据收到的链结构两端的数据，链首节点再次融合数据并发送给汇聚节点。尽管简单，但这种顺序融合方案可能导致融合数据发送到汇聚节点前要经历较长的时延。

减少向汇聚节点发送融合数据所需时延的可能方法是沿链结构使用并行数据融合。如果传感器节点配备CDMA收发器，则能够实现高度的并行数据融合。在没有干扰的情况下，执行任意近距离传输的能力能够用于在链结构上“交叠”层次化结构，并且使用嵌入式架构执行数据融合。在每一轮中，分层结构底层上的节点给上层中的最近邻居节点传输数据，继续该过程直到融合数据到达顶层结构的链首节点为止，链首节点再把最后的融合数据发送给汇聚节点。

图5-17说明了基于链的方法，在该例中假设所有节点有网络全局知识，并且采用贪婪算法来构造链结构，而且，假设节点轮流给汇聚节点传输数据，这样节点 i mod N(N表示节点总数)负责在第 i 轮向汇聚节点传输融合数据。基于这种分配方式，在第三轮中，链结构中位置3上的节点3承担链首角色，偶数位置上的所有节点必须把它们的数据发送给右链上的邻居，而在下一层，节点3保持在奇数位置。因此，所有偶数位置上的节点融合它们的数据并传输给它们右链上的邻居。在第三层，节点3不再在奇数位，节点3旁的唯一节点7出现在该层，它融合数据并给节点3发送数据。节点3融合接收到的数据和自己采集到的数据并发送给汇聚节点。

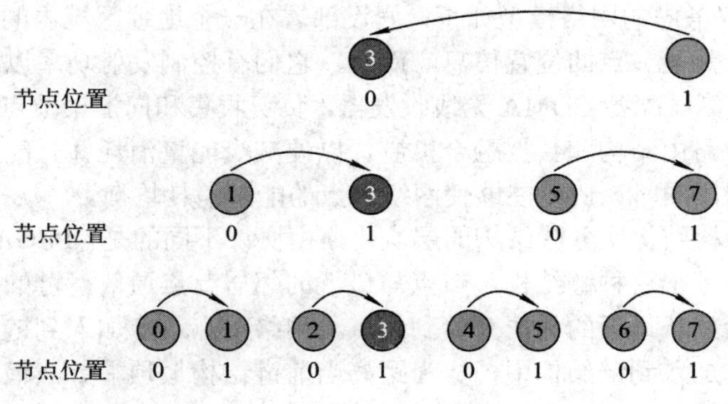

图5-17　PEGASIS举例

因为节点以高度并行方式执行相关操作，基于链结构的二元方法能够有效减少能量消耗，而且，因为采用分层结构，这种机制能够保证融合数据在 $\log_2^N$ 步后到达链首节点。作为实现高度并行的可选方案，基于链结构的二元融合方案已被用于PEGASIS协议。具有CDMA能力的传感器节点，已经证明就收集数据每轮所消耗的能量和时延而言，该机制执行性能最优。

顺序方案和基于CDMA的完全并行方案是两种重要方案，第三种方案中，没有要求节点收发器具有CDMA能力，在顺序方案和基于CDMA的并行方案间找到一种折中方案。这种方案的基本思想是限制给空间上分离的节点同时传输数据，基于这种限制，分层的PEGASIS建立了3级层次结构。在这3级结构中，把网络节点分成了3个组，数据在每个组内被同时融合并在组间交换，融合后的数据最终到达链首节点，链首节点再将其发送到汇聚节点。需要注意的是，同步传输机制必须谨慎安排以避免干扰，而且，必须正确构造3层结构以允许组节点轮流承担链首角色。

仿真研究证明，分层的PEGASIS协议改进了LEACH协议的性能。

参考文献

[1] S. Hedetniemi and A. Liestman. A survey of gossiping and broadcasting in communication networks.Networks,18(4):319-349, 1988.

[2] W. R. Heinzelman, J. Kulik, and H. Balakrishnan. Adaptive protocols for information dissemination in wirelesssensor networks. In Proceedings of MobiCom'99, pp. 174-185, Seattle, WA, USA, August 1999.

[3] C. Intanagonwiwat, R. Govindan, D. Estrin, "Directed Diffusion: A Scalable andRobust Communication Paradigm for Sensor Networks," Proceedings of the 6th ACMInternational Conference on Mobile Computing and Networking (MobiCom'00),Boston, MA, Aug. 2000, pp. 56-67.

[4] Braginsky, D., and Estrin, D.Rumor routing algorithm for sensor networks. Proc. of the 1st ACM InternationalWorkshop on Wireless Sensor Networks and Applications.

[5] V. Rodoplu and T. H. Meng. Minimum energy mobile wireless networks. IEEE Journal of Selected Areas inCommunications, 17(8):1333-1344, 1999.

[6] T. Melodia, D. Pompili, and I. F. Akyildiz.Optimal local topology knowledge for energy efficient geographicalrouting in sensor networks. In Proceedings of IEEE INFOCOM 2004, Hong Kong, China, March 2004.

[7] T. Melodia, D. Pompili, and I. F. Akyildiz. On the interdependence of distributed topology control andgeographical routing in ad hoc and sensor networks. Journal of Selected Areas in Communications, 23(3): 520-532, March 2005.

[8] TING-CHAO HOU, VICTOR O.K. LI. Transmission Range Control in Multihop Packet Radio Networks, IEEE TRANSACTIONS ON COMMUNICATIONS, 1986, COM-34(1): 38-44.

[9] Xu, Y., Heidemann, J., and Estrin, D. (2001) Geography-informed energy conservation for ad hoc routing. Proc.of the 7th Annual International Conference on Mobile Computing and Networking (MobiCom).

[10] Yu, Y., Govindan, R., and Estrin, D. (2001) Geographical and energy aware routing: A recursive data disseminationprotocol for wireless sensor networks. Technical Report.UCLA/CSDTR 010023, UCLA ComputerScience Department.

[11] K. Sohrabi, J. Gao, V. Ailawadhi, and G.J. Pottie. Protocols for self-organization of a wireless sensor network.IEEE Personal Communications, 7(5): 16-27, October 2000.

[12] T. He, J. A. Stankovic, C. Lu, and T. Abdelzaher. SPEED: a stateless protocol for real-time communicationin sensor networks. In Proceedings of the 23rd International Conference on Distributed Computing Systems,pp. 46-55, Providence, RI, USA, May 2003.

[13] W. Heinzelman, J. Kulik, H. Balakrishnan, “Adaptive Protocols for Information Dissemination in Wireless Sensor Networks” Proceedings of the 5th ACM/IEEEInternational Conference on Mobile Computing and Networking (MobiCom’99), Seattle, WA, Aug. 1999, pp. 174-185.

[14] M. Handy, M. Haase, D. Timmermann, “Low Energy Adaptive Clustering Hierarchywith Deterministic ClusterHead Selection”, IEEE MWCN, Stockholm, Sweden, Sep. 2002.

[15] S. Lindsey, C. Raghavendra, “PEGASIS: Power-Efficient Gathering in Sensor Information Systems”. IEEE Aerospace Conference Proceedings, 2002, Vol. 3, No. 9-16, pp. 1125-1130.

第 6 章　数据链路层协议

在大多数网络中，多个节点通过共享通信媒介来传输数据分组。数据链路层协议负责调节这些节点对公共传输介质的访问，尽量减少或避免节点在数据传输时发生冲突。由于无线通信还面临噪声、干扰，以及隐藏终端和暴露终端等挑战，数据链路层协议将直接影响到网络数据传输的可靠性和效率。

由于传感器节点能量受限，节能成为无线传感器网络主要考虑的问题。在通信过程中，能量不仅消耗在数据收发上，空闲侦听也是能量消耗的主要原因。因此，数据链路层协议的主要目标就是在无线广播通信中保证通信效率、避免冲突和可靠通信的同时，尽量减小能量消耗。

为了解决无线传感器网络中数据链路层协议设计的特殊挑战，目前已经设计了一些专门用于无线传感器网络的数据链路层协议，这些协议可以分为三大类：基于竞争的数据链路层协议，如 S-MAC 协议[1,2]、B-MAC 协议[3]等；基于预约的数据链路层协议，如 TRAMA 协议[5]等；竞争和预约相结合的数据链路层协议-混合数据链路层协议，如 Z-MAC 协议[6]。本章首先介绍传统有线/无线网络中使用的媒体访问控制机制-载波侦听多路访问 CSMA 机制，在此基础上介绍这三类协议中的几种经典协议。

6.1　CSMA 机制

针对无线传感器网络提出的数据链路层协议，绝大多数还是基于无线局域网 WLAN 中使用的传统数据链路层协议，即载波侦听多路访问 CSMA 机制。在无线传感器网络中，CSMA 机制被广泛应用于各种类型的数据链路层协议中。在基于竞争的数据链路层协议中，CSMA 机制用于保证基本的数据通信。类似地，在基于预约的数据链路层协议中，时隙的请求和分配通常是利用 CSMA 机制执行的。

CSMA 机制中，载波侦听是指节点在特定时隙对信道进行侦听，以获取无线信道的使用情况。换句话说，CSMA 机制是一种先侦听信道，然后传输数据的无线通信方式。CSMA 机制的基本原理如图 6-1 所示，节点首先对通信信道进行一定时间的侦听，这个时间间隔称为帧间间隔 IFS，然后，节点按照以下两种情况分别进行操作：

(1) 如果在 IFS 期间信道是空闲的，节点可以立即进行数据传输；

(2) 如果在 IFS 期间信道被占用，节点推迟传输并且继续侦听信道直到数据传输完成为止。

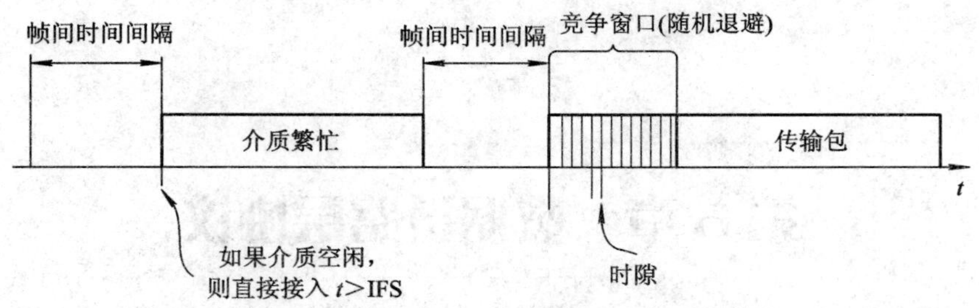

图 6-1　CSMA 机制的基本原理

IFS 的持续时间确保节点只在信道空闲时进行传输，这样有助于预防冲突的发生。如果节点在 IFS 内侦听到信道被占用，就知道此时其他的节点正在信道上传输数据。如图 6-2 所示，当节点 A 向节点 B 发送数据分组时，节点 C、D 和 E 能够侦听到节点 A 的数据传输，如果节点 C、D 和 E 都有数据要传输，那么它们就会延迟自己的传输。如果在载波侦听期间一直侦听到信道繁忙，节点 C、D、E 就会推迟传输直到节点 A 传输结束。然而，在节点 A 传输结束的时候，这三个节点都会侦听到此时信道空闲，就会同时尝试传输它们的数据分组。这样，如果节点 D、E 都要发送数据给节点 F，则节点 F 就会同时收到它们传输的数据，从而产生冲突。为了避免这种冲突，在 CSMA 机制中，节点在传输数据分组之前会延迟一个随机时间，这种机制称为随机退避机制。

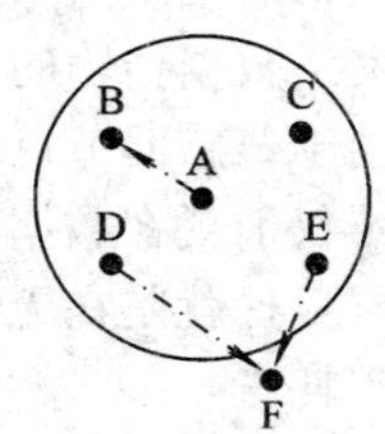

图 6-2　载波侦听多路访问(CSMA)中的碰撞

CSMA 随机退避机制的工作原理如下：当前数据传输一旦结束，节点再延迟一个 IFS。在这段时间里，如果信道仍处于空闲状态，节点在传输数据分组之前，会等待一个一定数值范围内的随机时间间隔，这个数值范围称为竞争窗口。例如，WLAN 中竞争窗口大小为 32，这意味着节点能够随机选择 0 到 31 中的一个数作为随机退避的时隙个数。这种退避机制通过设计计时器执行，每经过一个时隙，退避定时器的计数个数减 1。在节点都进入随机退避阶段后，第一个随机退避定时器计数结束的节点开始传输自己的数据，其他节点侦听到信道中新的数据传输后便暂停它们的退避时钟，当前数据传输完成后进入下一个退避时段，重新启动退避时钟开始计时。

CSMA 协议中的随机退避机制旨在预防节点在传输结束时的自同步，并避免与其他节点产生冲突。然而，在网络部署密度大的情况下，显然有多个节点会同时进入随机退避阶段，因此，很可能会有一些节点选择相同的退避时间而导致与其他节点产生冲突。在这种情况下，产生冲突的节点会将它们的竞争窗口加倍。假设当前该节点的竞争窗口为 32，则选择的时隙个数为 64，这种机制被称为二进制指数随机退避机制。

以上仅仅描述了基本的 CSMA 机制。然而，在基本的 CSMA 机制中，发送节点无法获知数据分组是否已成功传输，数据分组很可能由于无线信道影响或与其他数据分组发生冲突而出现错误。为了能让传感器节点知道其数据分组的传输情况，在 CSMA 协议中引入了确认机制。当传感器节点接收到发送节点发送的数据分组后，等待一个短的帧间间隔 SIFS(比 IFS 更短的时间间隔)，然后发送一个确认分组 ACK 给发送节点。发送节点收到 ACK 消息后，就知道自己发出的数据分组已经被正确接收了，如果接收不到确认分组 ACK，则表示数据传输发生了错误。

CSMA 机制的一个主要缺点就是对隐藏终端冲突过于敏感。隐藏终端问题如图 6-3 所示。当节点 A 向节点 B 传输数据包时，节点 C、D 和 E 也能侦听到此次传输，并会因此推迟自己的传输。然而，节点 G、H 和 I 只能够侦听到节点 B 而侦听不到节点 A，所以它们不知道节点 A 与 B 之间有数据在传输。这样，如果节点 G、H、I 中有一个节点要向节点 B 发送数据分组时，这个数据分组就会与节点 A 发送给节点 B 的数据分组发生冲突，这种现象称为隐藏终端问题。

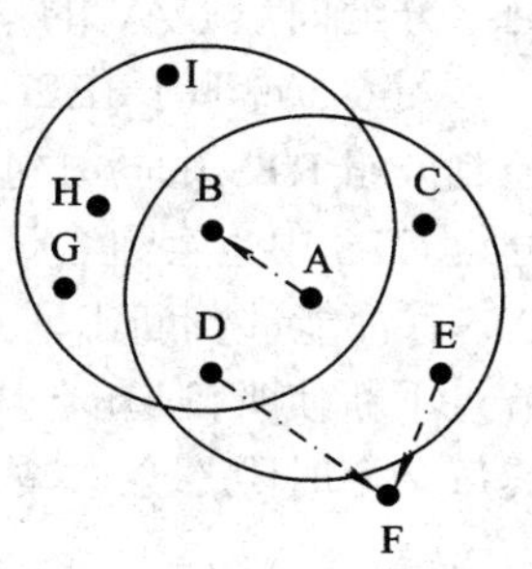

图 6-3　隐藏终端问题

数据分组的长度越长，那么发生隐藏终端问题的概率就越高，为了解决这个问题，WLAN 中引入了无线信道共享机制 CSMA/CA 协议，其中 CA 表示无限网络冲突避免机制。CSMA/CA 协议中采用了四次握手机制，即源节点在发送数据之前，首先向目的节点发送 RTS(Ready To Send)分组预约信道，目的节点通过广播 CTS(Clear to Send)分组为该节点预留信道，这样就可以减少冲突的概率。具有四次握手机制的 CSMA/CA 协议原理如图 6-4 所示。

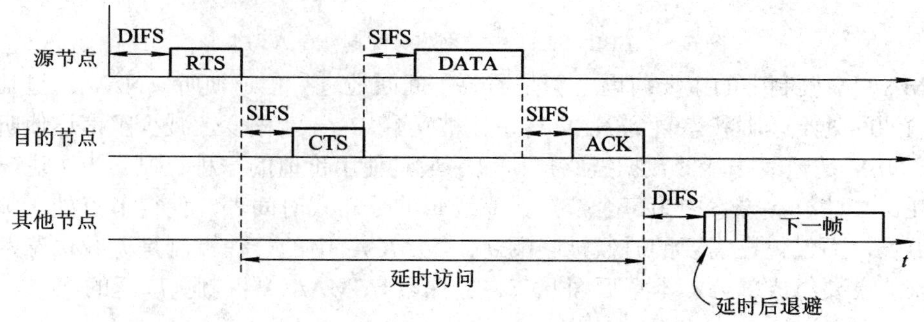

图 6-4　CSMA/CA 机制原理

图 6-4 中，源节点在发送 RTS 分组之前，先进行信道侦听，必要时将运行随机退避机制，如果信道空闲，它会等待 DIFS 时间后，发送 RTS 分组。当目的节点接收到 RTS 分组时，它也会侦听信道，一旦信道空闲，它会等待 SIFS 时间后广播 CTS 分组作响应，收到 CTS 分组的源节点获得传输数据的权利而其他节点不发送数据并进入睡眠状态。图 6-4 中，节点在发送每个分组之前，都要等待一个时间间隔。由于 SIFS<DIFS<IFS，四次握手与其他传输相比优先级更高，其他节点不得不等待 IFS 时间，直到信道空闲，这样，其他节点不会干扰到 CSMA/CA 机制中的控制分组和数据分组的交互。

由图 6-4 可知，目的节点 B 广播控制分组 CTS 之后，其相邻节点被告知其正在进行数据传输，它们不会向 B 节点发送数据，这样，通过四次握手就可以解决隐藏终端问题。然而，控制分组 RTS 的冲突在 CSMA/CA 中依然存在，可以通过二进制指数退避算法降低这种冲突的概率。

CSMA/CA 机制在日常生活中应用广泛，因为该机制是无线局域网标准 IEEE802.11 数据链路层协议的一部分，几乎所有 WLAN 都将 IEEE 802.11 标准中数据链路层协议作为自己的数据链路层协议。在 IEEE 802.11 中，除了物理信道侦听之外，还运用了虚拟信道侦听技术。虚拟信道侦听技术要求节点在本地缓存中存储一张信道占用时间调度表，通过称为网络分配向量 NAV 的本地列表来完成。

图 6-5 说明了 IEEE 802.11 中的 NAV 机制。当源节点给目的节点发送控制分组 RTS 时，控制分组 RTS 中同时包含它将要传输的数据分组所需的传输时间，在目的节点广播的控制分组 CTS 中也会包含该传输时间。这样，无论其他节点侦听到控制分组 RTS 还是控制分组 CTS，都能够判断出四次握手所需要的时间。这样即避免了节点间在数据传输过程中其他节点不断侦听信道的问题。NAV 会为当前传输持续的时间计时，并且像退避计时器一样，其每一个时隙都会递减，只有在 NAV 终止时才会进行物理信道侦听。

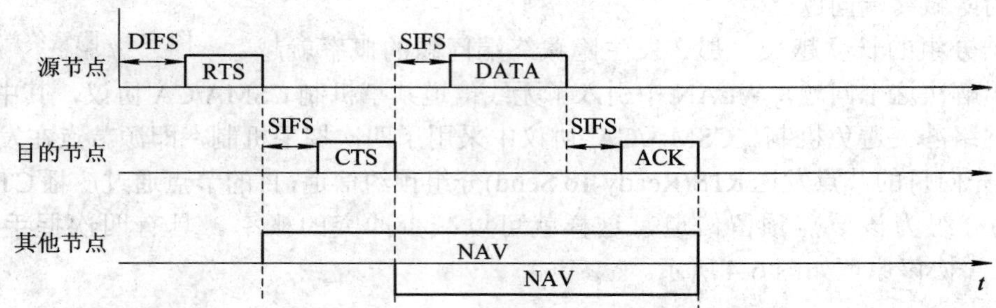

图 6-5　IEEE 802.11 中的网络分配向量(NAV)机制

CSMA/CA 机制中的主要问题之一是需要不间断地进行信道侦听。NAV 通过让节点在数据传输期间处于睡眠状态直到 NAV 终止才被唤醒，在一定程度上减少了信道侦听所消耗的能量，NAV 是无线传感器数据链路层协议中最具使用价值的一种机制。为了进一步减少能量消耗，一些解决方案中为每个节点建立逻辑的分布式时间表，使得节点处于睡眠状态的时间更长，而仅仅在需要的时候被唤醒。CSMA/CA 中的一些机制是无线传感网络数据链层协议的主要组成部分，本章后面几节将会探索 CSMA/CA 机制更广泛的应用。

6.2　基于竞争的 MAC 协议

在无线传感器网络中，通常通信范围内的所有节点共享同一个信道，当无线传感器节点需要发送数据时，主动抢占无线信道；当在其通信范围内的其他无线传感器节点也需要发送数据时，也会发起对无线信道的抢占。因此，需要依赖节点之间受到控制的竞争机制来建立节点间的通信连接。

基于竞争的数据链路层协议的优点在于：可根据需要分配信道，所以能较好的满足节点数量和网络负载的变化；能较好地适应网络拓扑的变化，而且不需要复杂的时间同步和控制调度算法。例如基于调度的数据链路层协议必须保存并维持用来表示传输规则的调度方式或者调度时间表，而大多数基于竞争的协议则不需要保存、维持或者共享网络状态信息，这就使得基于竞争的协议能更快地适应网络拓扑和通信特征的变化。

本节主要介绍几种经典的基于竞争的数据链路层协议，如 S-MAC 协议[1,2]和 B-MAC 协议[3]。

6.2.1　S-MAC 协议

CSMA/CA 机制需要节点连续侦听信道状态，这将消耗大量的能量，尤其是在节点并没有数据传输的空闲状态情况下更为显著，为此，研究者提出了 S-MAC(Sleep-MAC)[1,2]协议，该协议中引入占空比技术很好地解决了这个问题。

S-MAC 协议是一种基于 CSMA 随机竞争方式的数据链路层协议，其冲突避免机制类似于 IEEE802.11 中的数据链路层协议，并在此基础上做了改进，其目标是减少不必要的能量损耗，同时提供良好的可扩展性和碰撞避免机制。S-MAC 协议的基本思想是当节点不需要发送数据时，尽可能地让它处于能耗较低的睡眠状态。S-MAC 协议中提出了“适合于多跳无线传感器网络的竞争型数据链路层协议的节能方法”，具体节能方法如下：采用周期性睡眠和侦听方法可减少空闲侦听带来的能量消耗；当节点正在发送数据时，根据数据帧的特殊字段让每个与此通信无关的邻居节点进入睡眠状态，以减少串扰带来的能量消耗；采用消息传递机制，减少控制分组带来的能量损耗。

S-MAC 协议的关键技术包括周期性侦听与睡眠、串音避免、多跳感知、自适应监听和消息传递，下面分别介绍这五种技术。

1．周期性侦听与睡眠

由于空闲侦听消耗大量的能量资源，S-MAC 协议引入了占空比技术(duty-cycle approach)，在占空比操作中，根据帧(frame)的特定时间长度调度节点的活动，在如图 6-6 所示的帧中，节点在一定的时间处于侦听无线信道状态，而在该帧的剩余时间节点处于睡眠状态。节点侦听时间在该帧总的持续时间中所占的比例称为占空比(duty cycle)。在睡眠期间，节点关闭无线收发机以节省能量，即这些节点与网络断开。每个节点周期性地在一段时间内侦听信道，等待业务的到来，然后进入睡眠状态直到下一个激活期。

每个节点可以选择自己进行监听和睡眠的调度时间表，使用相同时间表，即在相同时间睡眠和唤醒的节点构成虚拟簇(不同于层次化路由协议中的簇概念)，所有节点都可以和它簇以外的节点自由通信。如图 6-6 所示，监听阶段又分为两部分，分别用于同步分组 SYNC 和数据分组(DATA)的发送和接收，周期性的同步分组 SYNC 用于构建虚拟簇并交换节点的调度信息，然后，节点在数据间隔周期设法找到它们想要的接收者。

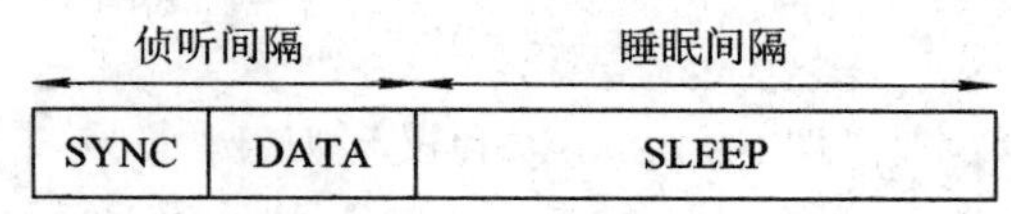

图 6-6　S-MAC 协议的侦听与睡眠间隔

图 6-7 说明了 S-MAC 协议中同步分组的结构，节点通过同步分组周期性地交换它们的调度时间表，同步分组包括发送节点的身份信息和下一次切换到睡眠状态的时间，接收到该同步分组的每个邻居节点都知道该节点的唤醒时间，根据这一信息可决定给该节点发送数据的时间。

Sender Node ID	Next Sleep Time

图 6-7　S-MAC 协议同步分组结构

为了选择合理的时间表，节点首先以一段确定的时间来侦听无线信道(长度通常大于一个调度周期)，如果该节点接收到来自某个邻居节点的同步分组 SYNC，它就把这个邻居节点作为自己的同步节点(synchronizer)并遵循同步节点的侦听和睡眠调度周期，相应地，该节点成为一个跟随节点(follower)。此外，节点通过在一个随机时延后广播同步分组，使得由于同步分组发生碰撞导致错误的可能性较小。如果一个节点在选择了自己的调度时间表后又收到了来自其他邻居节点的同步消息，节点也可以采用多个时间表，此时有两种情况：如果节点只有一个邻居节点，那么节点放弃自己当前的调度方式；如果节点还有其他邻居节点，那么节点将遵循这两个时间表，并且在两个时间调度表的侦听阶段都会被唤醒。如果一个节点在一段足够长的时间没有侦听到来自其他节点的同步分组，它可以自己决定调度时间表，然后把这个时间表广播给它的邻居节点，该节点就成为了一个同步节点(因为该节点的邻居节点将根据接收到的同步分组来同步自己的调度时间表)。

如图 6-8 所示为 S-MAC 协议构造虚拟簇的例子。如果节点在选择它自己的调度时间表之前，接收到了来自邻节点的调度时间表，它就遵循这个邻节点的调度时间表，即成为跟随节点。此外，跟随节点等待随机时延后广播这个时间表。S-MAC 协议并不按照单一的调度时间表同步整个网络，而是采用相邻节点之间互相同步的机制。因此，一个节点选择它自己的调度时间表之后可能又会收到邻居节点的调度时间表，在这种情况下，该节点被称为边界节点(Border)，如图 6-8 所示。边界节点遵循两个调度时间表并且在两个调度时间表的侦听阶段都会被唤醒。然而，由于每个节点都试图在选择一个独立的调度时间表之前遵循现有的调度时间表，因此一个节点遵循多个时间调度表的情况是很少的。

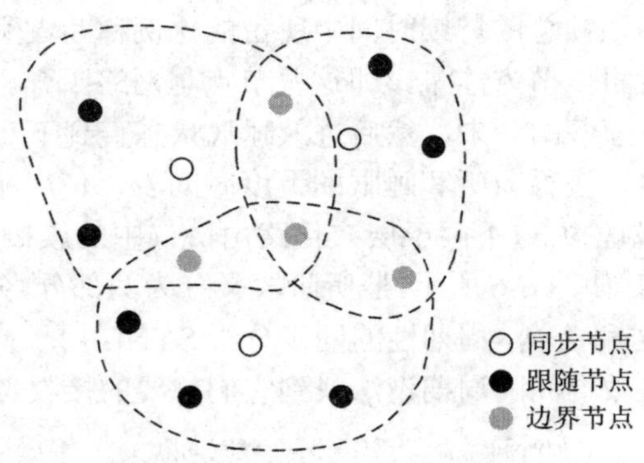

图 6-8　S-MAC 协议虚拟簇例

在部署区域广阔的传感器网络中，能够形成众多不同的虚拟簇，可使得 S-MAC 协议具有良好的可扩展性。为了适应新加入的节点，每个节点都要定期广播自己的调度信息。

2. 串音避免

调度时间表一旦建立，在侦听时段的“数据时隙”执行数据分组传输，同样使用 CSMA/CA 机制，即在数据时隙期间，有数据传输的节点使用 RTS-CTS 机制竞争无线传输媒体。

RTS-CTS 交换后，传输节点开始传输分组，虚拟簇中的其他节点切换到睡眠状态等待该周期结束。这种机制避免了空闲侦听期间的能量消耗，称为串音避免[2]。

3. 多跳感知

S-MAC 协议的主要缺点是它仅仅控制网络中局部节点间的交互，也就是维护单跳操作。CSMA/CA 协议是 S-MAC 协议的基础，然而该协议是为单跳无线局域网设计的，由于无线传感器网络的多跳本质，要求对 CSMA/CA 协议做改进。然而，传统的层次化体系结构中在网络层处理多跳通信，称无线传感器网络数据链路层处理多跳通信任务的技术为多跳感知。多跳感知不是媒体访问控制机制正常运行的关键，但由于数据链路层上路由机制的跨层影响，对于节能和减少时延具有重要作用。

S-MAC 协议的多跳感知问题如图 6-9 所示，节点 A 试图通过节点 B 和节点 C 向节点 D 发送数据分组。当节点 A 试图将数据分组发送给节点 B 时，需要先进行载波侦听。如果节点 A 给节点 B 成功发送数据分组，那么节点 A 和节点 B 的邻居节点 C、节点 H 和节点 E 就会侦听到此次传输并切换到睡眠状态。然而，在 S-MAC 协议中，RTS/CTS 分组交换是在所有节点都被唤醒时执行的，在此期间没有收到自己想要的数据分组的节点就会切换到睡眠状态。当节点 B 成功接收到来自节点 A 的数据分组后，尝试查找到达目的节点 D 的中继节点 C。然而，由于节点 C 处于睡眠状态，节点 B 不得不等待唤醒节点 C 并让节点 C 接收 RTS 分组的后续侦听时隙的到来。因此，在单帧期间，数据分组仅能传输单跳的距离，这导致平均时延和路径长度成正比，从而严重影响多跳网络的分组传输时延。

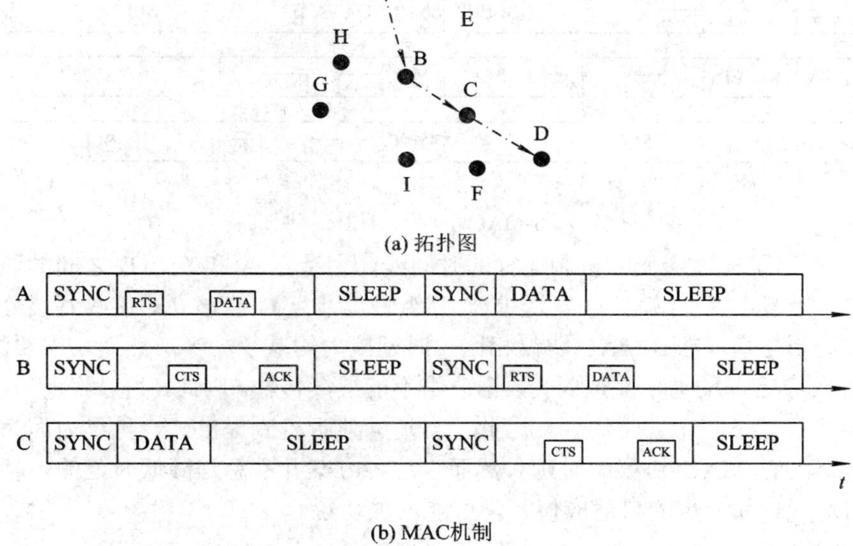

图 6-9　多跳感知问题

由于缺少多跳感知机制，数据分组每一跳的媒体访问控制独立于多跳路由而执行。理想的方法是当前一跳的传输完成时，下一跳节点被唤醒。即在图 6-9(a)中，当节点 A 到节点 B 的传输结束时，节点 C 立即被唤醒。因此，如果没有其他节点正在传输，那么节点 B 可以立即把数据分组发送给节点 C。类似地，当节点 B 到节点 C 的传输结束时，节点 D 立即被唤醒，由于数据链路层协议的占空比机制，几乎无时延。

多跳感知的理想解决方案需要很多前提：首先，整个网络必须保持时钟同步，这样才能保证每个节点都能在精确的时间点被唤醒；其次，需提前获取数据分组的传输路径；此外，在网络传输中还可能会有其他数据分组传输而发生信道竞争，下节介绍的自适应侦听机制就能很好地解决这一问题。

4．自适应侦听

为了解决多跳感知问题，S-MAC 协议采取了一种自适应侦听机制。自适应侦听没有假定关于路由的知识，也没有尝试调度发送分组路由上的所有节点，而是提供了一种尽力而为的解决方案，自适应侦听机制允许节点在即将成为数据传输的下跳节点并且在该传输结束时唤醒节点，然后侦听分组传输。

图 6-10 说明了基于图 6-9(a)拓扑图的 S-MAC 协议自适应侦听机制。节点 A 向节点 B 发送一个 RTS 分组。节点 C 侦听到了此次传输，则节点 C 将在数据传输的过程中切换到睡眠状态以节约能量。节点 C 将通过 RTS 和 CTS 分组中的持续时间字段得知数据的传输时间，为此，节点 C 设置了一个定时器，这样，节点 C 会在节点 A 和节点 B 传输数据分组结束时被唤醒，这就使得节点 B 能够通过立即发送 RTS 分组找到下跳节点。由于节点 C 处于唤醒状态，可以以 CTS 分组作响应并且能在一帧内把分组再向前传输一跳。

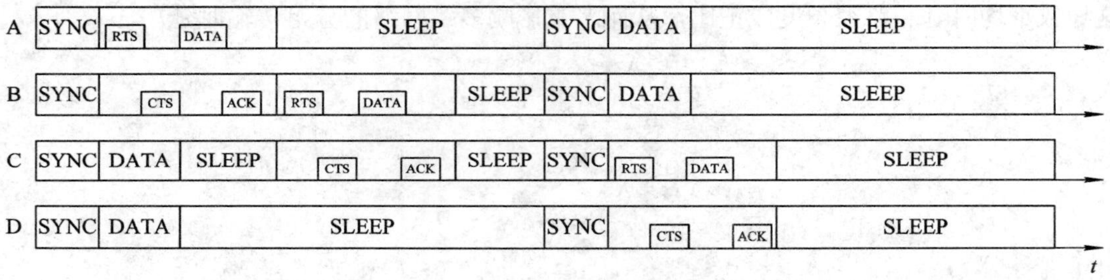

图 6-10　S-MAC 协议的自适应侦听机制

图 6-10 说明了自适应侦听机制运行的时间线，当节点 A 和节点 B 之间的通信完成时唤醒节点 C。当节点 B 向节点 C 发送 RTS 分组时，节点 C 能够立即接收到该分组。这种自适应侦听机制与基本的 S-MAC 协议相比，时延能大约减少一半。然而，需要注意的是，节点 B 和节点 C 之间的通信完成时，数据分组不能继续传输。因此，为寻找下一跳节点 D，节点 C 不得不等待下一个侦听周期。因此，自适应侦听机制提供了一种尽力而为的服务来减少基于占空比的 MAC 协议的时延。然而，这种方案并不总是降低时延的，相反，由于侦听传输的是所有邻节点的自适应侦听，可能增加功耗。

5．消息传递

在某些应用中，为了传输生成的大量信息，传感器节点可能需要发送突发性的分组。这些应用中如果使用默认的 S-MAC 协议可能会导致大量的侦听周期，侦听的主要原因是每个数据分组传输前的 RTS-CTS 分组的传输。S-MAC 协议中通过采用消息传递过程能够减少这种侦听，在这种情况下，当节点有突发分组需要传输时，它仅仅对第一个分组使用 RTS-CTS 交换机制。对每个分组都能够接收到来自接收者的确认分组，而且，突发传输的剩余传输时间都包含在发送节点和接收节点发送的每个分组中，用这种方法阻止其他节点接入信道。来自接收者的确认消息的主要想法是阻止隐藏终端问题。

图 6-11 说明了基于图 6-9(a)拓扑图的消息传递例子，图中包括发送节点 A 和接收节点 B，而且，节点 C 是节点 B 的邻居节点，它侦听不到节点 A 的传输。节点 A 通过广播 RTS 分组启动数据传输过程，节点 B 以 CTS 分组作响应。如果节点 C 在传输过程中被唤醒，它就接收来自节点 B 的确认分组 ACK 并获得传输持续时间。此后，它将一直保持睡眠状态直到传输结束，这样就可以防止长数据分组在传输过程中的冲突问题。

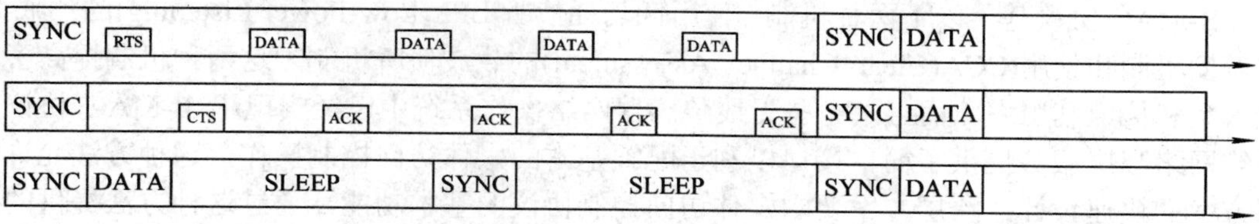

图 6-11　S-MAC 协议的消息传递机制

与 CSMA/CA 协议相比，S-MAC 协议采用占空比机制降低了能量消耗。尤其对于负荷不高的网络而言，周期性侦听对节能起着关键作用。但是，对于负荷较大的网络而言，空闲侦听很少发生，所以，通过睡眠机制来节能是有限的。S-MAC 协议通过采用避免串音和有效的长消息传递机制来实现节能。此外，S-MAC 协议的同步机制导致了网络中虚拟簇的形成，因此，在没有明确的分簇机制的前提下，为路由目的设计的基于簇的协议可以方便地和 S-MAC 协议结合。

S-MAC 协议设计假定了周期性流量网络，但是，因为睡眠调度周期是固定长度的，S-MAC 协议的固定占空比模式不能为突发流量提供灵活性。当网络流量较低时，为了在没有发送任何分组的条件下接收同步节点发送的同步分组 SYNC，每个节点不得不在每帧开始时被唤醒。因此，由于占空比机制的结构，导致 S-MAC 协议将消耗大量固定的能量。而且，如果网络流量由于某事件骤增，侦听间隔可能不足以适应这种增加的流量，这将导致节点不得不等待几帧来传输其数据分组而增加通信时延。

为了降低能耗，S-MAC 协议增加了通信时延。虚拟簇机制导致同一虚拟簇中的所有节点同时睡眠和在侦听周期传输数据，因此，为了节能减少了空闲侦听周期。但是，这将增加分组的端到端传输时延，使得 S-MAC 协议并不适合对时延敏感的数据传输，而且，在高密度或高负载的网络中，由于同一虚拟簇中的所有节点都被限制在侦听间隔竞争媒体，这将增加冲突的概率，因此，SMAC 协议不支持这种类型的网络。

6.2.2　B-MAC 协议

节能是推动设计新的无线传感器网络媒体访问控制协议的主要性能指标，正如 6.2.1 节中所介绍的，S-MAC 协议中设计了占空比机制，该机制通过让节点在空闲时处于睡眠状态以降低能耗。本节将介绍前导抽样(preamble sampling)机制和 B-MAC(Berkley MAC)协议[3]，B-MAC 协议能够克服 S-MAC 协议的两种主要缺陷。

占空比操作要求建立睡眠-唤醒调度机制，以使得位置接近的节点同时处于活动状态，这种操作就节能而言存在两个缺陷：首先，需要节点发送周期性的消息，如 S-MAC 协议每帧中使用的 SYNC 分组；其次，为了等待可能即将接收到的分组，在侦听周期需要所有节点处于活动状态。这样，即使没有通信流量，节点消耗能量比例至少等价于占空比。

为了提供一种简单的并且由高层协议可重构的核心数据链路层协议，设计了 B-MAC 协议。为此目的，B-MAC 协议给更高层提供了基本的 CSMA 机制，而且，在没有任何 RTS-CTS 消息交换的条件下，提供了一种可选的链路层 ACK 机制。通过改变退避周期，这种 CSMA 机制可由高层配置，从而实现了低功耗运行和有效地冲突避免机制，同时，简单的实现机制使得编码空间较小。

B-MAC 协议基于以下两种机制：使用低功耗侦听 LPL(Low-Power Listening)的睡眠-唤醒调度机制和使用 CCA(Clear Channel Assessment)的载波侦听机制，这两种机制提高了节能效率和信道利用率。而且，一些无线传感器网络操作系统中已经实现了 B-MAC 协议并且给网络高层服务提供了简单接口以利于配置基本的媒体访问控制操作，这种方法允许跨层方案的快速设计，跨层方案要求媒体访问控制协议的基本功能。通过这种方法提供的接口，高层协议能够在 CCA 和 ACK 服务间切换，能够在每个分组上设置退避参数，还能够有效地改变发送和接收的 LPL 模式，下面介绍 B-MAC 协议的 LPL 和 CCA 功能。

1. LPL 机制

通过取消对每个节点的调度要求，能够解决 S-MAC 协议固定的占空比操作缺点，从而使网络中的所有节点不需要同时唤醒和睡眠；相反，在没有与其他节点交换任何同步消息的情况下，每个节点能够确定自己的睡眠和唤醒调度周期。然而，这要求当节点有要发送的数据时，发送者需和期望的目的节点建立同步。换句话说，发送者唤醒目的接收者或等待目的接收者处于唤醒状态时发送它的数据，这种必要性可通过前导抽样机制[4]实现，该机制也被称为 LPL[3]。LPL 的主要思想是：为了使目的节点上与固定占空比协议相关的“侦听代价”最小，要求在每个分组前发送一个前导码(PREAMBLE)以唤醒期望的目的节点。从而，每个节点周期性唤醒、关闭收发设备并且检查信道活动情况。在最小的周期内，如果检测到前导码，节点仍停留在接收模式，如果没有检测到前导码，则节点切换回睡眠状态。

图 6-12 说明了 LPL 的运行机制，图中有三个节点：发送节点 A、接收节点 B 和邻居节点 C。该机制中，网络中的每个节点确定它的睡眠调度周期，睡眠调度周期帧长度为 T_P，在每个 T_P 周期，短时间唤醒节点检测信道活动情况，如图 6-12 所示，每个节点的唤醒时间与其他节点不同步，当节点 A 有分组给节点 B 发送时，它首先发送长度为 T_P 的前导码唤醒该节点。要注意的是，T_P 的长度是唤醒任意节点的前导码的长度。当唤醒节点 B 时，它侦听信道直到前导码传输结束，它判断分组的目的节点是否是它本身，并且不会切换到睡眠状态以便等待后续的分组。节点 A 随后发送数据分组，并且如果传输成功节点 B 以 ACK 分组作响应。在前导码传输期间，节点 C 也被唤醒，然而，因为它不是分组的目的接收者，将它切换回睡眠状态以避免消耗更多的能量。

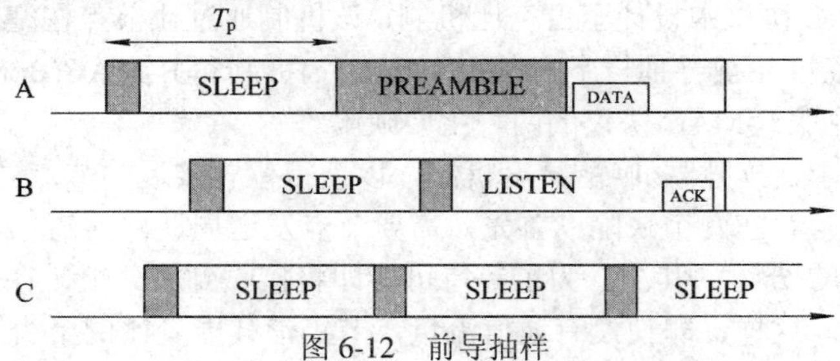

图 6-12 前导抽样

LPL 机制取消了 S-MAC 协议中建立虚拟簇发送周期性 SYNC 消息的必要性，然而，这种消除是以在每个数据分组前发送一个长前导码为代价实现的，与基于睡眠-唤醒调度的协议相比，这种机制每个分组传输消耗的能量可能更高。然而，在没有通信流量的情况下，这种机制肯定更节能。对于负荷较低的网络，前导抽样机制的使用也更加节能。侦听间隔 T_P 是判断节能有效性的重要变量，流量模式(负荷大小)决定优化的侦听间隔，如果侦听间隔太小，一方面能量消耗在节点频繁地唤醒及侦听信道上；另一方面，如果侦听间隔太大，而每次通信尝试前需要传输长的前导码，能量则消耗在这些传输上。由于侦听周期多个节点消耗能量，所以使用更长的前导码比更频繁地检测信道活动情况更好，根据流量负荷确定最优的侦听间隔值。

2. CCA 机制

通常，LPL 技术的成功依赖于侦听信道上活动的精确性。每个节点侦听信道，如果没有检测到前导码传输的任何活动，节点切换到睡眠状态。一方面，如果节点判断信道上存在活动和没有活动而被唤醒时，则浪费了宝贵的能量；另一方面，如果节点没有检测到目的节点是它自己的前导码，发送者可能由于发送前导码而浪费能量，并且为了找到接收者必须等待另一个前导抽样周期，这样就会增加端到端的时延。而且，如果出现信道忙而被发送者判断为信道空闲的错误，前导码的发送可能引起冲突，这会减少无线信道容量并增加能量消耗。B-MAC 协议中使用的 CCA[3]机制能够解决这些问题。

6.3　基于预约的 MAC 协议

由于每个节点会在为其预留的时隙传输数据，所以基于预约的 MAC 协议具有免受冲突影响的优势。这样，由于节点占空比的降低能够进一步提高节能效率。目前，研究者已经提出了一些基于时分多路复用(TDMA)机制的媒体访问控制协议。通常，这些协议都遵循的共同规则是：每个节点都根据特定的超帧(superframe)结构进行通信。这种超帧结构一般由两个主要部分组成，如图 6-13 所示。节点使用预约周期预约与中央代理如簇头节点或其他节点通信的时隙。数据周期由多个时隙构成，这些时隙用于传感器节点传输数据。在已经提出的 TDMA 方案中，每个基于预约的协议都有不同的竞争方案、时隙分配原则、帧大小以及形成簇的方式。下面以 TRAMA 协议为例讲述基于预约的 MAC 协议。

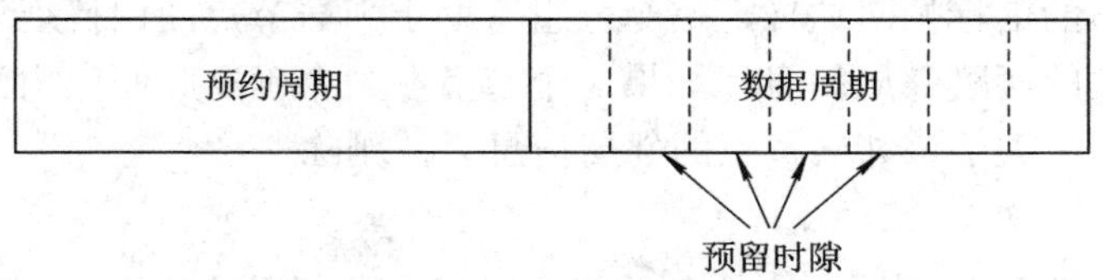

图 6-13　基于 TDMA 的 MAC 协议一般帧结构

TRAMA 协议[5]是一种节能的并且免受冲突影响的 MAC 协议，该协议基于时隙结构，并且使用了一种基于每个节点流量需求的分布式选择方案，这样，节点可能使用的时隙是确定的，从而避免了与其他节点的任何冲突。TRAMA 协议是一种基于调度的(schedule-based)MAC 协议，时隙的预约不需要中央实体，相反，为了分配通信实体传输数据的时隙，要求相邻节点间实现两两通信。这样，每个节点安排它要发送或接收数据分组的时隙。于是，节点在网络中睡眠状态或活动状态的时间能够得到协调。

TRAMA 由邻居发现、流量信息交换、调度建立和数据传输等 4 个主要阶段组成。在邻居发现阶段，需要告知节点它们的邻居信息，以便确定可能的分组接收者和发送者；在流量信息交换阶段，节点把自己的流量信息告知给它们期望的接收者。更具体地说，如果一个节点打算给另一个节点发送分组，它将在这个阶段通知该特定节点。因此，通过收集来自其他节点的流量信息，节点能够建立它自己的调度表；在调度建立阶段，基于来自邻居节点的流量信息，节点确定一帧内发送和接收分组的时隙，然后，这些调度信息会在节点间相互交换；在数据传输阶段中，基于已经建立的调度信息，节点在指定时隙可以切换到活动状态并且启动通信过程。

TRAMA 协议的超帧结构如图 6-14 所示，该帧由预约周期信令时隙和数据周期传输时隙组成。TRAMA 协议操作由三种机制构成：邻居发现协议(NP)、调度信息交换协议(SEP)和自适应选择算法(AEA)。

(1) 邻居发现协议，每个节点使用 NP 协议获得关于它的每个两跳邻居信息；

(2) 调度信息交换协议，使用预约周期的信令时隙，SEP 协议收集每个节点的流量信息；

(3) 自适应选择算法，基于 SEP 协议采集的流量信息，每个节点使用 AEA 算法计算它自己的优先权并决定要使用的时隙。如果节点没有任何分组要发送或接收，在分配时隙它处于睡眠状态。

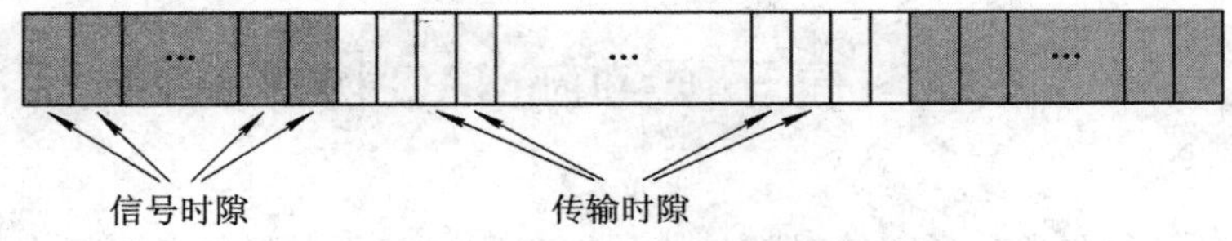

图 6-14　TRAMA 协议的超帧结构

下面详细介绍这三种机制。

1. NP 协议

TRAMA 协议中的 NP 协议在相邻节点间传播一跳信息，每个节点在信令时隙使用信令分组广播它的邻居信息来完成这一功能。为了保证信令分组小，信令分组仅给出了节点具有的一跳邻居列表并且携带变化的邻节更新信息。每个节点发送它的一跳邻居的更新信息作为增加和删除的邻居节点的集合。如果没有更新信息，仍发送信令分组作为表示节点“保持活动状态”的信标帧。这样，信令分组有助于邻居节点间保持连通性。信令分组通知每个节点关于它的两跳邻居信息，如果一个节点在某个确定时间段内没有监听到某个邻居节点的消息，那么关于该邻居节点的邻居信息会被删除。

2. SEP 协议

使用 NP 协议收集的邻居节点信息，节点根据它所拥有的分组个数确定它期望的调度表。通过 SEP 协议将该调度表发送给邻居节点，每个节点基于分组生成的速率计算调度间隔 SCHEDULE_INTERVAL(SCHED)，SCHED 表示根据当前状态节点能够向邻居节点声明的调度的时隙个数。节点预计算在区间[t, t+SCHED]内，它在两跳邻居中具有最高优先权的时隙个数，最后“赢”时隙(winning slot)用于广播下一个间隔的节点调度表，节点向它期望的接收者公布这些时隙，调度分组中使用位图标明期望的接收者，调度分组的格式如图 6-15 所示。如果节点没有数据，它将放弃调度分组的 GIVEUP 区域指示的空闲时隙，该调度信息也可以捎带在数据分组中以维持网络同步。

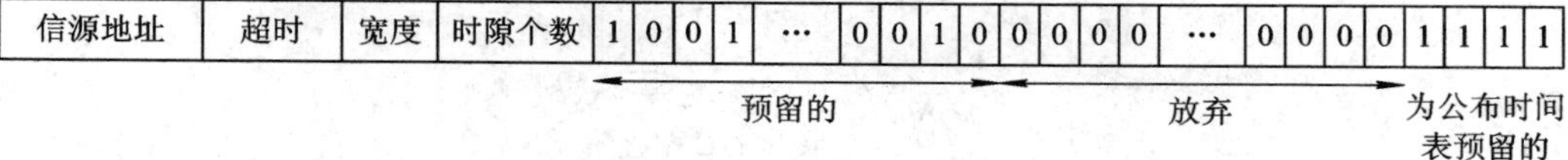

图 6-15　TRAMA 协议调度分组格式

图 6-15 中，信源地址字段表示发布调度的节点；超时字段表示调度有效的时间槽个数(从当前时间槽开始)；宽度字段表示邻居位图的长度(一跳邻居的个数)；时隙个数表示赢时间槽的个数 (分组中位图的个数)。

3. AEA 算法

发送和接收数据分组的时隙的选择通过 TRAMA 协议的分布式算法 AEA 确定，根据 SEP 协议从邻居节点获得的调度信息，AEA 算法确定每个邻居节点在当前时隙上应处于什么状态：发送(TX)、接收(RX)或者休眠(SL)。没有任何数据发送的节点将在选择过程中被删除，因此提高了信道利用率。运行 NP 协议和 SEP 协议之后，每个节点了解了它的两跳邻居节点信息和它的单跳邻居节点的当前调度信息，使用该信息，可以计算出调度间隔每个节点的优先级。

AEA 算法的执行过程如下：节点使用标识符 u 和全局已知哈希函数 h 来计算时隙 t 自己的优先级：

$$p(u, t) = h(u \oplus t)。$$

利用以上公式，节点本身和它的两跳邻居节点在后续 k 个时隙上的优先级都可以计算出来，其他节点也可能执行这种计算过程。要注意的是，节点优先级的计算并未要求调度信息，而是根据哈希函数 $h(.)$，由节点标识符 u 决定了节点在不同时隙 t 的优先级。这样，节点使用具有最高优先级的时隙。对于给定的时隙 t，有最高优先级并且有发送分组的节点被确定为处于 TX 状态。因此，每个节点确定它可能发送分组的时隙并且通知期望的接收者。对于选择的时隙，每个接收到通知的期望的接收者被指定处于 RX 状态。对于节点没有被指定为 TX 状态或者 RX 状态的其他时隙标记为 SL 状态，在此期间节点能够处于休眠状态。

TRAMA 协议不需要关于时隙分配的网络节点调度的完整信息，而仅仅利用了时隙分配的局部信息交换。因此，由于每个节点仅根据有限的邻居节点信息选择它的时隙，可能会出现冲突，可以通过计算节点各自的邻居节点中每个邻居节点的相对优先级解决这种可能的冲突。在节点 i 的两跳邻居节点中，如果节点 j 对给定时隙有最高优先级，它被确定为绝对的赢家(absolute winner)。时隙的绝对赢家有权在该时隙内发送分组，当然，不一定总是选择绝对赢家，接下来说明绝对赢家可能没有被选中的情况。

如图 6-16 所示，根据节点 B，节点 D 是绝对赢家。然而，节点 A 可能不知道节点 D 的优先级，这样，根据节点 A，节点 D 是它的两跳邻居节点的绝对赢家。如果节点 D 没有要发送给节点 B 的分组，那么节点 B 可能在那个特定时隙休眠。然而，在该时隙节点 A 自己可能被指定为绝对赢家并且可能给节点 B 发送分组。对于节点 B 在该时隙有效，TRAMA 协议引入了可选赢家(alternate winner)和可能的发送者集(possible transmitter set)概念，如果节点可能是两跳邻居中的绝对赢家，它的邻居节点就把它标记为可选赢家。这样，节点 B 标记节点 A 为可选赢家并且如果节点 A 有分组发送，节点 B 将其归入它的可能的发送集。当节点 A 试图给节点 B 发送分组时，节点 A 将是有效的。

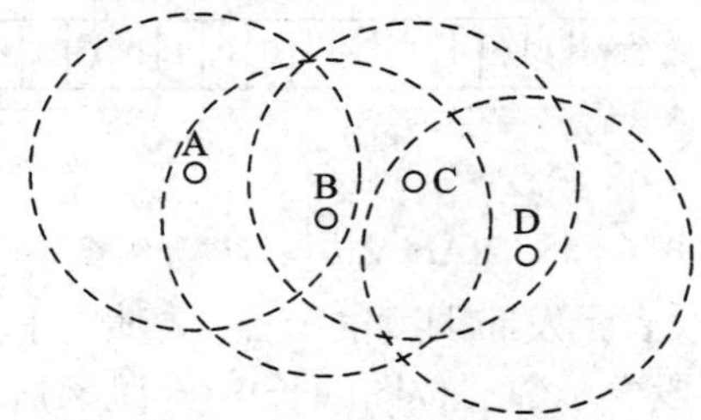

图 6-16　TRAMA 协议中的绝对赢家和可选赢家

通过基于 TDMA 的 MAC 协议提供的无冲突通信无线传感器网络，获得了更高的节能效率。然而，基于 TDMA 的 MAC 协议需要一个由簇头构成的基本结构来协调指定给每个节点的时隙，而目前提出的基于簇的算法其优越性和能效都有待验证。虽然基于簇的 TDMA 方案很容易设计，但是当个别簇头不在接收机的直接通信范围时，就会出现簇内多跳通信问题。网络的可扩展性是另一个重要的研究领域，且 TDMA 协议的时间调度表必须要能够适应无线传感器网络高密度的特征。由于 TDMA 的信道容量是固定的，考虑到用户数量和它们各自的流量类型，只有时隙持续时间和帧内的时隙数目是可变的。另外，由于基于 TDMA 协议的帧结构导致了高延迟。因此，基于 TDMA 的协议不适用于一些对时延敏感和具有突发性流量的无线传感器网络应用。

6.4　混合 MAC 协议

基于竞争的 MAC 协议和基于预约的 MAC 协议在媒体接入性能方面具有各自的优缺点，基于竞争的 MAC 协议需要的额外开销相当小，在低竞争环境下这些协议能够实现高的利用率。然而，随着竞争信道节点数量的增加，由于这些节点间不能相互协调导致信道利用率降低。另一方面，基于预约的协议给每个节点提供调度接入降低了冲突的概率，在竞争较高的环境中这种机制能够提供高的利用率，但也增加了时延和开销。这样，就需要一种能够在接入能力和节能方面折中的方案。通过合并随机接入机制和基于预约的时分复用机制，混合 MAC 协议的目标就是在信道分配中引入折中的方法。

由于改进了信道的组织方法并且自适应动态流量负荷，混合 MAC 协议就冲突预防和节能而言改进了性能，下面介绍一种经典的混合 MAC 协议：Z-MAC 协议。

为了提供基于竞争程度的自适应操作机制，Z-MAC 协议[6]结合了混合 MAC 方案中每种机制的优点，其通信结构仍然依赖类似于基于 TDMA 方案的时隙，把每个时隙暂时分配给节点。然而，与基于 TDMA 的方案不同的是，如果时隙的拥有者不使用该时隙，那么其他节点可以竞争这些时隙。因此，当竞争程度较低时，Z-MAC 协议行为类似于 CSMA 协议，当竞争程度较高时，Z-MAC 协议行为类似于 TDMA 协议。

与许多基于预约的协议类似，Z-MAC 协议由建立阶段和通信阶段组成。建立阶段由四个主要组件组成：邻居发现、时隙分配、局部帧交换、全局时钟同步。

1．邻居发现

为了收集两跳邻居信息，每个节点要执行一次邻居发现过程。在这个阶段，每个节点给它的邻居节点广播单跳邻居信息，多次消息交换后，每个节点获得了两跳邻居信息。由于隐藏终端问题，无线信道中的冲突影响每个节点的两跳邻居节点的信息收集。

2．时隙分配

在 Z-MAC 协议中，DRAND 协议[6]执行时隙分配任务，该协议确保广播调度给每个节点分配一个时隙，并且该时隙与分配给两跳邻居节点的时隙不会冲突。DRAND 协议首先建立网络的无线电干扰图，干扰图中双向链路连接的节点可能会相互干扰，依据该图反复执行时隙分配。下面介绍 DRAND 协议的机制。

图 6-17(a)给出了有 6 个节点拓扑结构的 DRAND 协议示例，其中每个节点的连接关系由椭圆表示，根据该拓扑结构，DRAND 协议建立了如图 6-17(b)所示的无线电干扰图。图 6-17(c)描述了节点 C 需要给自己分配时隙的过程，节点 C 首先给直接邻居节点 A、B 和 D 广播请求消息。如果没有冲突，每个节点以授权消息作为响应，如图 6-17(d)所示。从而如图 6-17(e)所示，节点 C 通过广播释放消息表明预留了特定的时隙。节点 C 的直接邻居节点也会把该时隙的选择信息告知节点 C 的两跳邻居节点，如图 6-17(f)所示。

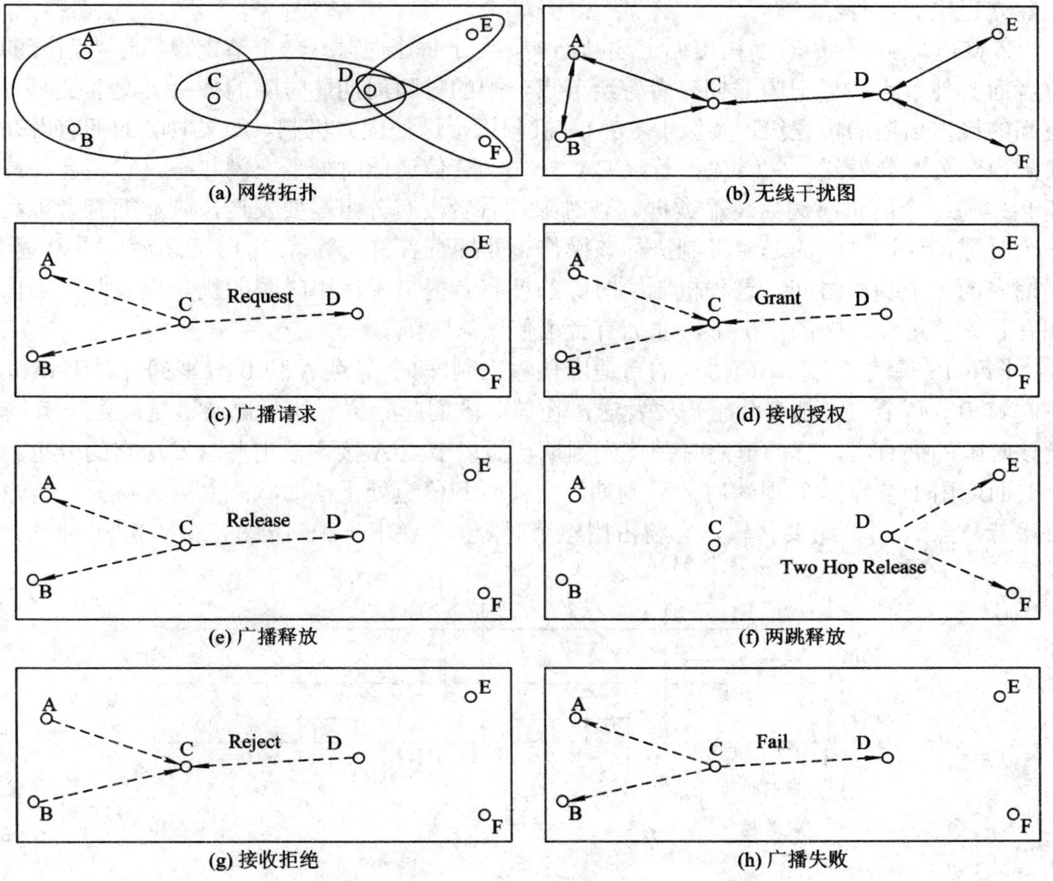

图 6-17　DRAND 协议原理

如果节点 C 选择的时隙存在冲突，如图 6-17(g)所示，发送请求广播消息后，从收到的拒绝消息可获知冲突情况，如假设节点 D 给节点 C 发送了一个拒绝信息。如果节点 C 没有收到它的任何相邻节点的授权消息，图 6-17(h)表示它会广播失败信息说明节点 C 不能分配该时隙，从而防止了冲突的发生。

3．局部帧交换

Z-MAC 协议也引入了局部帧结构，在许多基于 TDMA 的方案中，对于整个网络而言帧的大小是固定的。为了适应局部相邻节点中所有竞争信道的节点，尽管足够大的帧是必要的，但对于网络的不同部分，所要求帧的大小不可能是相同的。依赖于网络每个位置的部署密度，节点可能只有几个与之竞争信道的邻居节点，对于这种情况，较小的帧结构可能更有效，因为时隙可能被更加频繁地使用。基于这种观察，Z-MAC 协议允许每个节点指定它自己的局部帧大小。

根据时间帧规则选择局部帧大小，因此，如果给节点 i 分配了时隙 s_i，并且分配给它邻居节点的最大时隙个数是 F_i，那么节点 i 的时间帧大小为 2^a，这里选择满足 $2^{a-1} \leqslant F_i \leqslant 2^a-1$ 的整数 a。该时间帧规则确保如果该节点对每 2^a 个时隙使用时隙 s_i，那么它就不会和它的两跳邻居中的任何节点发生冲突。本地帧的大小选定之后，相邻节点间互相交换这些信息以建立稳定的运行状态。

Z-MAC 协议的传输结构遵循上述帧结构。对于每个时隙，一个节点被标记为时隙的拥有者而其他节点被标记为非拥有者。给节点分配的时隙周期，时隙的拥有者比非拥有者有更高的接入信道的优先级，类似于 CSMA 机制执行这种优先机制。如果时隙的拥有者在此时隙内有分组要发送，它首先执行 CCA 操作。若信道此时处于空闲状态，它将会在周期 T_0 内等待一个随机时间后传输数据。若时隙拥有者没有分组需要发送，则非拥有者可利用这个时隙，通过不同的退避机制执行该操作。非拥有者首先等待 T_0 时间之后，再退避 T_{n0} 周期内的一个随机时间。这种机制给时隙的拥有者提供了使用时隙的优先权，并且确保在拥有者不使用该时隙的情况下，非拥有者可使用该时隙。

图 6-18 说明了 Z-MAC 协议的自适应传输机制，两个节点 A 和 B 分别拥有时隙 0 和 1，在时隙 0，两个节点都有分组需要发送，在该时隙的起始位置执行退避机制。由于节点 A 是该时隙的拥有者，它的退避时钟首先到期，所以节点 A 接入信道并且发送它的分组。另一方面，由于节点 B 的退避时钟后到期，它侦听到信道处于忙的状态并且等待分组传输结束。若节点 A 有分组要传输，它将占用整个时隙 0。在下一个时隙 1，节点 B 是拥有者，

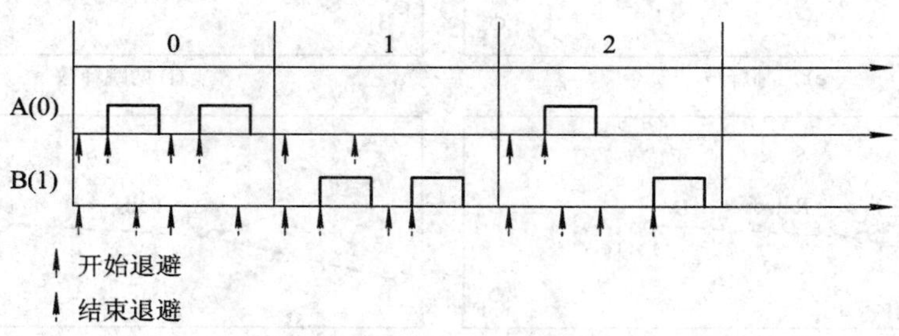

图 6-18　Z-MAC 协议的自适应信道接入机制

因此，节点 B 可以在该时隙内发送它的分组。时隙 2 内 Z-MAC 协议允许节点动态选择时隙，节点 A 是该时隙的拥有者，它首先发送它的分组。当节点 A 传输完成信道空闲时，节点 B 启动退避时钟然后开始传输。这样，节点 A 在分配给它的时隙内没有任何分组要发送时，节点 B 可以利用该信道。

4．ECN 机制

Z-MAC 协议也使用了一种消除对指定节点时隙竞争的机制。若拥有者在属于自己的时隙遭遇高的竞争，它将给邻居节点广播 ECN(Explicit Contention Notification)消息，在到达目的节点的路径上向两跳邻居节点传播 ECN 消息。接收到 ECN 消息的节点切换到 HCL(High Contention Level)模式，指定节点 HCL 模式下的节点不会竞争那个节点拥有的指定时隙，因此，到达目的节点路径上竞争程度会降低。

ECN 机制如图 6-19 所示，节点 C 尝试通过节点 D 和 F 给汇聚节点发送分组。如果节点 C 经历激烈竞争状态，它会广播单跳 ECN 消息给节点 A、B 和 D。由于节点 A、B 不在路由路径上，它们取消 ECN 消息。然而，由于节点 D 在路由路径上，作为两跳 ECN 消息它给节点 E、F 转发 ECN 消息。这样，在节点 C 的时隙内，节点 E 和 F 作为非拥有者不去竞争。然而，节点 A、B、D 竞争节点 C 的时隙是合理的。

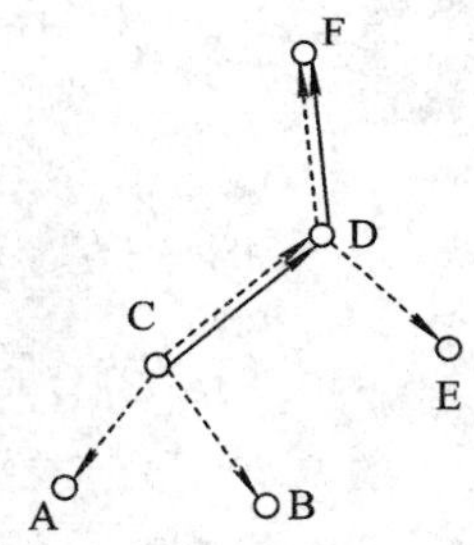

图 6-19　Z-MAC 协议的 ECN 机制

Z-MAC 协议是一种基于时分复用技术的协议，要求网络中节点时钟同步。关于时钟同步机制参见第 9 章。

参考文献

[1] W. Ye, J. Heidemann, D. Estrin. An energy-efficient MAC protocol for wireless sensor networks.InProceedings of IEEE INFOCOM'02, volume 3, pp. 1567-1576, New York, USA, June 2002.

[2] W. Ye, J. Heidemann, D. Estrin. Medium access control with coordinated adaptive sleeping for wirelesssensornetworks.IEEE/ACM Transactions on Networking, 12(3): 493-506, June 2004.

[3] J. Polastre, J. Hill, D. Culler. Versatile low power media access for wireless sensor networks. In Proceedingsof SenSys'04, pp. 95-107, Baltimore, MD, USA, 2004.

[4] A. El-Hoiydi. Aloha with preamble sampling for sporadic traffic in ad hoc wireless sensor networks. InProceedings of IEEE ICC'02, volume 5, pp. 3418-3423, New York, USA, April 2002.

[5] V. Rajendran, K. Obraczka, J. J. Garcia-Luna-Aceves. Energy-efficient, collision-free medium accesscontrol for wireless sensor networks. In Proceedings of ACM SenSys'03, Los Angeles, CA, USA, November 2003.

[6] I. Rhee, A. Warrier, M. Aia, J. Min. Z-MAC: a hybrid MAC for wireless sensor networks. In Proceedingsof ACM SenSys'05, pp. 90-101, San Diego, CA, USA, 2005.

第 7 章　物　理　层

无线通信能力是无线传感器网络节点的必备功能之一，节点的可移动性使得节点可以放置在无法部署有限节点的任何地方。为了获得最优覆盖和连通性，调整已部署网络节点位置不会中断节点任务的正常运行，然而，由于无线通信带宽受限，传输范围有限，并且分组传输会受到干扰、衰减以及多径效应的影响，给无线传感器网络通信提出了严重挑战。为了解决这些问题，了解无线通信属性以及现有的解决问题的方法至关重要，本章将介绍无线传感器网络物理层的通信技术。

7.1　无线通信系统组成

数字通信系统由发送机、信道和接收机三个基本组件组成，图 7-1 是数字通信系统的结构图。因为无线传感器网络节点部署位置相互靠近，适合使用短距离通信技术。本书中的数据源(信源)是指生成表示消息的模拟信号的一个或多个传感器节点。信号是基带信号，表达消息的信号必须转换成处理器模块能够处理的离散信号。为了使消息不丢失，该转换要求至少以奈奎斯特速率对信号采样，采样后离散信号转换成比特流，该过程称为信源编码(source encoding)。为了满足信道带宽和信号功率要求，实现一种高效的信源编码技术是必要的。定义信源概率模型是实现这一要求的一种可行方法，它使得每个信息符号的长度依赖于出现的概率。

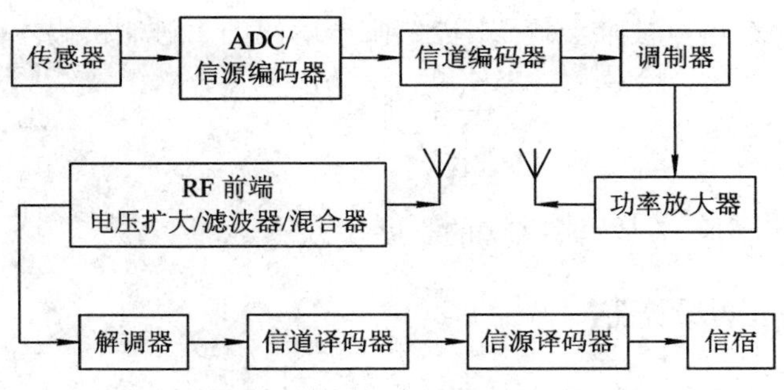

图 7-1　数字通信系统的结构图

数据传输的下一步是信道编码，它的目标是增强传输信号的抗噪声和抗干扰能力，而且，在信号损坏的情况下，它使错误识别和恢复原始数据成为可能。有两种基本的处理方法：发送预先定义的编码本中的符号和发送冗余符号。

信道编码之后的处理是调制操作，调制过程是把基带信号转换为带通信号的过程。执行调制有多方面的原因，但最主要的原因是调制后的带通信号可以用较短的天线接收和发送。通常传输信号的波长越短，需要的收发天线就越短。最后，必须放大调制信号并且由发送天线把电能转化成电磁能(电磁波)后，信号才能在连接目标节点的无线链路上传输。

为了从电磁波中提取消息信号，接收方组件必须执行发送方组件执行过程的逆过程。在理想情况下，接收方天线生成与调制信号的振幅、频率和相位类似的信号。由于各种类型的损伤和干扰，信号的特征会发生改变，必须通过一系列的放大和滤波处理过程，以及解调和差错检测后转换为基带信号。最后，为了提取表示消息的原始模拟信号，必须对基带信号进行脉冲整形过程和两个解码(信道和信源)过程。

7.2 信源编码

7.2.1 模拟数据数字化

信源编码器把模拟信号转换成数字序列的过程由采样、量化和编码三个阶段组成。为了解释这三个阶段，假设传感器节点生成了模拟信号 $s(t)$。在采样过程中，采样信号 $s(t)$并由模数转换器(ADC)量化，这样就可以生成采样信号序列 $S=(s[1], s[2], \cdots, s[n])$。采样值 $s[j]$和其在时间 t_j 上相应模拟值之间的差值就是量化误差，随着信号在时间上的变化，量化误差也会发生变化，可以把量化误差建模为具有概率密度函数 $Ps(t)$的随机变量。

信源编码器的目的是将每个量化元素 $s[j]$映射为密码本 C 中长度为 r 的相应二进制符号，如果编码本中所有二进制符号的长度相等，称该密码本为分组编码(Block Code)。然而，在通常情况下二进制符号长度以及采样率是不一致的，因此，习惯上给可能性较大的采样值分配较短的符号和较高的采样率，而给可能性较小的采样值分配较长的符号和较低的采样率。

如果符号序列 $C=(C[1], C[2], \cdots)$中每个符号可以被映射为 $S=(s[1], s[2], \cdots, s[n])$中的相应值，那么密码本 C 可以被唯一解码。能够唯一解码的二进制密码本必须满足如下方程：

$$\sum_{i=1}^{u}\left(\frac{1}{r}\right)^{l_i} \leqslant 1 \tag{7.1}$$

其中，u 是密码本的大小，l_i 是码字 $C(i)$的长度。

7.2.2 脉码调制和增量调制

脉码调制(PCM)和增量调制(DM)是两种最常用的源编码技术。在数字脉码调制中，首先对信号进行量化处理，然后用二元码字集合中的码字表示每个采样样本。这些二元码字的长度和码元集合中码字的个数决定了 PCM 技术的分辨率和信源编码的比特率。

在 PCM 中，信息的传递依赖于脉冲的存在与否，而非脉冲的振幅或脉冲边缘位置。由于这种特性，PCM 极大地提高了(几乎无噪声)二元码字的传输和再生能力。与这种源编码技术相关的代价是量化误差，以及传输每个样本输出的多位二进制数所要求的能量和带宽。图7-2给出了采用两位二进制数编码信号样本的PCM例子，采样时允许使用四种不同的值。

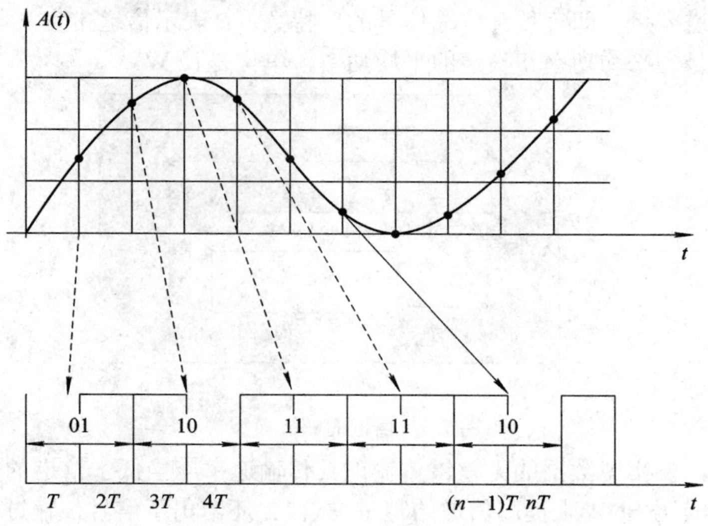

图7-2 PCM举例

增量调制是低比特率数字系统中广泛采用的数字脉冲调制技术，它是一个差分编码器，该编码器传送的是描述连续信号间差值的信息比特而不是时序序列的实际值。通过估计基于以前样本($V_i(t_0)$)的信号幅度以及比较实际输入信号($V_{in}(t_0)$)的幅度之差生成差分信号$V_d(t)$，差分值的极性表示传输脉冲的极性。差分信号是对信号斜度的度量，它可以通过对模拟信号进行采样，并根据采样信号的幅度改变数字信号的振幅、宽度或位置来实现。图7-3说明了增量调制机制。

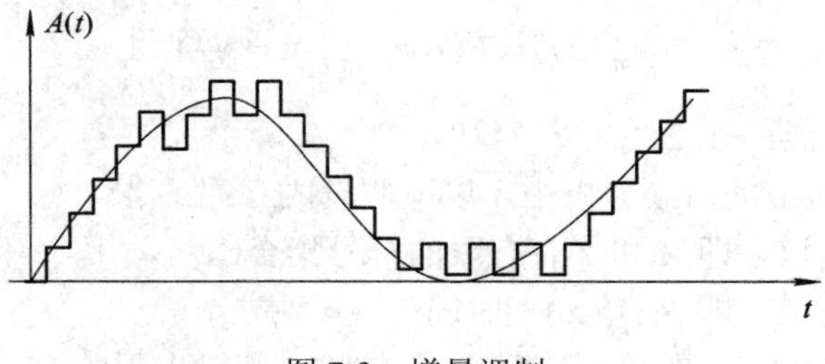

图7-3 增量调制

7.3 信道编码

信道编码的主要目的是生成数据序列，该序列对噪声具有鲁棒性并且提供差错检测和前向纠错机制。对简单、廉价的收发器来说，前向纠错的代价比较高，因此，信道编码的任务主要局限于分组传输中的差错检测机制。物理信道设置限制了信号传输的幅度和传输速度，图7-4说明了对信道的这些限制。根据Shannon-Hartley定理，无差错传输消息时的信道容量由下式给出：

$$C = B\lg\left(1+\frac{S}{N}\right) \tag{7.2}$$

其中，C 表示信道容量，即每秒钟传输信号的比特数；B 表示信道带宽，单位是赫兹 Hz；S 和 N 分别是信号的平均功率和噪声的平均功率，单位是瓦 W。

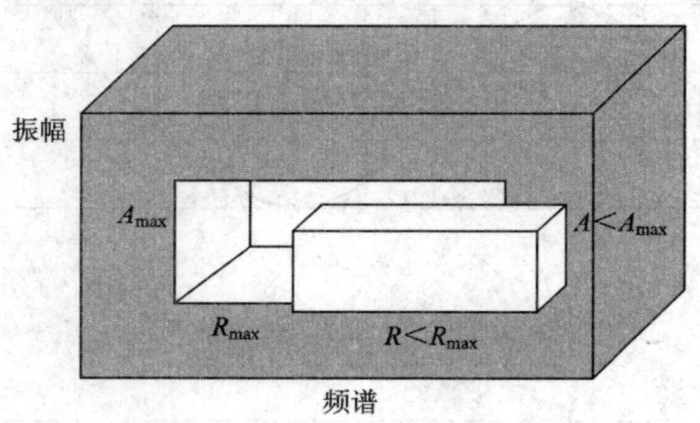

图 7-4　信道的随机模型

式(7.2)表明，要实现数据的无差错传输，其传输速率应当低于信道的容量，同时也指明了如何利用信噪比(SNR)来提高信道的容量。式(7.2)还给出了信号传输过程中产生错误的两个独立的原因：第一，如果消息的传输速率大于信道容量，信息将会丢失；第二，噪声将不相关的信息引入到信号中，从而造成信息的丢失。

信道随机模型有助于量化这两种错误造成的影响。

假设有 j 个不同值的数据 $x_l(x_l \in X = (X_1, X_2, \cdots, X_j))$的输入序列通过物理信道传输，令 $P(x_l)$表示 $P(X = x_l)$，信道的输出可以用一个 k 值序列 $y_m(y_m \in Y = (y_1, y_2, \cdots, y_k))$表示。令 $P(y_m)$ 表示 $P(Y = y_m)$，在时间 t_i，信道生成输入符号 x_i 的输出符号 y_i。

假设信道损伤了传输的数据，可以将这种损伤(或传输概率)建模为如下随机过程：

$$P(y_m \mid x_l) = P(Y = y_m \mid X = x_m) \tag{7.3}$$

其中，l =1, 2, ⋯, j，而 m =1, 2, ⋯, k。

对该信道的随机特征的后续分析中，以下假设成立：

(1) 信道是离散信道，即 X 和 Y 有有限的符号集合；

(2) 信道是静态信道，即 $P(y_m \mid x_l)$和时间 i 相互独立；

(3) 信道是无记忆信道，即$P(y_m \mid x_l)$与之前的输入和输出无关。

传输损伤可以用如下信道矩阵 P_C 表示：

$$\boldsymbol{P}_C = \begin{bmatrix} P(y_1 \mid x_1) & \cdots & P(y_k \mid x_1) \\ \vdots & & \vdots \\ P(y_1 \mid x_j) & \cdots & P(y_k \mid x_j) \end{bmatrix} \tag{7.4}$$

这里

$$\sum_{m=1}^{k} p(y_m \mid x_j) = 1 \forall j \tag{7.5}$$

而且

$$P(y_m) = \sum^{j} 1 = 1 P(y_m \mid x_l).P(x_l) \tag{7.6}$$

或者，更一般地有

$$(\vec{P_y}) = (\vec{P_x}).[P_C] \tag{7.7}$$

其中，$\vec{P}_x$ 和 $\vec{P}_y$ 均为行向量。

7.3.1 信道类型

1. 二元对称信道 BSC

二元对称信道 BSC(Binary Symmetric Channel)是指能传输信息比特(0 和 1)的信道模型，该信道正确传输信息的一个比特位(不管传输的是 0 或 1)的概率为 p，而错误传输(1 变为 0 或者 0 变为 1)的概率为 $1-p$。如图 7-5 所示为 BSC 信道模型。

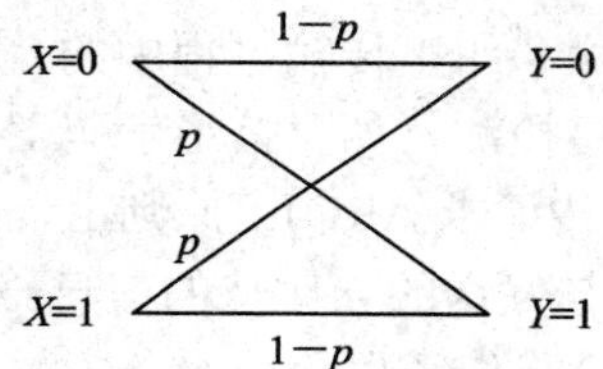

图 7-5 BSC 信道模型

正确传输和错误传输的条件概率如下式所示：

$$P(y_0 \mid x_0) = P(y_1 \mid x_1) = 1 - p \tag{7.8}$$

$$P(y_1 \mid x_0) = P(y_0 \mid x_1) = p \tag{7.9}$$

因此，BSC 的信道矩阵如下所示：

$$P_{\text{BSC}} = \begin{bmatrix} (1-p) & p \\ p & (1-p) \end{bmatrix} \tag{7.10}$$

2. 二元删除信道 BEC

在二元删除信道 BEC(Binary Erasure Channel)中，对传输的信息比特的接收(正确地或其他的)未作保证。因此，该信道可用二元输入和三元输出来描述，删除概率为 P，而信息被正确接收的概率为 $1-p$，信息传输错误的概率是零。如图 7-6 所示为二元删除信道随机模型。

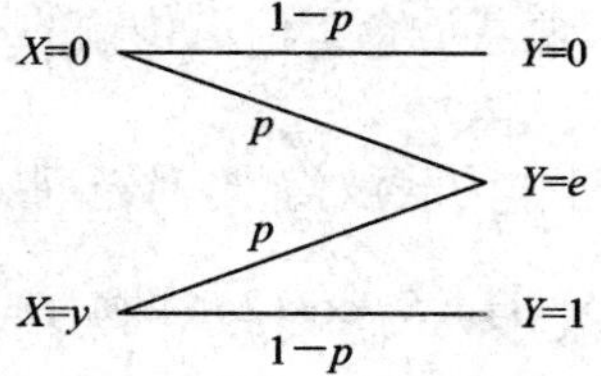

图 7-6 二元删除信道随机模型

二进制删除信道的信道矩阵如下：

$$P_{\mathrm{BEC}}=\begin{bmatrix}1-P & P & 0\\ 0 & P & 1-P\end{bmatrix} \tag{7.11}$$

以上矩阵说明，信息的一个比特要么以概率 $P(1|1)=P(0|0)=1-p$ 成功传输，或者以概率 p 在信道中被完全删除，从而发送 1 接收 0 或发送 0 接收 1 的概率是 0。

7.3.2 信道信息传输

给定输入消息 $X:\left(X,\xrightarrow{P_x},H(X)\right)$，信道矩阵[$P_C$]和输出信息 $Y:\left(Y,\xrightarrow{P_y},H(Y)\right)$，可用以描述不相关性和疑义度的影响，以及信道上没有差错传输信息的百分比，我们也称其为变换或互信息。关于不相关性、疑义度等的定义参考相关资料，本节再不详述。

7.3.3 差错检测与纠正

除了提高信道传输质量，检测和纠正传输过程中的差错也是必要的。通过允许发送器仅发送某种类型的码字可实现差错检测，如果信道解码器识别出的是未知码字，则尝试纠正错误或请求重传(也就是自动重传请求 ARQ)。原则上，解码器可能仅能纠正 m 个错误，其中 m 取决于码字的大小。通过与发送的 n 比特的信息一起发送 r 比特的控制信息能够实现前向纠错，但前向纠错的问题是降低了传输效率。

7.4 调　制

调制是一种根据消息(基带)信号修改载波信号特性(振幅，频率和相位)的过程。调制有以下几个优点：

(1) 消息信号的抗噪能力增强；

(2) 能够有效使用信道频谱；

(3) 信号检测简单。

7.4.1 调制类型

消息信号是基带信号，其主频率分量在零附近。调制是根据消息(基带)信号调整载波信号的特征(振幅，频率和相位)，使其适合于信道传输的过程。解调则是从载波信号中提取基带信号的过程。

实际应用中常用正弦载波信号作为载波信号，该正弦信号表示如下：

$$S_c(t)=S_c\cos(2ft+\varphi(t)) \tag{7.12}$$

其中，S_c 是信号的幅度峰值，f 为频率，$\varphi(t)$是相位(即相对于参考信号相位的差值)。

通过输入消息信号可控制的振幅、频率、相位，则相应的调制方式称为幅度调制(AM)、频率调制(FM)和相位调制(FM)。根据输入消息信号 $S_m(t)$不同可分为模拟调制和数字调制。模拟调制技术仍在上下变频处理中起着无可代替的作用，但模拟调制自身功耗较大、抗干扰能力差，逐步被数字调制技术所替代，相应的数字调制类型被称为幅移键控(ASK)、频移键控(FSK)和相移键控(PSK)，如图 7-7 所示。这三种调制方式是数字通信系统中常用的调制方式。

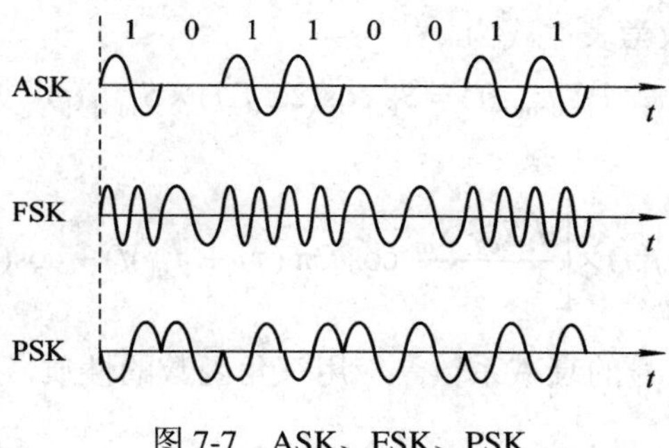

图 7-7 ASK、FSK、PSK

7.4.2 模拟幅度调制

下面以 AM 为例简单说明调制的原理。假设载波和调制信号是模拟的正弦信号(为简单起见，不考虑直流分量)，其数学表达式为

$$S_c(t) = S_c\cos(2\pi f_c t + \varphi_c(t)) \tag{7.13}$$

$$S_m(t) = S_m\cos(2\pi f_m t + \varphi_m(t)) \tag{7.14}$$

幅度调制也就是对 $S_c(t)$和 $S_m(t)$进行乘法运算，如图 7-8 所示，调制之后信号 $S_{mod}(t)$将通过放大和过滤过程进一步满足系统对振幅和频谱的要求。

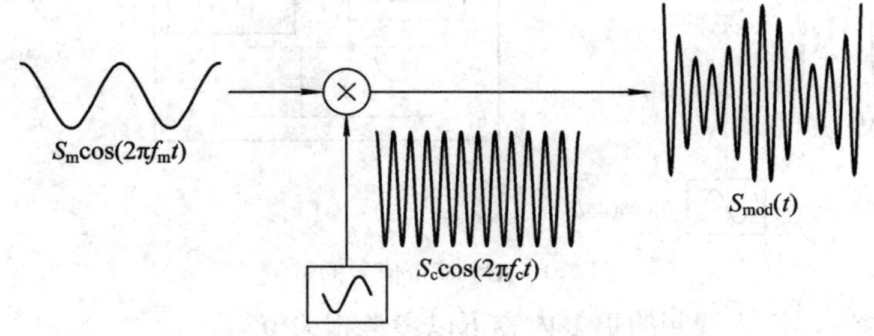

图 7-8 幅度调制

调幅波 $S_{mod}(t)$的数学表达式为

$$S_{mod}(t) = S_c(t)\times S_m(t) = [S_c\times S_m\cos(2\pi f_m t + \varphi_m(t))]\cos(2\pi f_c t + \varphi_c(t)) \tag{7.15}$$

为了简化分析，假设两个信号相位 $\varphi_m(t) = \varphi_c(t) = 0$，因此，方程(7.15)可简化为

$$S_{mod}(t) = [S_c\times S_m\cos(2\pi f_m t)]\cos(2\pi f_c t) \tag{7.16}$$

应用欧拉公式($e^{j\omega t} = \cos\omega t + j\sin\omega t$)，方程(7.16)进一步简化为

$$S_{\text{mod}}(t) = \frac{S_c \cdot S_m}{2}\cos(2\pi(f_c + f_m)t) + \cos 2\pi(f_c - f_m)t \tag{7.17}$$

解调的目的是从已调信号中提取出消息信号，和调制过程类似，但增加了一个低通滤波过程。首先，接收到的已调信号与其同频同相的载波信号(理想情况下，相位与原始载波信号 $S_c(t)$相同)相乘，其数学表达式为

$$S_{\text{demo}}(t) = S_c\cos(2\pi f_c t) \times S_{\text{mod}}(t) \tag{7.18}$$

扩展式(7.18)可得

$$S_{\text{demo}}(t) = S_c\cos(2\pi f_c t) \times \left[\frac{KS_c \cdot S_m}{2}\cos(2\pi(f_c + f_m)t) + \cos(2\pi(f_c - f_m)t)\right] \tag{7.19}$$

其中，$K \leqslant 1$，表示已调信号的衰减系数。应用三角函数的性质，式(7.19)可以简化为

$$S_{\text{demo}}(t) = \left[\frac{KS_c^2 \cdot S_m}{4}\cos(2\pi(f_c + f_m)t) + \cos(2\pi(f_c - f_m)t + 2\cos(2\pi f_m t)\right] \tag{7.20}$$

由式(7.20)可看出，解调信号中包含消息信号和载波信号，但载波信号的频率比消息信号高得多，所以很容易通过简单包络检测器(由半波整流和低通滤波器的组成)进行分离。如图 7-9 所示，调制信号与接收机本地振荡器产生的载波信号相乘后通过带通滤波器(图中未标出)除去 f_c 部分。最后，通过简单的半波整流和低通滤波器恢复消息(基带)信号。

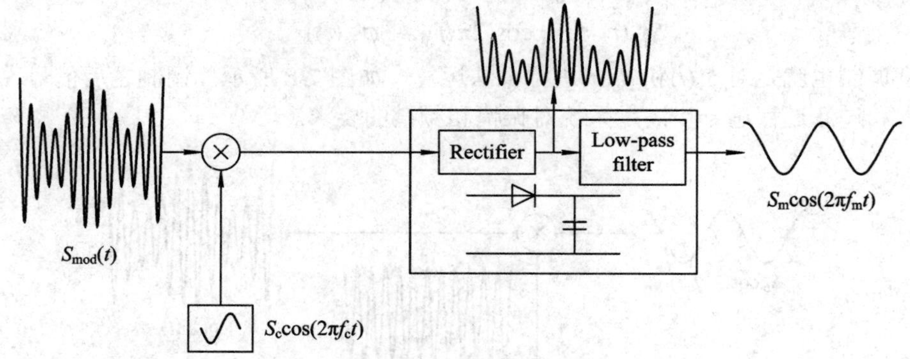

图 7-9 AM 基带信号的解调

关于频率调制和相位调制的更多内容可以参考相关资料。

7.4.3 数字调制

类似地，如果将调制信号换成数字信号仍去控制正弦载波，就可以得到相应的数字调幅、数字调频和数字调相等已调波。需要注意的是，虽然调制信号为数字信号，但是已调波仍是模拟连续波。

在实际 WSN 通信系统中，常用二进制调制，还可以采用 M 进制调制。M 进制调制符号可发送多个比特，缩短了发送器的运行时间和能量消耗，但是往往要采用比二进制更复

杂的发送器和接收器电路，也会带来更高的解码误差。

本节首先介绍基本二进制调制方式，即幅移键控(ASK)、频移键控(FSK)和相移键控(PSK)，然后介绍 WSN 系统中常用的 QPSK 和 O-QPSK 调制方式。

1. 幅移键控(ASK)

幅移键控(ASK)是模拟载波信号的幅值随二进制流变化的数字调制技术，其中载波信号的频率和相位保持不变。

ASK 通常用在近距离无线通信应用中，例如智能家居、工业网络、无线基站、车辆遥控无钥匙进入系统(RKE)以及胎压监测系统(TPMS)等。实现 ASK 最简单的方法是使用如图 7-10 所示的通断调制系统(也称开关键控 OOK)，即在比特为 1 时发送信号，而在比特为 0 时不发送信号。该调制方式的出现比模拟调制方式还早，Morse 码的无线电传输就是使用该调制方式。由于 OOK 的抗噪声性能不如其他调制方式，但由于其调制方式实现简单，功耗低，成本低，特别适合电池供电的便携式设备、有线点对点通信、光纤通信以及红外通信等应用。从图 7-10 可以看出，比特流和本地振荡器的输出(即正弦载波信号的频率 f_c)作为输入信号，通过乘法器相乘产生输出信号。

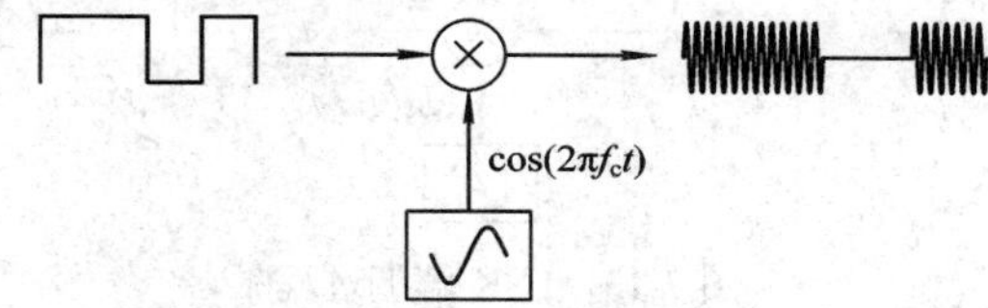

图 7-10 使用通断开关的 ASK 调制

从信号理论可知，直接混合方波(比特流)需要一个带宽很宽的乘法器，其代价很大。另外，由香农定理可知，限制信号的带宽必然会增加接收机端的误码率。带宽受限的系统常常采用脉冲整形技术，该技术可以解决带宽受限的问题，同时最大限度地减少误码率。于是，数字脉冲整形滤波器(PSF)已经成为许多数字化数据传输系统的一部分，这里可以用脉冲整形滤波器(PSF)实现幅移键控，PSF 滤除方波信号的高频分量，并且用低频信号近似表示方波，进而调制载波信号，如图 7-11 所示。类似地，解调过程使用乘法器、本地振荡器、PSF 和比较器。乘法器和 PSF 用于从已调信号中去除高频分量，比较器将模拟波形转换为比特流。

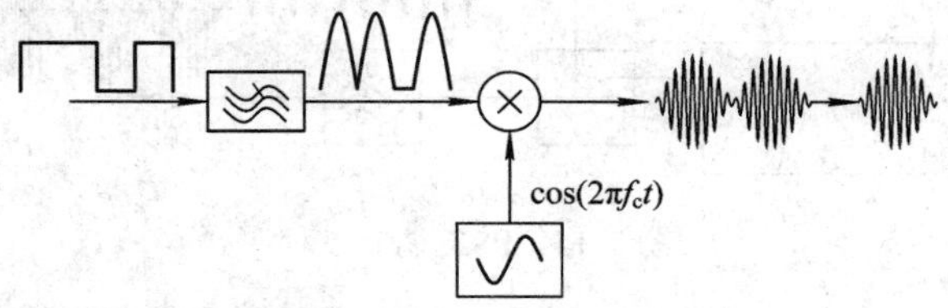

图 7-11 ASK 使用脉冲整形滤波器的调制过程

2. 频移键控(FSK)

频移键控中，载波信号的频率随着消息比特流而变化。由于消息的比特流仅包含 0 或 1，载波频率也在两个值之间变化，二进制频移键控 BFSK 很早就应用于无线传感器网络中。图 7-12 显示了一个简单的开关放大器和两个载波频率分别为 f_1 和 f_2 的本地振荡器频移键控调制过程，开关放大器由消息的比特流控制。

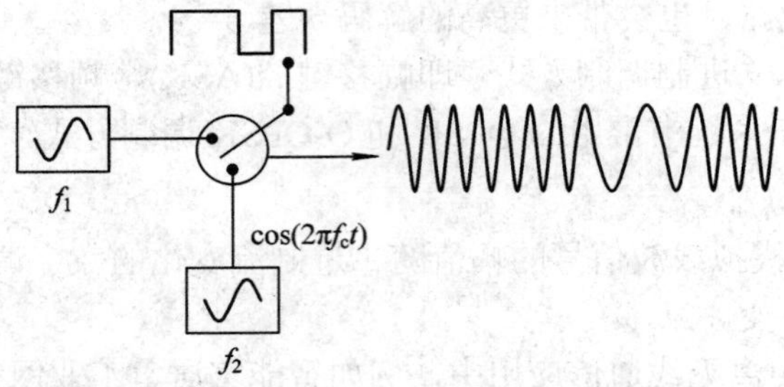

图 7-12　FSK 调制过程

FSK 解调过程需要两个本地振荡器(频率为 f_1 和 f_2)、两个 PSF 和一个比较器，如图 7-13 所示。

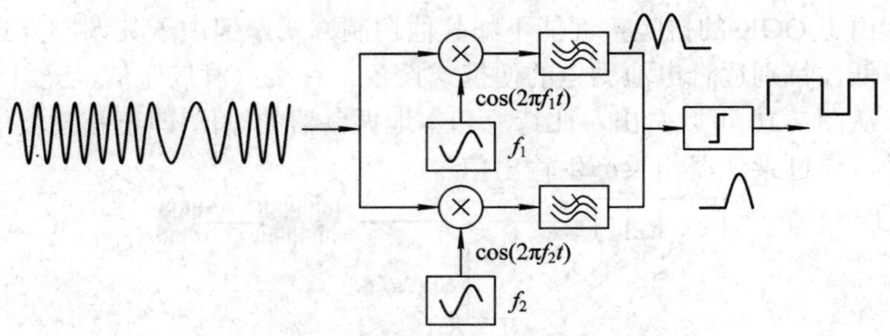

图 7-13　FSK 解调过程

3. 相移键控(PSK)

相移键控中，载波信号的相位随着信息比特流而变化。相移键控最简单的形式是当比特流从 1 到 0 或从 0 到 1 变化时相位偏移 180°。图 7-14 显示了简单相移键控过程中比特流从 1 到 0 时载波信号发生 180° 相位的偏移。调制过程需要本地振荡器、反相器、开关放大器和 PSF，反相器负责将载波信号反转 180°。另外，PSF、混频器和本地振荡器的使用如图 7-15 所示。解调过程使用一个本地振荡器、一个混频器、一个 PSF 和一个比较器，如图 7-16 所示。

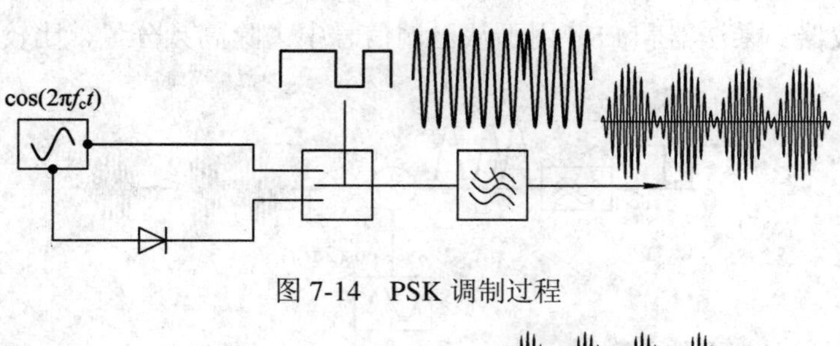

图 7-14　PSK 调制过程

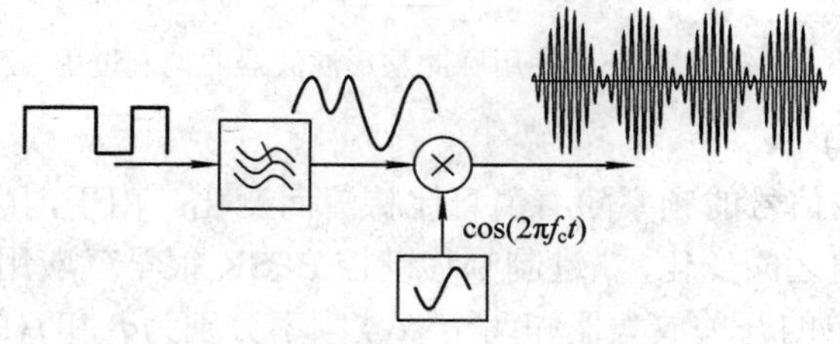

图 7-15　PSK 利用 PSF 的调制过程

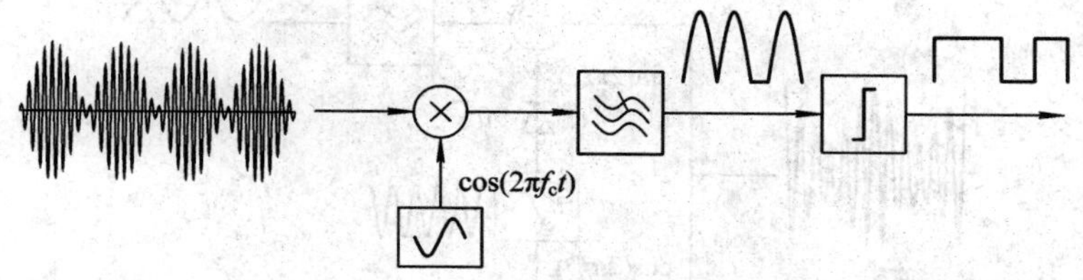

图 7-16　PSK 解调方案

4．正交振幅调制 QAM

前面介绍的调制技术都是用单个消息源调制单个载波信号，但这种调制方式效率有限，则可以采用正交信号有效利用信道带宽，如图 7-17 所示的 QAM 调制过程中，两个经幅度调制的正交载波信号组成复合信号，与普通的幅度调制相比使带宽能够提高两倍。数字系统中，尤其是在无线应用中，QAM 可以和脉幅调制 PAM 一起使用。把调制后的比特流分成两个平行的比特流，这两个比特流分别调制两个正交载波信号。

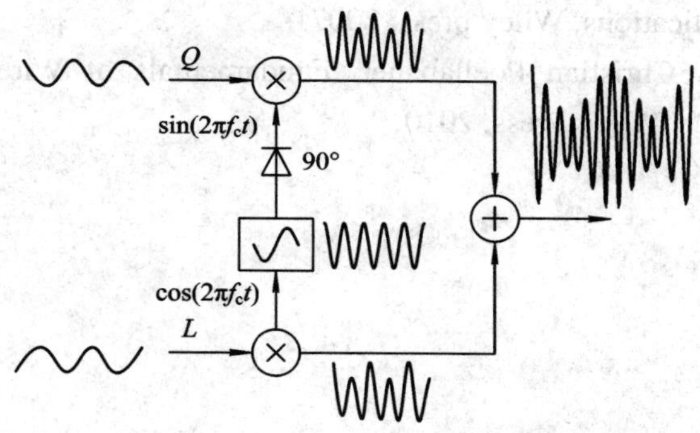

图 7-17　QAM 调制过程

这两个载波信号的频率 f_c 相同，但它们的相位差 90°，另外，由于信号是正交的，它们不会相互干扰，称其中的一个载波为 *I* 信号(同相信号)，另一个载波为 *Q* 信号(正交信号)。

回想一下：

$$S_Q(t) = S_c\cos(2\pi ft + 90°) = S_c\sin 2\pi ft \tag{7.21}$$

在接收端，承载 *Q* 和 *I* 信号的幅度与相位信息的复合调制信号将和两个频率相同但相位彼此相差 90°的解调信号混合，随后执行通常的检测方法提取和聚合(混合)消息。

图 7-18 说明了 QAM 信号的解调过程。具有幅度和相位(或 *I* 和 *Q*)信息的复合信号到达接收端后，输入信号与本地振荡器的载波信号以两种方式进行混合，其中一个具有参考 0 相位而另一个具有 90° 的相位偏移。这样，复合输入信号(就幅度和相位而言)就被分成了同相信号部分 *I* 和正交信号部分 *Q*。信号的这两个组件是独立并且正交的，其中之一的变化不会影响另一个。

数字调制很容易通过 *I*/*Q* 调制器来实现，它能够将数据映射到 *I*/*Q* 平面上的几个离散点。当已调信号从一个点移动到另一个点时，同时进行振幅和相位调制。要实现幅度调制和相位调制是很困难和复杂的，使用 *I*/*Q* 调制器可以较容易地实现振幅和相位同时调制。

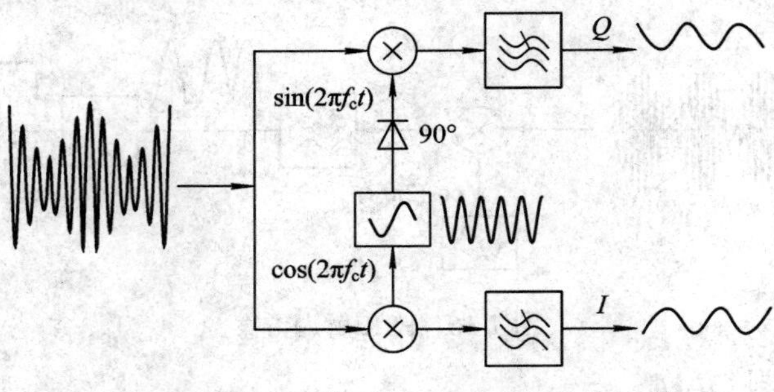

图 7-18　QAM 解调过程

参考文献

[1] KazemSohraby, Daniel Minoli, TaiebZnati. Wireless Sensor Networks-Technology, Protocols, and Applications. Wiley press, 2007.

[2] WaltenegusDargie, Christian Poellabauer. Fundamentals of Wireless Sensor Networks-Theory and Practice. Wiley Press, 2010.

第 8 章 定 位 技 术

传感器网络与它们周围的物理现象密切相关，为了提供观测感知区域的精确视图，收集到的信息必须与传感器节点的位置相联系。而且，对于一些监控应用，传感器网络可能用于跟踪某个对象，使传感器节点的位置信息与跟踪算法相结合是必要的。第 5 章介绍的位置感知路由协议要求知道节点的位置信息，这些要求有效地推动了传感器网络位置协议的设计，本章讨论目前提出的适合于无线传感器网络的定位技术。

目前提出的定位协议可分为两大类：基于距离的(range-based)定位协议、距离无关的(range-free)定位协议。基于距离的定位协议要求存在具有精确位置的信标节点，网络中的其余节点估计它们到三个或多个信标节点的距离，基于这些信息估计出节点的位置。距离无关的定位协议不要求距离估计，尽管要求存在信标节点，但其他节点的位置使用距离无关的技术估计。

8.1 测 距 技 术

许多定位技术的基础是对两个传感器节点之间的物理距离进行估计，通过对传感器节点之间交换信号的某种特征度量获得估计值，信号特征包括信号的到达时间、信号强度和到达角度。

8.1.1 到达时间 ToA

到达时间(ToA)测距方法的概念是使用测量到的信号传播时间和已知的信号速度确定信号发送方和接收方之间距离的方法。例如，声波速度为 343 m/s(20℃)，即声音信号行进 10 m 大约需要 30 ms。相比之下，无线电信号的速度以光速传播(大约 300 km/s)，即光信号行进 10 m 只需要 30 ns。其结果是，基于无线电的距离测量要求时钟高度精确，这增加了传感器网络的成本和复杂性。单程到达时间方法测量单向传播时间，即发送时间和信号到达时间之间的差值(如图 8-1(a)所示)，并且要求发送方和接收方的时钟高精度同步。

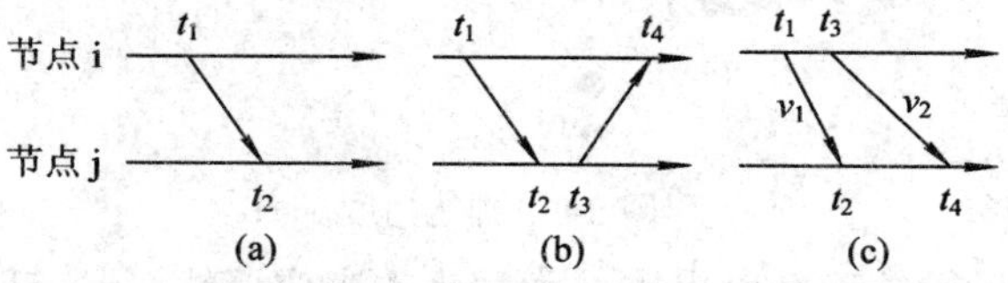

图 8-1 不同测距方案之间的比较(单向 ToA，双向 ToA 和 TDoA)

因此，双向到达时间方法可能更适合，在这种方法中，在发送方设备上测量信号的往返时间(如图 8-1(b)所示)。总之，对于单向到达时间进行测量，两个节点 i 和 j 之间的距离为

$$d_{ij} = (t_2 - t_1) \times v \tag{8.1}$$

其中，t_1 和 t_2 分别是发送方和接收方测得的信号发送和接收时间，v 是信号速度。类似地，在双向到达时间测量方法中，该距离计算公式为

$$d_{ij} = \frac{(t_4 - t_1) - (t_3 - t_2)}{2} \times v \tag{8.2}$$

其中，t_3 和 t_4 是响应信号的发送和接收时间。要注意的是，在基于单向到达时间测量的定位协议中，接收节点计算它自己的位置，而在基于双向到达时间测量的定位协议中，发送方节点计算接收方节点的位置，因此，双向方式中为了告诉接收方其位置，第三条消息是必要的。

8.1.2　到达时间差 TDoA

到达时间差(TDoA)方法是使用两个不同速度的信号(如图 8-1(c)所示)，然后根据类似于 ToA 的方法，接收方能够确定其位置。例如，第一个信号可能是无线信号(在 t_1 时刻发出，t_2 时刻接收到)，接着发送声波信号(该信号可能立即发送，也可能等待固定时间间隔 $t_{wait}=t_3-t_1$ 后发送)。因此，接收方可以用如下公式计算距离发送方的距离：

$$d_{ij} = (v_1 - v_2) \times (t_4 - t_2 - t_{wait}) \tag{8.3}$$

基于 TDoA 的方法不要求发送方和接收方时钟同步，并且可以得到非常精确的测量值。TDoA 方法的缺点是需要额外的硬件，例如用于上述例子的麦克风和扬声器。

8.1.3　到达角度 AoA

用于定位的另一种技术是确定信号传播的方向，到达角度(AoA)技术依赖于方向天线或空间天线阵列估计来自信标节点的信号的到达角度。如图 8-2 所示，节点 S 的位置(x_S, y_S)未知，节点 S 接收到已知位置信标节点 A(x_A, y_A)、B(x_B, y_B)、C(x_C, y_C)发送的信标信号，节点 S 估计每个信标信号的到达角度，如α_A，α_B，α_C，然后，合并到达角度测量值和位置测量值就可估计节点 S 的位置。

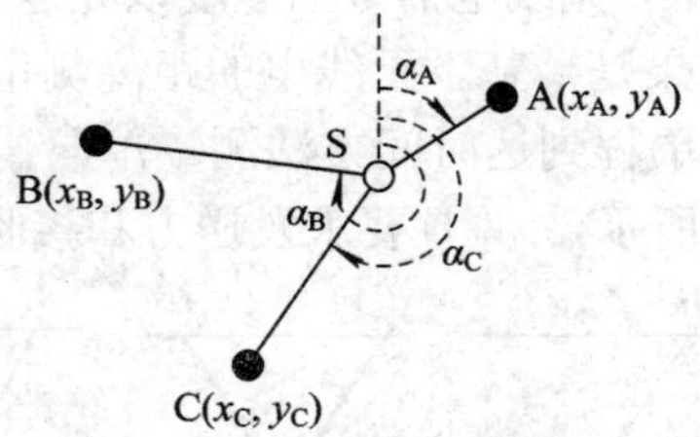

图 8-2　到达角度

AoA 技术依赖度量的精确性以提供准确度高的定位，然而，方向度量需要复杂的天线阵列，这增加了成本。而且，为了提供空间分集和精确度量到达角度，天线阵列要求一定

的间隔。由于普通传感器节点的尺寸所限，这种间隔要求可能是不可行的，因此 AoA 技术不适合于传感器网络。

8.1.4 接收信号强度

接收信号强度(RSS)方法的想法是信号随着行进的距离而衰减。无线设备中常见的设备是接收信号强度指示器(RSSI)，用于测量收到的无线电信号的幅度。许多无线网卡驱动都容易导出 RSSI 值，但它们的含义可能会由于供应商的不同而不同，而且 RSSI 值与信号功率强度之间不存在特定关系。通常情况下，RSSI 值是在 0-RSSI_{Max} 的范围内，其中 RSSI_Max 的常见值为 100、128 和 256。在自由空间中，RSS 值以与发送方距离的平方形式递减。更具体地说，如下 Friis 传输方程表达接收信号功率 P_r 与发送信号功率 P_t 的比值：

$$\frac{P_r}{P_t} = GtGr\frac{\lambda^2}{(4\pi)^2 R^2} \tag{8.4}$$

其中，G_t 是发射天线的天线增益，G_r 为接收天线的天线增益。在实践中，实际的衰减取决于多径传播效应、反射、噪声等，因此更现实的模型使用 R^n 取代了式(8.4)中的 R^2，其中 n 通常在 3 和 5 之间取值。

8.2 基于距离的定位

8.2.1 三边测量法

三边测量法是指基于节点本身与已知位置信标点之间的已测量距离来计算节点位置的方法。给定信标节点位置和传感器节点到信标节点的距离(例如通过 RSS 度量得到的估计值)，传感器节点一定在以信标节点为圆心，以传感器节点到信标节点距离为半径的圆的圆周上。在二维空间中，为了获得唯一的位置(例如三个圆的交点)，至少需要到传感器节点的三个非共线的信标节点距离测量值。图 8-3(a)说明了二维空间中三边测量的例子。在三维空间中，距离测量至少需要四个非共面的信标节点。然而，这种技术要求精确的距离测量值，由于距离测量的误差可能导致这种技术在传感器网络中不可行，因此，可能要求更多的节点辅助计算。

8.2.2 三角测量法

三角测量法使用三角形的几何性质来估计传感器节点的位置。具体而言，三角测量法依赖于前一节所描述的角度(或方位)测量值定位。确定传感器节点在二维空间中的位置需要至少两个方位线(以及信标节点的位置或它们之间的距离)。图 8-3(b)说明了三角测量法，图中两个已知位置的信标节点 A(x_A, y_A)、B(x_B, y_B)和未知位置的节点 S(x_S, y_S)定义了一个三角形，使用基本的三角学关系，使用两个信标节点 A(x_A, y_A)、B(x_B, y_B)的位置和未知位置节点 S(x_S, y_S)接收到的信号的 AOA 就可确定未知节点 S 的位置。

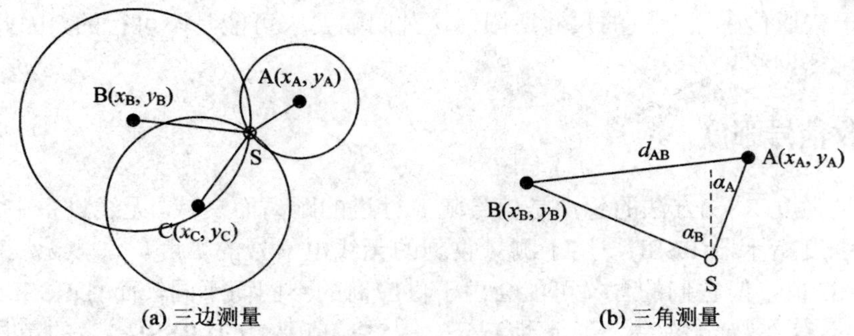

(a) 三边测量 (b) 三角测量

图 8-3 三边测量和三角测量

8.2.3 迭代多边定位和协作多边定位

迭代多边定位(Iterative multilateration)：为了定位第四个未知节点的位置，虽然三边测量定位技术要求至少存在三个信标节点，但扩展这种技术可以在一些节点没有三个与之相邻信标节点的情况下确定这些节点的位置。一旦一个节点使用来自信标节点的信标消息确定了自己的位置，它就变成了信标节点并且可向附近的其他节点广播包含其估计位置的信标消息。这种迭代多边定位过程不断重复，直到网络中所有节点都被定位为止。

图 8-4(a)说明了迭代多变定位的过程，两个未知位置节点 S 和 T 周围有四个信标节点 A、B、C、D。但要注意的是：节点 S 有三个相邻信标节点，而节点 T 只与两个信标节点相邻。在第一次迭代中，因为节点 S 至少可以和这三个相邻的信标节点 A、B、C 通信，就可以使用基本的三边测量定位技术估计自己的位置。现在，节点 S 可以作为信标节点。在第二次迭代中，节点 T 可以和节点 S 以及信标节点 A、D 通信，使用基本的三边测量定位估计它的位置。节点 S 反过来可以利用这些信息进一步提高它的位置精度。

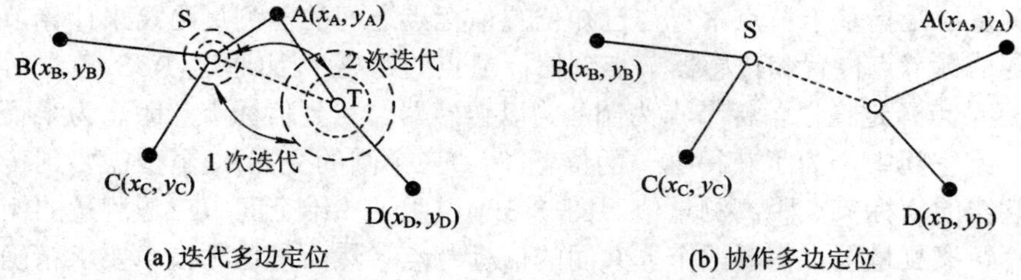

(a) 迭代多边定位 (b) 协作多边定位

图 8-4 迭代多边定位和协作多边定位

协作多边定位(collaborative multilateration)：传感器和信标节点自组织部署时，没节点与三个信标节点相邻是不可能的，因此妨碍它确定自己位置。在这种情况下，节点可以使用协作多边定位技术来估计其位置。为了同时计算两个节点的位置，其中一个节点使用来自未知位置邻居节点的多跳信息求位置估计函数集合的解。仅当参与定位的节点至少有三个“参与邻居”节点时，协作多边定位方法才能确定唯一的位置解。参与邻居节点是指信标节点或至少有三个参与邻居节点的节点。

图 8-4(b)说明了协作多边定位的过程。如果节点 S 想执行协作多边定位技术定位，它有两个信标邻居节点可作为参与邻居节点并且节点 T 作为未知位置节点，因为节点 T 也有两个信标邻居节点并且节点 S 可作为参与邻居节点，节点 T 也是参与节点。因此，节点 S

求如下形式的位置估计方程组的解：

$$f(x_u, y_u) = d_{i,u} - \sqrt{(x_i - x_u)^2 + (y_i - y_u)^2} \tag{8.5}$$

其中，x_u 和 y_u 是未知位置节点 S 和 T 的位置，x_i 和 y_i 是信标节点 A、B、C、和 D 的位置，$d_{i,u}$ 是已知位置节点与未知位置节点之间的估计距离，$f(x_u, y_u)$是估计距离 $d_{i,u}$ 与根据位置估计(x_u, y_u)计算出的欧几里得距离之间的差值。

8.2.4 基于 GPS 的定位

全球定位系统(GPS)是使用最广泛的位置感知系统，也是唯一全面投入运作的全球卫星导航系统(GNSS)，它由距离地球大约 11000 英里的绕地球运行的至少 24 颗卫星组成。1973 年，它作为一个测试项目开始，于 1995 年开始全面运作。现在，全球定位系统已广泛应用于民用导航、测量、跟踪和监视以及科学应用等方面。GPS 提供标准定位服务 SPS 和精密定位服务 PPS 两种级别的定位服务。SPS 是一款对全球范围内的所有 GPS 用户没有任何限制或直接收费的定位服务。基于 SPS 的高品质的 GPS 接收机能够达到 3 m 的精度；PPS 是由美国及其盟国的军事用户使用的具有更高鲁棒性的 GPS 服务，包括加密和抗干扰技术。例如，为了降低无线传输错误，PPS 使用两个信号，而 SPS 只使用一个信号。

GPS 卫星均匀分布在六个轨道上(例如，每个轨道上有 4 颗卫星)，并且它们大约以每小时 7000 英里的速度一天绕地球两次，卫星的数量和它们的空间分布确保几乎从地球上任何地方都能看到至少 8 颗卫星。每个卫星不断广播包含特定卫星标识、卫星位置、卫星状态(例如是否正常工作)，以及信号发送日期和时间的无线电波编码(称为伪随机码)。除了卫星，GPS 进一步依赖地面基础设施监控卫星的状态、信号完整性和轨道配置。至少六个分布在世界各地的监测站不断接收由卫星发送的数据，并且转发到主控站(MCS)。MCS(位于科罗拉多斯普林斯，科罗拉多州)使用来自监控站的数据计算修正卫星的轨道和时钟信息，然后再通过地面天线发送回相应的卫星。

GPS 接收器(例如嵌入到移动设置)接收当前在接收器视觉范围内的卫星发送的信息，图 8-5 说明了 GPS 定位的基本原理。卫星和接收机使用非常精确并且同步的时钟，使得它们

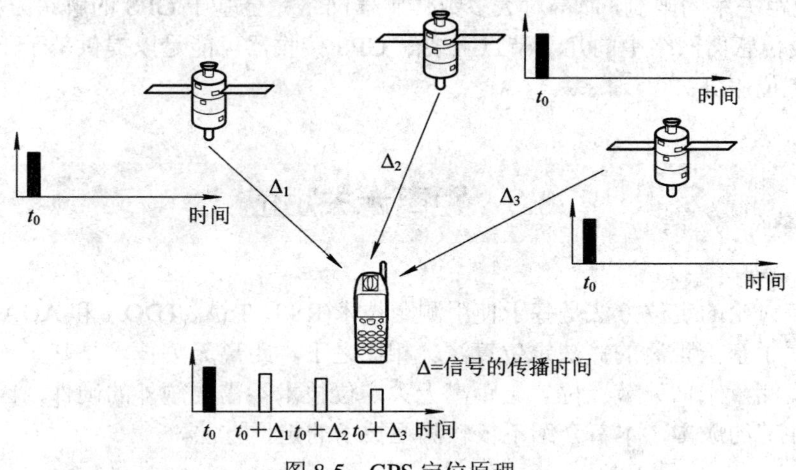

图 8-5 GPS 定位原理

以完全相同的时间生成相同的编码。GPS 接收器比较自己生成的编码和从卫星接收到的编码，从而确定卫星编码的实际生成时间(图 8-5 中的 t_0)和编码生成时间与当前时间的时间差Δ。因此，Δ就表示从该卫星到接收器的编码传播时间。需要注意的是，即使没有障碍物，接收到的卫星数据也会由于卫星与地球的路径而衰减。无线电波以光速(约 186 000 英里/秒的速度)行进，因此，如果Δ是已知的，那么就可以确定从卫星到接收器的距离(距离 = 速度 ×时间)。一旦距离已经被确定，接收器就知道它位于以卫星中心，以计算的距离为半径的球体的某个位置上。使用两个以上的卫星来重复此过程，接收器的位置可以被缩小到的三个球体相交的两个点。典型地，这两个点中的一个可以很容易地排除，例如，因为定位接收机远在空间之外或接收器以一个几乎不可能的速度移动。

尽管三个卫星是足够进行定位的，但还需要第四个卫星来获得一个精确的位置。通过 GPS 的定位依赖于正确的定时进行精确的测量，即卫星和接收机的时钟必须精确同步。卫星都装有四个原子钟(相互同步到几纳秒内)，以提供高度精确的时间读数。然而，用于 GPS 接收机上的时钟远不及卫星上的原子钟一样精确，引入的测量误差对定位质量有显著影响。因为无线电波以很高的速度传播(因此只需要很少的时间传播)，所以即使时间上小的错误也会导致在定位测量时的巨大偏差。例如，1 ms 的时钟误差可能会导致 300 公里的定位误差。因此，第四个卫星测量是必须的，第四个球体可能理想地在接收机的确切位置相交于其他三个球体。即使我们知道它们应该对齐，但是由于定时误差，第四个球体可能无法与所有其他球体相交。如果球太大，我们可以通过调整时钟(通过向前移动)来减小它们的尺寸，直到球体足够小到相交于一个点上。类似地，如果球体太小，我们通过向后移动它来调整时钟。由于所有测量的定时误差相同，接收器可以计算出所需的时钟调整至以获得四个球体间的单个交点。除了提供一个用于时钟同步的方法，第四个卫星测量也允许接收器获得三维位置，即纬度、经度和海拔。

虽然目前可用的大多数 GPS 接收机能够提供 10m 或更小精度的位置测量，可用进一步提高精度的先进技术。例如，差分 GPS(DGPS)依赖于具有已知精确位置的地面接收器来接收 GPS 信号，计算校正因子，并把它们向 GPS 接收器广播，以更正它们自己的 GPS 测量。尽管构建一个所有传感器节点装配 GPS 接收器的无线传感器网络是可能的，但是由于高功耗、成本和视距关系的限制，使得对大多数传感器网络完全基于 GPS 的解决方案不切实际。然而，在无线传感器网络中的几个节点上装配 GPS 接收器可能足以提供基于下一节描述的参考节点的定位服务。

8.3 距离无关定位

前面几节讨论的定位方法是基于使用测距技术(RSS、ToA、TDOA 和 AOA)的距离估计方法的，是属于基于距离的算法定位算法。相比之下，距离无关技术是基于连接信息而不是距离或角度测量来估计节点位置。距离无关定位技术不需要额外的硬件，因此比基于距离的技术更加节约成本，本节介绍不依赖测距技术的定位方法。

8.3.1　Ad Hoc 定位系统 APS

APS 是分布式的基于连通性定位算法，其至少需要三个信标节点估计节点位置，可以通过增加信标节点的个数来降低定位误差。每个信标节点都使用距离向量(DV)信息(Lu 等人，2003)向网络中其他节点传播自己的位置，利用距离向量信息网络中的节点和单跳邻居之间交换路由表。APS 的基本方案中，每个节点都维护一个表{X_i，Y_i，h_i}，其中{X_i，Y_i}是节点 i 的位置，h_i 是该节点与节点 i 之间的距离。当信标节点获得到其他信标节点的距离时，它随后计算校正因子(每跳的平均距离)，校正因子也会向整个网络传播。对所有 j(i≠j)，信标节点 i 的校正因子为

$$c_i = \frac{\sum\sqrt{(X_i - X_j)^2 + (Y_i - Y_j)^2}}{\sum h_i} \tag{8.6}$$

给定信标节点的位置和校正因子，节点就能够使用三边测量估计它自己的位置。

8.3.2　APIT

APIT(Approximatie Point In Triangulation)方法是基于区域的距离无关定位方案。与 APS 类似，APIT 依赖于已知位置(例如，通过 GPS)的几个信标节点，APIT 的网络体系结构如图 8-6(a)所示，图中实心圆代表信标节点，它们周期性地向该区域中的节点广播信标帧，信标帧用于交换信标节点的位置信息，空心圆代表未知位置节点。三个信标节点的任意组合形成一个三角形区域，未知位置节点可能出现在该区域的内侧或外侧，使得节点可以缩小它所在位置的范围。APIT 定位的关键步骤是三角形内点(PIT)的测试，这允许节点确定包围它的三角形的集合。未知位置节点 S 从一组信标节点接收到位置信息后，它确定由信标节点形成的所有可能的三角形的交集就是它所在的区域，如图 8-6(b)所示。假设存在一个方向使得未知位置节点 S 距离三个信标节点都更近或更远，如图 8-6(c)所示，节点 *S* 肯定位于由这三个信标节点形成的三角形外面，否则节点 S 肯定位于由这三个信标节点形成的三角形里面。如图 8-6(c)中，节点 S 在ΔACD 里面，但在ΔCDE 外面。

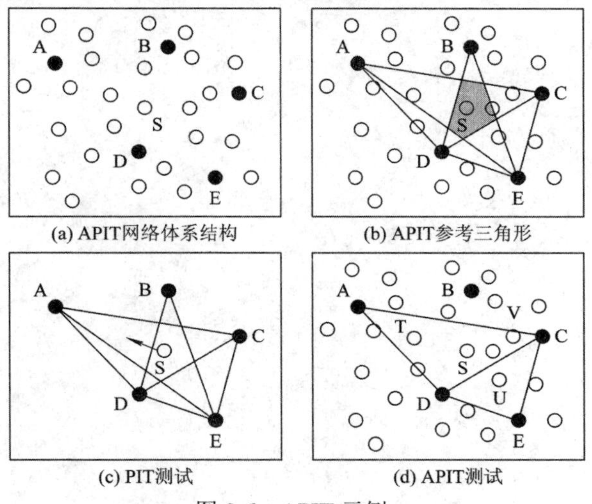

图 8-6　APIT 示例

不幸的是，因为可能要求节点在任意方向移动，这种理想的 PIT 测试在实践中不可行。图 8-6(d)说明了 APIT 测试的方法，APIT 测试利用了传感器网络的高密度特征，与 PIT 测试不同的是，APIT 测试不要求节点移动，每个节点验证它的邻居的连接信息。例如，对给定的信标节点构成的ΔACD，节点 S 首先确定也从这三个信标节点 A、C、D 接收到信标帧的邻居节点，如图 8-6(d)中的节点 T、U、V，然后，节点 S 验证是否存在一个邻居节点同时距离这三个信标节点更近或更远，这种判断依赖于接收信号强度 RSS。尽管接收信号强度没有用于计算精确的距离，但两个节点的 RSS 值之间的差别可用于判断节点距离信标节点的远近。如果节点 S 找到了那样的邻居节点，那么它可以断定它在ΔACD 外部。

参考文献

[1] Ian F. Akyildiz, Mehment Can Curan. Wireless Sensor Networks. Wiley Press, 2010.

[2] KazemSohraby, Daniel Minoli, TaiebZnati. Wireless Sensor Networks-Technology, Protocols, and Applications. Wiley press, 2007.

[3] WaltenegusDargie, Christian Poellabauer. Fundamentals of Wireless Sensor Networks-Theory and Practice. Wiley Press, 2010.

第 9 章　时 钟 同 步

传感器网络是由大规模传感器节点构成的分布式系统，每个传感器节点都有自己的时钟及其表示方法。为了识别事件之间的因果关系，支持冗余感知数据消除，方便传感器网络的运行，传感器节点时钟之间的同步尤为重要。由于传感器网络中的每个节点依赖于各自的时钟而独立运行，所以不同传感器节点的时钟读数会有所不同。除了随机差异(相移)外，由于时钟晶振漂移率的不同，不同传感器节点时钟间的差距将会进一步加大。因此，为了确保用有效的方式比较传感器节点的感知时间，必须使用一定的时钟同步技术。

有线网络中的时钟同步技术已经得到了广泛的关注，但由于无线传感器网络的特殊特征，例如低成本时钟、无线通信影响、资源受限、高密度网络和节点容易出现故障等，导致有线网络中的时钟同步技术不适用于无线传感器网络。本章介绍适合于传感器网络的时钟同步技术。

9.1　时钟同步基础

无线传感器网络中，时钟同步通常是基于传感器节点之间的消息交换实现的。如果(无线系统)设备支持广播通信，那么可以以少量的交换消息实现多个设备同时同步。本节讨论大多数同步技术使用的基本概念。

9.1.1　同步消息

现有的大多数时钟同步协议是基于“成对同步(pairwise synchronization)”的，即一对节点使用至少一个同步消息来相互同步它们的时钟，通过多对节点之间重复这一同步过程直到网络中的每个节点都调整了它们的时钟为止，这样就能够实现整个网络的时钟同步。

1．单向消息交换

当仅使用单个消息同步两个节点的时钟时，使用成对同步机制是最简单的方法，即一个节点向另一个节点发送时间戳，如图 9-1(a)所示，节点 i 在时间 t_1 给节点 j 发送了同步消息。

时间 t_1 作为时间戳嵌入在该消息中。根据接收到的该消息，节点 j 从它的本地时钟获得时间戳 t_2。两个时间戳之间的差值就是时钟偏移值 δ(节点 i 和 j 时钟之间)。两个时间戳之间的差值可精确表示如下：

$$(t_2 - t_1) = D + \delta \tag{9.1}$$

其中，D 是未知的传播时间。在无线介质上传播时间非常小(几微秒)，并且一般忽略或假定为某一常数值。要注意的是，使用这种方法节点 j 能够计算出偏移值并调整它的时钟与节点 i 的时钟相匹配。

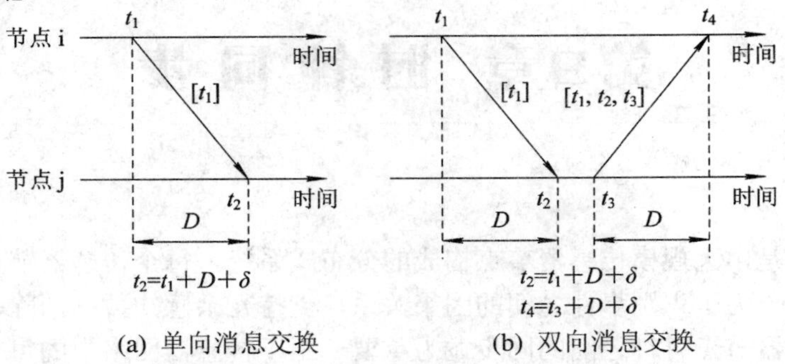

(a) 单向消息交换　　(b) 双向消息交换

图 9-1　成对同步概念

2．双向消息交换

更为精确的方法是使用如图 9-1(b)所示的两个同步消息，节点 j 在时间 t_3 发布包含时间戳 t_1、t_2 和 t_3 的消息作为响应。根据在时间 t_4 接收到的第二个消息，再假定传播时延是固定值，两个节点都能够确定时钟偏移值，节点 i 现在能够更准确地计算传播时延和偏移量，计算方法如下：

$$D=\frac{(t_2-t_1)+(t_4-t_3)}{2} \tag{9.2}$$

$$\text{offset}=\frac{(t_2-t_1)-(t_4-t_3)}{2} \tag{9.3}$$

要注意的是，假定传播时延在两个方向上是相同的，并且不同测量之间时钟偏移值没有改变。尽管只有节点 i 有足够的信息确定时钟偏移值，但在第三个消息中节点 i 可以和节点 j 共享偏移值。

3．接收器-接收器同步

应用接收器-接收器同步原理的协议采取的是一种不同的方法，其同步是基于同一消息到达每个接收器的时间，这有别于大多数同步机制中传统的发送器-接收器方法。在广播通信环境中，这些接收器在大概相同的时间获得某个发送器的发送消息，然后交换这些消息的到达时间计算偏移值(例如接收时间的差值表示它们的时钟偏移值)，图 9-2 是说明本方案的例子。如果有两个接收器，就需要三个消息来同步两个接收器。这种方法的一个例子是

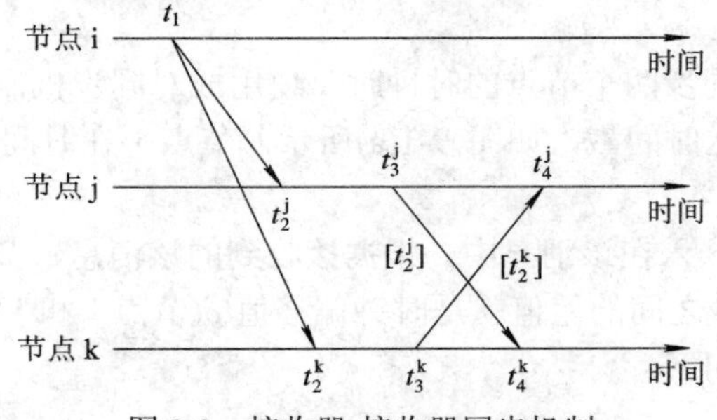

图 9-2　接收器-接收器同步机制

将在 9.2.3 节讨论的 RBS 协议。要注意的是，广播消息不携带时间戳，使用广播消息在不同接收器的到达时间实现接收器相互同步。

9.1.2　通信时延

节点间通信时延的不确定性对时钟同步所能达到的精确程度影响较大。一般情况下，同步消息所经历的时延是图 9-3 中描述的几种时延的总和，下面详细介绍这几种时延。

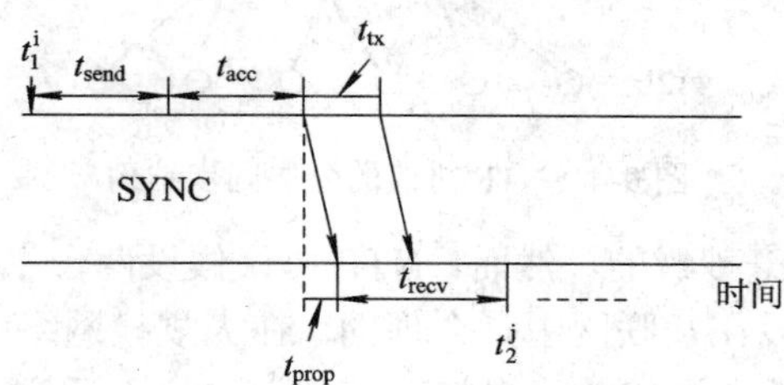

图 9-3　成对节点同步时延

发送时延(t_{send})：节点 i 发布带有时间戳 t_1^i 的同步分组 SYNC 启动两个节点之间的时钟同步握手过程，节点生成 SYNC 分组并传输到网络接口的时间即为发送时延。发送时延是嵌入式设备上操作系统、内核和发送器时延的和。重要的问题是，由于嵌入式系统中每个硬件和软件组件之间交互时间的差异性和复杂性，导致发送时延是不确定的。

接入时延(t_{acc})：这个时延是发送者接入物理信道所花费的时间，由所使用的介质访问控制(MAC)协议决定。基于竞争的 MAC 协议(例如 IEEE 802.11 的 CSMA/CA 协议)要求节点接入信道之前，必须等待空闲信道，因为大多数 MAC 协议使用指数退避机制，当多个设备同时接入信道时会发生碰撞，导致时延进一步增加。基于时分复用(TDMA)的 MAC 协议经历的时延可预测，设备在能够传输前必须等待它的周期性时隙。

传播时延(t_{prop})：一旦节点接入信道，从发送器到接收器传输同步分组 SYNC 经历的时间称为传播时延。当节点使用相同的物理介质时，如空气，传播时延非常小可以忽略不计。然而，在地下、水下等环境中会引入较大的时延，对时间同步影响大。

接收时延(t_{recv})：这是接收方节点 j 接收器从传输介质上接收、解码同步分组 SYNC，并通知操作系统所需要的时间。接收时延的重要组件是传输时延 t_{tx}，它是完整接收 SYNC 分组所需要的时间，如图 9-3 所示，t_{recv} 的大小取决于 SYNC 分组的长度和传输速率。

通常把通信时延的四个组成部分称为同步中的关键路径(critical path)，关键路径本质上是不确定的，因此，利用传统的偏移估计方法(NTP 协议中使用)是很困难的，传感器网络同步协议的目标是减少这种随机时延的影响。

9.2　时钟同步协议

9.2.1　NTP 协议

互联网中，NTP 协议[1]用于协调每个主机时钟晶振的频率，通过层次化的时间服务器结构实现主机间的时钟同步，如图 9-4 所示。在该层次化结构中，根节点和 UTC(世界标准时间)同步，各层中的时间服务器与它们子网中的节点时钟同步。

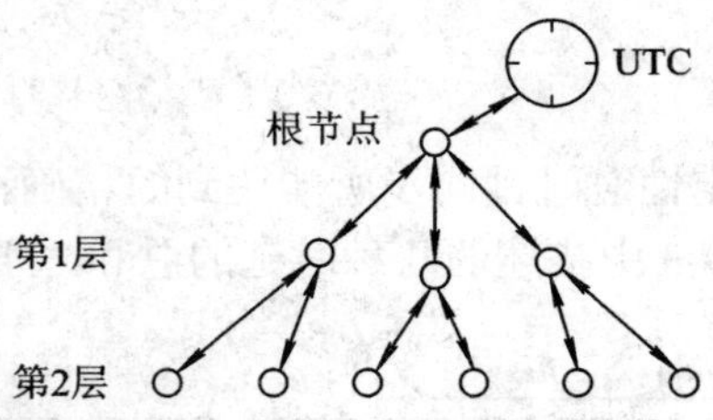

图 9-4　NTP 协议的分层同步结构

NTP 同步的精确度是毫秒级的，然而，NTP 协议假设两台主机之间在两个方向上的传输时延是相同的，这种假设在互联网中是合理的。在大规模网络中，尽管 NTP 协议能够提供很好的时钟同步，但传感器网络的许多特征使得该协议不适合。使用 NTP 协议协调传感器节点的时钟晶振很有用，但由于传感器节点的频繁故障，使得传感器节点与时间服务器的连接可能存在问题。另外，由于环境干扰、感知区域不同部分间的时延差别较大等的影响，很难要求同步所有传感器节点，并且传感器网络由于故障等影响，可能使网络断开连接而成为多个小的感知区域。下节将介绍基于 NTP 协议的适合传感器网络的时间同步协议 TPSN。

9.2.2　TPSN 协议

TPSN(Timing-sync Protocol for Sensor Networks)协议[2]类似于 NTP 协议，采用层次结构来实现整个传感器网络中节点与时间服务器的同步，它要求根节点同步感知区域中的所有节点或一部分节点。TPSN 由两个阶段组成：层发现阶段、同步阶段。在层发现阶段中，从根节点开始建立层次化的树形结构；而在同步阶段中，同步协议在整个网络中执行节点对间的同步过程。

1. 层发现阶段

层发现阶段的目标是创建一个层次化的树形网络拓扑，拓扑中的每个节点都被分配在相应层上，根节点(例如配备连接外部世界的 GPS 网关)位于 0 层，如图 9-5 所示。

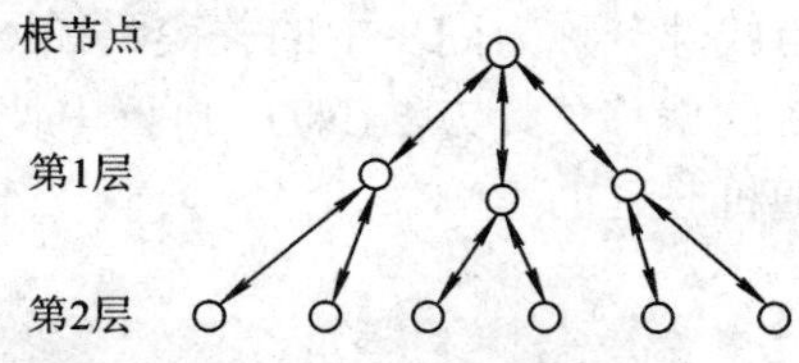

图 9-5　层次化树结构

通过广播层发现消息 level_discovery 根节点启动层发现过程，该消息中包含发送者的身份信息和层编号。根节点的一跳邻居使用来自根节点的层发现消息来确定它自己所在的层次(例如第 1 层)，重新生成并广播包含自己身份和层编号的层发现消息 level_discovery，重复此过程直到网络中的每个节点已经确定它所在的层为止。当节点接收到来自它的邻居的多个广播时，一旦已经确立了自己在层次结构中所在的层次，它会删除这些消息。当节点加入了一个已经完成层发现阶段的网络，或由于 MAC 层的碰撞阻止节点收到 level_discovery 消息时，可能会出现节点不能确定自己所在层的情况。在这种情况下，节点会发布层请求消息 level_request 给它的邻居，已确定层的邻居节点以自己的层号作为响应。然后，该节点为自己分配比从邻居节点收到的最小层号大 1 的层号作为自己的层编号。可以使用同样的方法处理节点故障，即当第 i 层的节点发现自己在第 $i-1$ 层上(通过下文所述的同步阶段的通信步骤)没有邻居节点时，它也发布层请求消息 level_request 使自己重新加入层次结构中。最后，如果根节点故障，第 1 层上的节点执行根节点选举算法，而不是发送层次请求消息 level_request，这样通过开始新的层次发现阶段来重启 TPSN 协议。

2．同步阶段

同步阶段中，沿着层发现阶段建立的层次化树结构的边，TPSN 使用成对同步，即每个第 i 层上的节点用第 $i-1$ 层上节点时钟同步自己的时钟，如图 9-6 所示。在 t_1 时刻节点 j 发布包含节点层编号和时间戳的同步脉冲，在 t_2 时刻节点 k 收到该消息，并在 t_3 时刻用确认消息响应，该响应消息包含时间信息 t_1、t_2、t_3 和节点 k 的层编号。最后，节点 j 在 t_4 时刻收到节点 k 发送的消息。TPSN 假定传播时延为 D，并且在同步期间时钟偏移没有改变，由于 t_1 和 t_4 是使用节点 j 的时钟测量的，t_2 和 t_3 是使用节点 k 的时钟测量的，所以这些时间满足下面的关系：

$$t_2 = t_1 + D + \text{offset} \tag{9.4}$$

$$t_4 = t_3 + D - \text{offset} \tag{9.5}$$

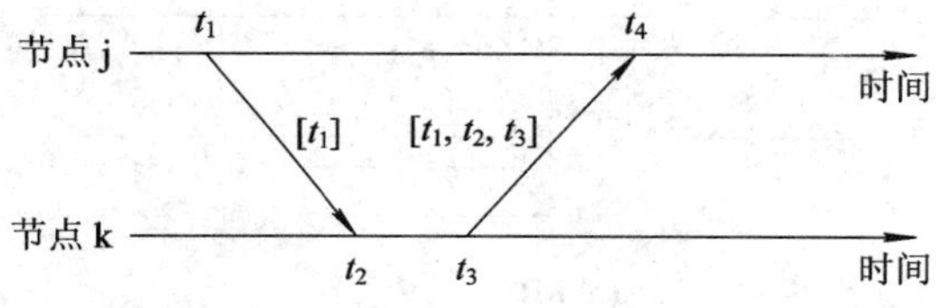

图 9-6　TPSN 时钟同步

基于这些参数，节点 j 可以计算出时间偏移 offset 和传播时延 D 如下：

$$\text{offset} = \frac{(t_2 - t_1) - (t_4 - t_3)}{2} \tag{9.6}$$

$$D = \frac{(t_2 - t_1) + (t_4 - t_3)}{2} \tag{9.7}$$

根节点发布时钟同步分组 time_sync 启动同步过程。为了减少接入介质时的冲突概率，第 1 层上的节点等待一段随机时间后启动和根节点的两次消息交换过程，一旦第 1 层上的节点收到来自根节点的确认消息，它计算时钟偏移值并调整它的时钟。第 2 层上的节点将侦听它们第 1 层上邻居发布的同步脉冲，并且经过某个退避时间后，它们启动与第 1 层上节点的成对同步操作。为了使第 1 层上的节点有时间接收和处理它们的同步脉冲确认信息，退避时间是必要的。在整个层次化结构上重复这一过程直到所有节点与根节点同步为止。

TPSN 的同步误差取决于层次化结构的深度和成对同步期间同步消息所经历的端到端时延，为了减少这些时延和误差，TPSN 依赖于 MAC 层分组中的时间戳信息。

9.2.3 RBS 协议

RBS(Reference-Broadcast Synchronization)协议[3]依赖于一组相互需要时钟同步的接收节点之间的广播消息。在无线通信环境中，广播消息大约在相同时间到达发送节点通信范围内的多个接收节点，同步消息时延的大小取决于传播时延和接收方接收并处理广播消息所需要的时间。RBS 协议的优势在于消除了发送方引起的非确定性同步误差，因为所有的同步方法是基于某种形式的消息交换的，所以消息的不确定性延迟限制了可以获得的时间同步粒度。图 9-7 比较了传统时间同步协议与 RBS 同步协议关键路径的差异。

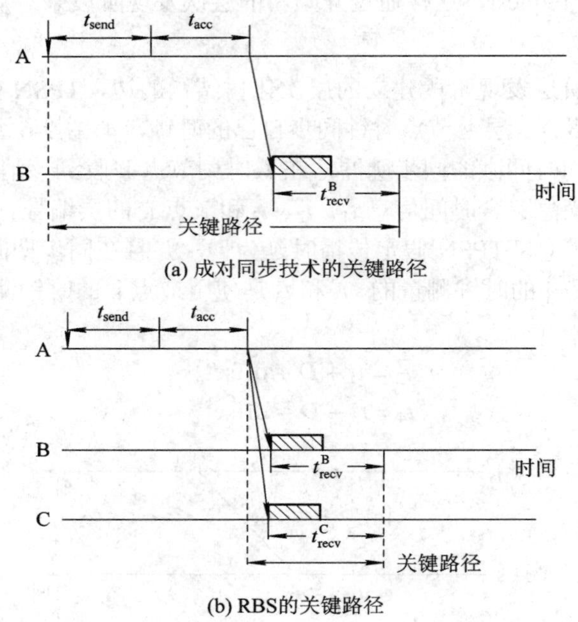

图 9-7　同步消息交换关键路径分析

利用无线介质的广播特征，对两个接收器而言，广播消息的发送延迟和接入延迟是相同的，也就是说，它们的实际消息到达时间仅仅由于传播和接收延迟的变化而有所不同，其结果是，RBS 的关键路径比传统同步技术中的关键路径更短。

例如，假设有两个接收器，每个接收器记录接收到信标帧的时间(根据它们的本地时钟)，然后，两个接收器交换它们记录的信息，使得它们能够计算时钟偏移值(例如本地信标帧到达时间差)。如果有两个以上的接收器，那么所有接收器对之间的最大相位误差表示为组离差(group dispersion)。一方面，增加接收器数量会增加至少一个接收器无法同步的可能性，从而导致组离差越大；另一方面，增加参考广播节点的数量可以减小组离差。这是因为，接收节点接收消息的时间可能不同以及使用多个参考广播节点可以提高同步精度。接收器 j 能够计算其相对于任何其他接收器 i 的时钟偏移量，该偏移值作为接收器 i 和 j 接收的所有 m 个分组的相位偏移平均值：

$$\text{offset}[\text{i},\text{j}]=\frac{1}{m}\sum_{k=1}^{m}(T_{\text{j},k}-T_{\text{i},k}) \tag{9.8}$$

通过建立多个有自己广播域的参考信标帧，RBS 同步机制可以扩展到多跳环境。这些广播域可以重叠，重叠区域内的节点作为跨域时钟同步的桥梁。如图 9-8 所示，如果节点 A 和 B 都在参考节点 C 的无线广播范围内，那么节点 C 就是两个广播域的桥梁节点。

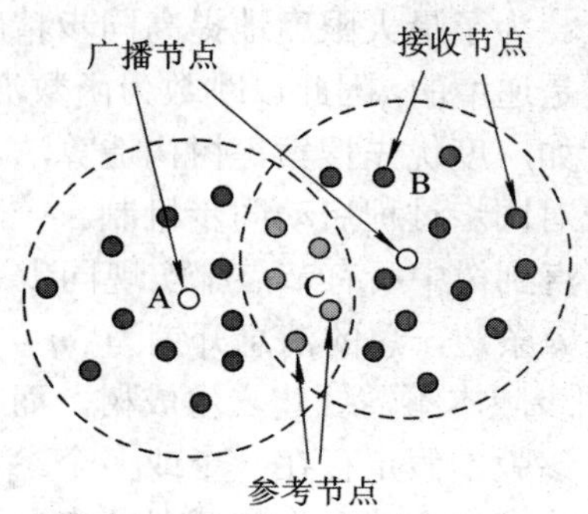

图 9-8 RBS 多跳同步方案

同步传感器节点所需大量的消息交换似乎使 RBS 成为开销高的同步技术。但是，通常把 RBS 同步机制称为事后同步的时钟同步协议，这是指 RBS 同步机制中，节点事先不进行相互同步，直到感兴趣的事件发生时才启动同步过程。如果那样的事件出现，RBS 协议迅速执行时钟同步，仅当需要的时候，传感器节点协调它们的时钟，从而防止它们在不必要的消息同步上浪费能量。

9.2.4 LTS 协议

LTS(Lightweight Tree-Based Synchronization)协议[4]的主要目标是用尽可能少的开销来提供一个指定的精度(而不是最大精度)。对于集中式和分布式多跳同步机制而言，LTS 可以被不同的同步算法使用。为了理解 LTS 采取的方法，我们首先考虑一对节点同步的消息交换。图 9-9 表示本方案的图形化描述。

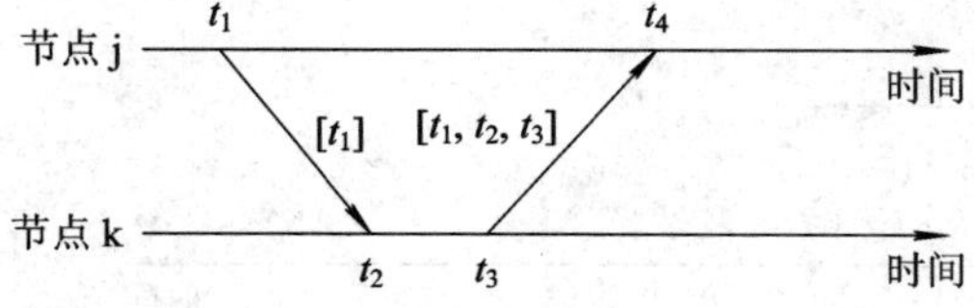

图 9.9 使用 LTS 的成对同步

首先，节点 j 给节点 k 发送一个时间戳为发送时间 t_1 的同步消息，根据该消息到达节点 k 的时间 t_2，节点 k 的响应消息携带时间戳 t_3 以及之前记录的时间 t_1 和 t_2，节点 j 在时刻 t_4 收到该消息。要注意的是，这里的时间 t_1 和 t_4 是基于节点 j 的时钟记录的，而时间 t_2 和 t_3 则是基于节点 k 的时钟记录的。假定传播时延为 D(进一步假设两个方向上的传播时延相同)以及节点 j 与节点 k 之间的未知时钟偏移为 offset，节点 k 的时钟读数 t_2 如下：

$$t_2 = t_1 + D + \text{offset} \tag{9.9}$$

类似地，节点 j 的时钟读数 t_4 为

$$t_4 = t_3 + D - \text{offset} \tag{9.10}$$

可用如下公式计算时钟偏移值：

$$\text{offset} = \frac{t_2 - t_4 - t_1 + t_3}{2} \tag{9.11}$$

LTS 协议的集中式多跳时钟同步版本是基于单个参考节点的，该参考节点是包括网络中所有节点的生成树的根节点。为了最大限度地提高同步精度，树的深度应尽量最小化，这是因为成对同步引起的错误是递增的，因此以跳数为函数沿着树的分支递增。在 LTS 中，每次执行同步算法时都要执行如广度优先搜索等树构造算法。一旦树建立，参考节点通过执行与它的每个孩子节点的成对同步过程启动同步机制。一旦同步完成，每个孩子节点与它自己的子节点重复此步骤，直到树中所有节点都实现同步。成对同步的固定开销是 3 个同步消息，因此如果一棵树有 n 条边，总的消息开销为 $3n-3$。

LTS 的分布式多跳时钟同步版本不需要建立生成树，而且同步任务由传感器节点自己完成而不是由参考节点完成。该版本假定存在一个或多个参考节点，当需要进行同步时传感器节点就与参考节点联系。分布式方法允许传感器节点自己实现同步，即节点基于它们期望的时钟精度、距离最近参考节点的距离(跳数)、时钟漂移 ρ 以及上次同步时间确定自己的同步周期。最后，为了消除可能的低效率问题，LTS 的分布式多跳时钟同步版本致力于消除相邻节点的重复请求。为此目的，节点可以向它的邻居查询待处理的同步请求，如果有待处理的同步请求，该节点就与单跳邻居实现同步而不是与参考节点实现同步。

9.2.5　FTSP 协议

FTSP(Flooding Time Synchronization Protocol)协议[5]的目标是实现全网微秒级误差的时钟同步，FTSP 协议的同步可扩展到数百个节点，并且对包括链路和节点故障等造成的网络拓扑变化具有鲁棒性。FTSP 协议与其他方案的不同之处在于它使用单个广播来建立发送者和接收者之间的同步点，同时消除了同步误差产生的大多数来源。为此目的，FTSP 协议扩展了 9.1 节描述的时延分析方法，并且把端到端的时延分解成了图 9-10 所示的几个组件。

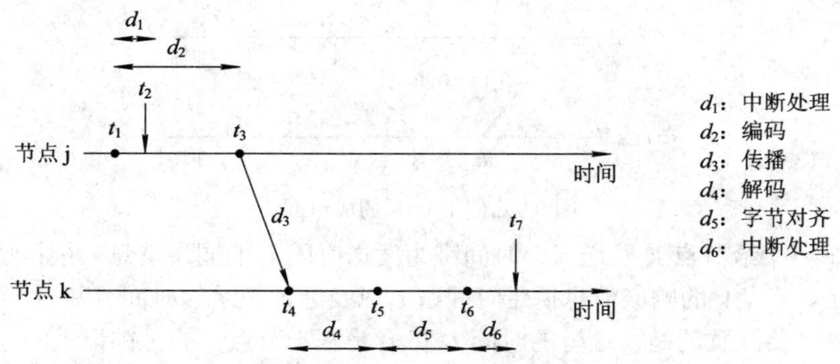

图 9-10　同步消息的端到端时延

在该分析方法中，在时刻 t_1 传感器节点无线射频模块使用中断信号通知 CPU，它已准备接收要传输下一个消息块。中断处理时间 d_1 后，在时刻 t_2，CPU 生成时间戳，该时间是无线射频模块编码和将消息块转换为电磁波时需要的，并且把该时间描述为编码时间 d_1(t_1 和 t_3 之间的时间)。传播时延(节点 j 的时钟时刻 t_3 和节点 k 的时钟时刻 t_4 之间的时间)后的

是解码时间 d_4(t_4 和 t_5 之间的时间)，这是无线射频模块从电磁波解码消息为二进制数据的时间。字节对齐时间 t_5 是由于节点 j 和节点 k 的不同字节对齐(位偏移)引起的时延。也就是说，接受无线电射频模块必须从一个已知的同步字节来判断偏移量，然后相应地对收到的信息做移位操作。最后，节点 k 的无线射频模块在时刻 t_6 发出中断信号，这允许 CPU 在时刻 t_7 获得最终的时间戳。

这些时延对整个端到端时延的影响有很大的不同，例如，传播延迟(d_3)通常很小(<1μs)并且是确定的。类似地，编码和解码时间(d_2 和 d_4)也是确定的并且低于数百微秒。字节对齐时延(d_5)依赖于位偏移量，并且也达到了数百个微秒。最后，中断处理时间(d_1 和 d_6)是不确定的，而且通常是几微秒。

1. FTSP 时间戳

FTSP 中，发送方使用单个无线射频广播与一个或多个接收方实现同步，这个广播消息包含发送者的时间戳(即消息的给定字节传输时的估计全球时间)。消息抵达后，接收方从消息中提取时间戳，并读取消息到达的本地时钟时间戳，该全球-本地时间对提供了一个同步点(synchronization point)。发送方的时间戳必须嵌入当前发送的消息中，因此时间戳必须由包含时间戳的字节在介质中传输之前生成。FTSP 中，同步消息以几个前导码开始，其后是几个 SYNC 字节，数据字段和用于错误检测的循环冗余校验码(CRC)(如图 9-11 所示)。

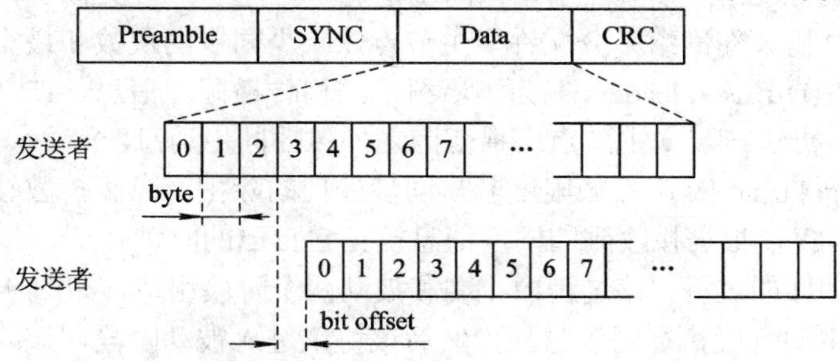

图 9-11 发送方与接收方之间的同步消息格式和位偏移

前导码用于同步接收无线射频到载波频率，同步码用于计算位偏移值，这是正确重组该消息所必需的。为了减少中断处理抖动和编码/解码时间，FTSP 在发送方和接收方端都使用多个时间戳。由于时间戳会被传输或接收，所以它们被记录在 SYNC 字节后每个字节的边界。通过减去一个名义上标准的字节传输时间(例如，Mica2 平台上大约是 417μs)的适当整数倍，将该时间戳标准化。另外，中断处理时间所引起的抖动可以通过采用这些标准化的时间戳值中的最小值来消除。而且，通过取这些校正的标准化时间戳的平均值，可以减少编码和解码引起的抖动，仅仅把最终的(校正了误差的)时间戳添加到消息的数据部分。在接收方一端，通过采用字节对齐时间(用传输速度和位偏移确定)必须进一步校正时间戳。

2. 多跳同步

类似于 TPSN，FTSP 依赖于一个选举出的同步根节点来同步整个网络时钟，其中根节点的选举是基于唯一的节点编号 IDs 的(例如，ID 最小的节点被选为根节点)。根节点保持与全球时间同步并且网络中所有其他节点保持与根节点时钟同步，并通过广播包含自己时间戳的消息触发同步过程。根节点通信范围内的所有节点都可以直接从广播消息建立同步点，其他节点从靠近根节点的已同步节点的广播消息中收集同步点信息。

类似于 TPSN，FTSP 依赖于根选举算法，以确保整个网络中有一个同步根节点。每个广播消息包含唯一的根 ID(rootID)和序列号(除了已经讨论过的时间戳外)。无论任何时候，当一个节点在一定的时间内没有收到同步消息时，它向网络宣称自己是新的根节点。无论任何时候，当一个节点接收到一个 rootID 比自己的 ID 小的同步消息时，它就放弃自己的根节点身份。一个具有比 rootID 更小 ID 的新节点加入网络时不会马上宣布自己为根节点，而是等待一段时间来收集同步消息并且调整自己的时钟与当前的全球时间同步。这些技术确保 TPSN 能够处理网络拓扑变化，包括移动节点。

9.2.6 TDP 协议

前述 RBS 和 TPSN 等协议的目标是通过扩展单跳同步方法和迭代执行这些方法提供多跳同步，然而这些方案对小网络是可以接受的，但不适于大规模的网络。TDP 协议[6]的目标是整个网络在可容忍的范围内维持一个共同的时间。而且，可根据具体的应用和网络需求调整可容忍的级别，这种均衡的网络时间也可以在汇聚节点使用时间转换算法转换为全球时间，提供了到 NTP 和互联网的网关。

为了提供多跳同步，TDP 给网络中的节点分配三种不同的职责，分别如下：

主节点(Master node)：主节点初始化同步消息并且建立一个类似于树的结构同步网络中的一部分。TDP 协议在网络中分配许多主节点以减少同步的跳数和最小化收敛时间。

扩散领导节点(Diffused leaders)：为了沿树形结构传播同步消息，TDP 协议选择扩散领导者节点，这些节点进一步向主节点广播范围之外传播同步消息。

正常节点(Regular nodes)：最低限度参与同步处理的除主节点和扩散领导者节点之外的任意节点，例如，仅仅根据接收到的同步消息校正它自己的时钟。

TDP 遵循周期性的过程，该过程由主动和被动两个阶段组成，如图 9-12 所示。类似于 TDMA 的操作，主动阶段执行同步过程，然后该协议进入被动阶段，该阶段不执行定时更新。随着被动阶段持续时间的增加，一方面网络偏离均衡时间越大，需要重新同步；另一方面，过小的被动持续时间导致需要更加频繁地同步过程，增加协议开销。TDP 提供了一种自适应的机制，可根据传感器网络的定时需求调整同步调度。

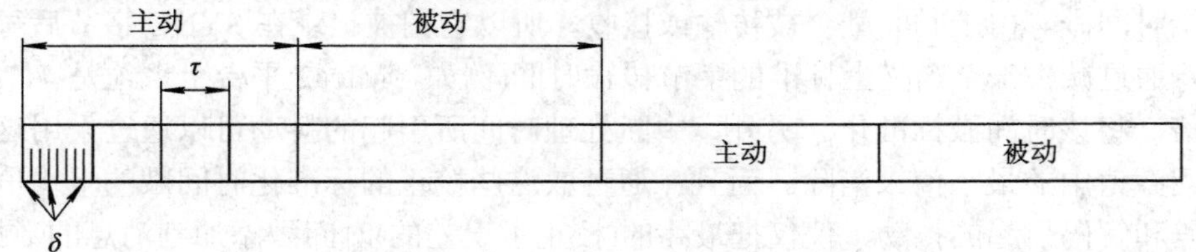

图 9-12　TDP 帧结构

TDP 协议的主动阶段被分成了长度为 τ 的几个循环(cycles)，在每次循环中选择主节点并且执行同步操作，长度为 τ 的每个循环进一步被分成长度为 δ 的几个轮(rounds)，其中主节点重复广播同步消息。根据这种结构，TDP 协议由两个主要过程组成：选择/重选择过程(ERP)，该过程选择主节点和扩散领导节点；时间扩散过程(TP)，该过程执行时钟同步过程。在每个循环 τ 的开始执行 ERP，同时在每个轮 δ 执行 TP，接着执行 ERP。

选择/重新选择过程(ERP)：ERP 的目标是区别适合作为主节点或扩散领导节点的节点，

并且执行选择过程。每隔τ秒执行的这种重新选择机制有助于把负载分布到多个主节点和扩散的领导节点上，因此，每个τ循环的开始选择主节点，同时在每个轮δ的开始选择扩散的领导节点。根据以下两种算法的结果执行该选择过程：错误时钟隔离算法 FIA(False ticker Isolation Algorithm)和负载分布式算法 LDA(Load Distribution Algorithm)。

错误时钟隔离算法(FIA)：FIA 确保阻止有高频噪声时钟或高的存取时延波动的节点成为主节点或扩散领导节点，这种技术通过下节描述的同行评价过程 PEP。因为主节点初始化同步过程并且根据主节点的时钟同步网络时钟，因此在有一致的时钟操作节点中选择主节点是至关重要的，这能保证网络尽快达到一个均衡时间。使用 PEP，每个节点可以判断它的时钟是否错误并且在当前循环中不会成为扩散领导节点，在下轮循环中不会成为主节点。

负载分布式算法(LDA)：一旦具有错误时钟的节点被隔离，为了提高剩余能量较多节点被选为主节点的概率，LDA 算法被执行。每个节点 i 选择一个随机数δ_i，用$(1-\zeta_i)$对其作进一步的校正，其中ζ_i是当前的能量值与允许的能量值的最大值的比率。如果选择的随机数比某个门限值更高，那么该节点有资格成为主节点或扩散领导者节点。

TDP 通过选择主节点自动配置实现整个传感器网络同步。另外，选择过程对能量需求以及时钟质量是很敏感的，传感器网络可能被部署在无人照看的区域，并且 TDP 仍然会要求无人照看网络时钟同步。

图 9-13 说明了 TDP 多跳同步机制，其中 C 和 G 是选择的主节点，主节点给它们的邻居节点发送周期性的 SCAN 消息计算往返时间并启动同步过程，一旦邻居节点 i 接收到该消息，它自己判断是否可以成为扩散领导节点。节点 i 计算自己时钟与主节点时钟之间的艾伦方差(Allen Variance)并使用应答消息发送给主节点，主节点利用收集的艾伦方差计算节点 i 的背离率(Outlier Ratio)并发送给节点 i，然后节点 i 根据背离率决定自己是否有资格成为扩散领导节点。

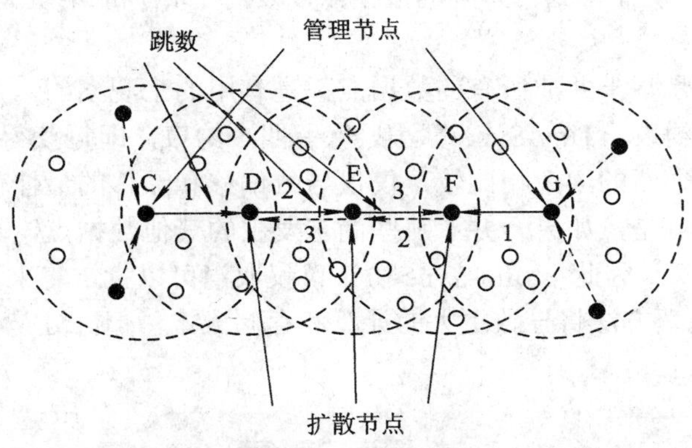

图 9-13　TDP 协议

选举出的扩散领导节点向主节点发送应答消息，并且开始发送消息计算到它们的邻居节点的往返时间，如图 9-13 所示，节点 M、N 和 D 是节点 C 的领导节点，一旦主节点接收到应答消息，就可计算往返时间和往返时间的标准偏差，然后，主节点给邻居节点发送包含标准偏差的具有时间戳的消息，用单向时延调整该消息中的时间。一旦扩散领导节点接收到时间戳消息，它们用测得的单向时延调整该消息中的时间值，并且插入它们往返时间的标准偏差后广播该消息。这种扩散过程继续 n 次，其中 n 是距离主节点的跳数。图 9-13 中，从主节点 C 和 G 时间扩散三跳，节点 D、E 和 F 是扩散源于主节点具有时间戳消息的扩散领导节点。

节点可能接收到多个源于不同主节点的具有时间戳的消息，这些节点使用该消息中携带的标准偏差作为新的时间的权重比。本质上，节点对主节点扩散的时间做加权以获得它们的新时间值。这种处理方法的目标是在网络节点之间提供一种平滑的时间变化，对于目标跟踪、速度估计等应用来说，平滑的时间变化是非常重要的。

9.2.7 Mini-Sync 和 Tiny-Sync 协议

Mini-Sync 和 Tiny-Sync 协议[7]是两个密切相关的传感器网络时钟同步协议，它们可以以低带宽、低的存储和处理需求提供成对同步(能被用作同步整个传感器网络的基本构建模块)。传感器网络中两个节点时钟之间的关系可以表示为

$$C_1(t) = a_{12}C_2(t) + b_{12} \tag{9.12}$$

其中，a_{12} 表示相对漂移，b_{12} 表示节点 1 和 2 时钟的相对偏移量。为了确定这种关系，节点可以使用 9.1.1 节中描述的双向消息交换方案。例如，节点 1 在时刻 t_0 给节点 2 发送一个有时间戳的探测消息，节点 2 在时刻 t_1 立即以具有时间戳的应答消息回应。节点 1 记录第二个消息的到达时刻(t_2)，得到一个时间戳三元组(t_0，t_1，t_2)，这称为一个数据点。由于 t_0 发生于 t_1 前，t_1 发生于 t_2 前，所以下面的不等式满足：

$$t_0 < a_{12}t_1 + b_{12} \tag{9.13}$$

$$t_2 < a_{12}t_1 + b_{12} \tag{9.14}$$

此过程重复多次，从而得到一系列的数据点以及对于 a_{12} 和 b_{12} 允许值的新约束(因此增加了算法的精确度)。

这两个协议版本是基于并非所有的数据点都是有用的来观察的，每个数据点产生对相对漂移和偏移的两个约束。Tiny-Sync 算法只保留四个约束，即每获得一个新的数据点时，现有的四个约束与两个新的约束相比较，仅仅导致偏移和漂移的最佳估计值的四个约束被保留。这种方法的缺点是，如果合并了那些尚未发生的其他数据点，那么能够提供更好估计值的约束可能被淘汰，因此，Mini-Sync 协议仅仅取消可以肯定将来没用的数据点。相比于 Tiny-sync，这种处理方法将导致更大的计算和存储成本，但好处是提高了精确度。

参 考 文 献

[1] D. L. Mills. Internet time synchronization: the network time protocol. IEEE Transactions on Communications,1991, COM-39(10):1482-1493.

[2] S. Ganeriwal, R. Kumar, and M. B. Srivastava. Timing-sync protocol for sensor networks. In Proceedings of ACM SenSys'03, 2003, 138-149.

[3] J. Elson, L. Girod, and D. Estrin. Fine-grained network time synchronization using reference broadcasts. Proceedings of the Fifth Symposium on Operating Systems Design and Implementation (OSDI'02), 2002, 36(SI): 147-163.

[4] J. V. Greunen and J. Rabaey. Lightweight time synchronization for sensor networks. In Proceedings of the 2nd International ACMWorkshop on Wireless Sensor Networks and Applications (WSNA'03), 2003, 11-19.

[5] Mar′oti, M., Kusy, B., Simon, G., and L′edeczi, A. The flooding time synchronization protocol. Proc. of the 2nd International Conference on Embedded Networked Sensor Systems, ACM press, 2004, 39-49.

[6] W Su and I. F. Akyildiz. Time-diffusion synchronization protocol for wireless sensor networks. IEEE/ACM Transactions on Networking, 2005, 13(2):384-397.

[7] M. L. Sichitiu and C. Veerarittiphan. Simple, accurate time synchronization for wireless sensor networks. In Proceedings of IEEE Wireless Communications and Networking, WCNC'03, 2003, 2: 1266-1273.

第10章 能量管理

无线传感器网络利用大量具有感知、处理和无线通信功能的智能微传感器节点在特定的测量区域完成复杂任务。无线传感器节点一般采用电池供电，节点能量非常有限，所以能量消耗是无线传感器网络重点关注的问题。事实上，所有的无线设备都面临能量不足的问题，而以下原因使得无线传感器网络的能耗问题更加严重：首先，与其承担的感知、处理、自主管理和通信等复杂任务相比，节点的体积非常小，难以容纳大容量电源；其次，理想化的无线传感器网络由大量节点组成，这使得通过人工方式更换节点电池或给电池充电等几乎不可能；第三，尽管学术界正在研究可再生能源和自动充电机制，但节点太小仍然是限制其应用的主要因素；最后，少数几个节点的失效可能会导致整个网络完全被分割成孤立的子网。

可从两个角度考虑解决能量消耗问题：(1) 根据无线传感器网络特殊性设计高效节能的通信协议(如自组织、媒质访问和路由等协议)；(2) 识别网络中消耗能量资源且不必要的一些活动，以便减少对整个网络的影响。消耗能量且不必要的活动可以分为局部(限于单个节点)或全局(有一定范围的网络)两种情况。在这两种情况中，这些活动可能进一步被认为是意外的负面影响或未优化的软硬件实现(配置)的结果。例如，通过对感知区域的观测显示，由于传感节点通信子系统的工作时间比预先期望的工作时间长导致超预期监听流量，从而会使节点过早地耗尽电池能量[1]。类似地，一些节点盲目地尝试与已经不可达的节点建立连接，导致能量被过早地消耗殆尽。然而，大部分低效活动都是硬件和软件组件配置没有优化的结果。例如，大量的能量是由空闲进程或者通信子系统浪费的，当邻居节点相互通信时，如果该节点仍然盲目地感知或者侦听网络，也会消耗大量能量。

动态能量管理(Dynamic Power Management，DPM)策略可以确保有效地利用能量，这种策略可以是局部范围或全局范围的。局部 DPM 策略的目标是通过给每一个子系统提供足以完成当前任务的能量来最小化单个节点的能量消耗，当没有任务时，DPM 策略强迫子系统的某些模块工作在最节能的模式或者让它们进入休眠模式。全局 DPM 策略通过定义全网范围的休眠机制来尝试最小化整个网络的能量消耗。

实现上述目标有不同的方法，一种方法是让每个节点定义它们自己的睡眠调度机制，并且为了使相邻节点间能够协调感知和高效地进行节点间通信，节点与邻居节点交换它们的调度信息，这种方法称为同步睡眠机制。该方法的问题是需要邻居节点时钟同步，而交换调度信息和时钟同步过程都会消耗大量能量。另一种方法是让单个节点保留自己的睡眠调度信息，启动通信的节点持续发送前导信号直到收到接收方的确认信号为止，这种方法称为异步睡眠调度机制。异步睡眠调度机制消除了同步睡眠调度机制的要求，但存在数据传输延迟问题。这两种方法中，都要周期性地唤醒节点并判断是否有节点要与它们通信或者查看任务队列中是否有等待处理的任务。

本章重点讨论无线传感器网络中的局部动态能量管理策略。

10.1　局部能量管理

了解无线传感器节点不同子系统的能量消耗情况，是开发局部能量管理策略的第一步，可以利用这些能量消耗信息避免无用活动，并对如何节约能量进行安排。而且，能量消耗信息允许我们估计整体能量的消耗速率，以及该速率如何影响整个网络的生存期。

下面各节将对构成一个节点的不同子系统进行详细的介绍。

10.1.1　处理器子系统

大多数现有的处理子系统都使用微控制器，如 Intel 的 StrongARM 处理器和 Atmel 的 AVR 处理器。通过配置，这些处理器可以工作在不同的电源模式下。例如： ATmega128L 微处理器有 6 种不同的电源模式：空闲模式、ADC 降噪模式、节能模式、掉电模式、待机模式和扩展待机模式。空闲模式是在允许 SRAM、计时器/计数器、SPI 端口和中断系统继续工作的同时，停止 CPU 工作；掉电模式是在下一次中断到来或者硬件复位之前，保存寄存器的内容，冻结振荡器，并禁用其他所有芯片功能；在节能模式下，异步计时器继续工作，这样可以在其他部件进入休眠状态的同时，使用户仍能使用时钟；ADC 降噪模式则是停止除了异步时钟和 ADC 模块外的 CPU 和所有的 I/O 模块，这样可以将 ADC 转换时的噪声降到最低。在待机模式中，仅有一个晶振器/谐振荡器工作，其他设备均进入休眠状态，这样可以快速启动并且消耗非常少的能量；在扩展待机模式中，主振荡器和异步时钟都继续工作。除了上述配置，处理器子系统还可以在不同的电压和时钟频率下工作。

尽管让处理器子系统工作在不同的模式下可以有效节省能量，但是不同能量管理模式间的转换也需要消耗能量，并会产生延迟代价。因此，选择能量模式的特定操作之前必须考虑这些代价。

10.1.2　通信子系统

通信子系统的能量消耗受到多方面的影响：如调制类型和调制系数、发射机的功率放大器和天线效率、传输距离和传输速率，以及接收机的灵敏度等，其中一些属性可以动态配置。此外，通信子系统可以自主启动或关闭发射器和接收器，或者两个操作都执行。通信子系统中存在大量活动的原件(如放大器和振荡器)，因此，即使在设备空闲时，系统中也存在大量的静态电流。

确定最有效的活动状态运行模式并不是一件简单的事情。例如：单纯降低发射频率和功率不一定能降低发射器能耗，原因是传输数据所需要的有效功率和功率放大器上以热量形式消耗的能量之间存在一个平衡，通常，浪费的能量(以热能形式)随着发射功率的降低而增加。事实上，多数商用发射器只在一两个发射功率级别上可以高效地工作。若发射功率低于一定的水平，放大器的工作效率则迅速下降。一些廉价的收发器，即使工作在最大发送功率模式，也会有超过 60%的直流电源功率以热能形式浪费掉。

通信子系统从空闲或等待状态切换到活动状态是需要时间的，这个转换会带来延时能量消耗，这是对节能问题的另一种挑战。

10.1.3 总线频率和内存时序

当处理器子系统通过内部高速总线与其他子系统交互时会消耗能量，具体能耗取决于通信的频率和带宽，这两个参数可以根据交互的类型优化配置，但是总线协议时序通常是为特定总线频率优化的，而且，为了保证最佳性能，当总线频率改变时，要先通知总线控制器的驱动器。

10.1.4 活动存储器

活动存储器由按照行和列排列的电子元件组成，每行形成一个独立的存储实体。为了存储数据，这些元件必须周期性地刷新，刷新频率或刷新间隔是必须要刷新的行数的度量。低刷新间隔对应一个必须在刷新操作发生之前消逝的低时钟频率，反过来，高刷新间隔对应一个必须在刷新操作发生之前消逝的高时钟频率。考虑两个典型的值：2K 和 4K。刷新间隔为 2K 时，可以刷新更多的电子元件并且更快地完成该操作，因此，它比 4K 的刷新频率要消耗更多的能量；刷新间隔为 4K 时，以低的步调刷新较少的电子元件，但是能耗低。

通过设置，一个内存单元可以工作在三种能量模式中：温度补偿自刷新模式、局部阵列自刷新模式和掉电模式。存储单元的标准刷新率可以根据它周围的环境温度来调整。为此，一些商用的动态 RAM 已经集成了温度传感器。除此之外，整个存储阵列不需要存储数据时，可以提高自刷新率。一次数据存储一般只使用部分存储阵列，因此可以将刷新操作限制在需要存储数据的那部分阵列中，这就是局部阵列自刷新模式。如果没有存储要求的话，则可关闭大部分或整个板载(整合于主板芯片中的功能或硬件)内存阵列的电源。

RAM 时序是影响内存单元能量消耗的另一个参数，它是指与访问内存单元相关的延迟。在处理器子系统访问特定内存单元之前，首先要确定特定的行或存储实体，然后再用一个行地址选通信号(RAS)将其激活，激活后，可以一直访问该单元，直到处理完数据。激活内存中的一行所需要的时间是 t_{RAS}，该值相对而言很小，但如果设置不正确的话，整个系统的稳定性都会受到影响，存储单元由列地址选通信号(CAS)激活。一行中各存储单元的激活与数据写入存储单元或从存储单元读出数据之间的时间差记为 t_{RCD}，该时间的长短取决于存储单元被访问的方式。如果是顺序访问的，就可以不考虑，但如果存储单元是随机访问的，再激活新行之前先释放正在被访问的行，这种情况下 t_{RCD} 可能会造成极大的延时。

列地址选通信号(CAS)和数据线上可用有效数据之间的时延称为 CAS 时延。CAS 时延越低，性能越好，但能耗越高。中断一行访问并开始下一行访问所需的时间称为 t_{RP}。结合 t_{RCD}，切换行并选择需要读、写或刷新的下一个单元所需的时间可以表示为 $t_{RP}+t_{RCD}$。激活存储单元和预加电命令之间的时间差称为 t_{RAS}，用它来衡量处理器能够开始下一个存储器访问之前必须等待的时间长度。表 10-1 列出了 RAM 时序参数。

表 10-1 RAM 时序参数

参数	描 述
RAS	行地址选通或行地址选择
CAS	列地址选通或列地址选择
t_{RAS}	预加电与激活一行之间的时延
t_{RCD}	从 RAS 到 CAS 访存需要的时间
t_{CL}	CAS 时延
t_{RP}	从一行切换到下一行需要的时间
t_{CLK}	时钟循环周期
指令率	芯片选择时延
时延	数据可以写入内存或从内存中读出之前需要的总时间

10.1.5 电源子系统

电源子系统用于给其他所有的子系统提供电源，它由电池和 DC-DC 转换器构成。在某些情况下，电源系统可能还包括变压器等额外器件。DC-DC 转换器负责将主电压转换为各个部件正常工作所需要的电压，这种转换可以是降压过程，也可以是升压过程，或者是升降压之间转换的过程，这取决于各个子系统的需求。不过，转换也需要消耗能量，而且转换效率可能也不高，下面讨论能量的损耗及转换效率低下的原因。

1. 电池

无线传感器节点是由电池供电的，但电池的电量有限。影响电池质量的因素有多种，但最大的因素是成本。大规模部署传感器网络时，使用成百上千个电池的成本会给网络部署带来很大的限制。

电池用额定电流容量 C 指定，以安培时(ampare-hour)为单位，一般用符号 C 表示。额定电流容量描述了电池在未显著影响额定电源电压(或势差)前提下的放电速率。事实上，随着放电速率的增加，额定容量不断减小。

大多数便携式电池的额定值为 1C，意思是当以 1C 的速率放电时，1000 mAh 的电池能提供 1000 mA 的电量一小时。理想情况下，相同的电池如果以 0.5C 的速率放电，它能够提供 500 mA 的电量两小时；或是以 2C 的速率放电，能提供 2000 mA 的电量 30 分钟等。1C 通常是指能提供 1 小时的电量，同样，0.5C 是指能够提供 2 小时的电量，而 0.1C 是指能提供 10 小时电量。

实际上，电池性能情况要比上面描述的情况差，通常用如下普克特方程(Peukert Equation)来定量描述电池容量的误差(即电池的实际持续时间)：

$$t = \frac{C}{I^n}$$

其中，C 是电池的理论电量，单位为安培时；I 是以安培为单位的电流；t 是以秒为单位的电池放电时间；n 是与电池内阻直接相关的普克特常数，普克特常数值表明了电池在连续大电流放电时的性能。n 接近于 1，说明电池的性能良好。该常数值越高，电池以大电流放电时，损失的电量越多。电池的普特克常数通常通过实验获得，例如铅蓄电池的 n 值在 1.3～1.4 之间。

2. DC-DC 转换器

DC-DC 转换器的作用是实现电压间的转换，它与 AC-AC 电压转换器的转换功能类似，DC-DC 转换器的主要问题是它的转换效率，典型的 DC-DC 转换器由电源、开关电路、滤波电路和负载电阻构成，图 10-1 是 DC-DC 转换器的基本电路结构。

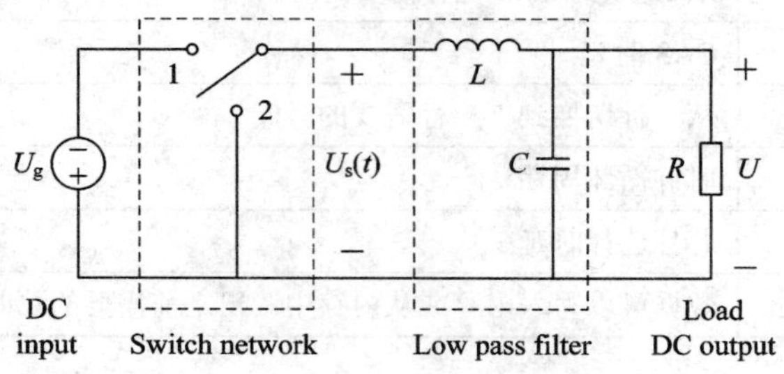

图 10-1　DC-DC 转换器的基本电路结构

图 10-1 的电路中有一个连接到直流电源 U_g 的单刀双掷开关。对于直流电源来说，电感 L 相当于短路，电容 C 相当于开路。当开关处于位置 1 时，其输出电压 $U_s(t)$等于 U_g；当开关处于位置 2 时，其输出电压为 0。以频率 f_s 改变开关的位置将产生一个周期 $T_s = 1/f_s$ 的方波 $U_s(t)$。

$U_s(t)$能以占空比 D 来表征，占空比 D 表示开关处于位置 1 时所占时间的比例，其值在 0～1 之间，开关电路的输出电压波形图如图 10-2 所示。

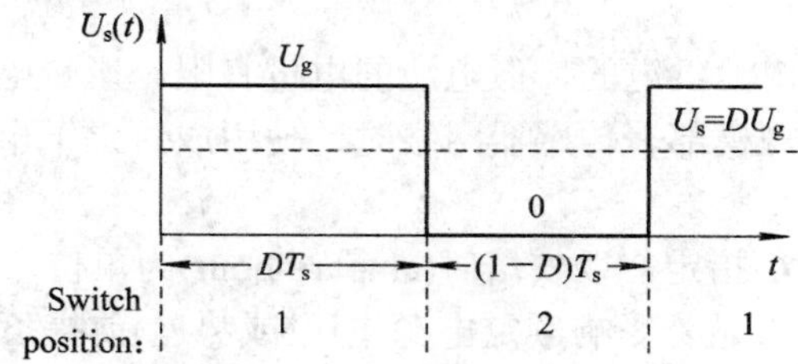

图 10-2　DC-DC 转换器中开关电路的输出电压波形图

10.2　动态电源管理

截至目前，讨论的问题应该在设计传感器节点时都考虑到，一旦设计时参数确定了，动态电源管理(DPM)策略尝试通过动态定义最经济的操作条件来最小化系统的能耗，该操作条件需要将应用需求、网络拓扑结构和不同子系统的任务到达率都考虑进去。尽管有多种不同的 DPM 策略，但都可以归为动态操作模式、动态调度和节能三种方法之一。

10.2.1　动态操作模式

根据正在进行和将要进行的活动，无线传感器节点的子系统可以配置在不同的电源模式下运行，这内容在前面章节中已经进行了阐述。一般情况下，小的组件可能有 n 种不同的电源模式。如果有 x 个硬件组件，每个组件都有 n 种不同的能量消耗级别，那么 DPM 策略就能定义 $x \times n$ 种不同的电源模式配置方式，记为 P_n。显然，由于各种各样的限制和系统的稳定性要求，并不是所有这些配置都是合理的。因此，DPM 策略的任务就是选出符合无线传感器节点活动需求的最优配置。

然而，选择特定电源配置模式时存在两个相关的问题：

(1) 不同电源配置模式间的切换会额外消耗能量；

(2) 切换存在相关时延以及可能错过感兴趣事件的出现。

表 10-2 说明了具有 6 种不同电源配置模式$\{P_0, P_1, P_2, P_3, P_4, P_5\}$的 DPM 策略的例子。图 10-3 说明了 5 种任意电源配额置模式间的可能切换。

表 10-2 节能电源配置

配置	处理模块	存储模块	感知模块	通信模块
P_0	活动	活动	打开	发送/接收
P_1	活动	打开	打开	打开(发送)
P_2	空闲	打开	打开	接收
P_3	睡眠	打开	打开	接收
P_4	睡眠	关闭	打开	关闭
P_5	睡眠	关闭	关闭	关闭

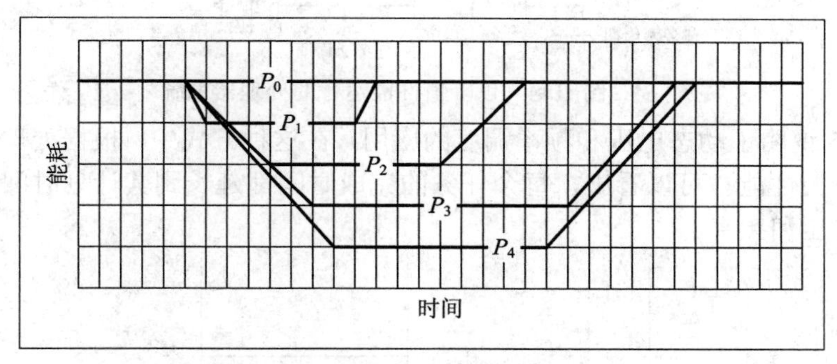

图 10-3 电源模式间的切换和切换代价

特定电源模式的选择既要考虑目前状态，也要考虑不同硬件组件队列中预定的任务。未来任务的实际估计允许节点确定把需要的组件置于正确的电源模式上所需要的时间，从而可以用最小的延迟来处理这些任务。同样，如果估计未来任务不准确，会使节点错过感兴趣的事件，或者增加响应延迟。

无线传感器网络中，网络外部事件(如通信管道泄漏、基础设施故障等)不能当作确定性现象来建模，否则就没有必要部署监控系统了。因此，对事件发生的估计应该具有概率特征，感知任务的知识可以用来建立一个预测事件发生率和持续时间的逼真概率模型。一个精确的事件到达模型能够保证 DPM 策略提供正确的配置模式，使节点拥有最长的生存期和最小的能量消耗。

10.2.2 动态调度

动态电压调度(DVS)和动态频率调度(DFS)两种方法旨在当处理器内核处于运行状态时实时改变其性能，这两种方法对内存单元和通信总线也同样适用。在大多数情况下，调配给处理器的任务并不需要峰值性能。相反，一些任务在它们的生存期结束之前就完成了，之后，处理器就进入低功耗的空闲模式。图 10-4 说明了以峰值性能处理的子系统，尽管两个任务都提前完成了，但处理器仍以很高的频率和供电电压运行，这是很浪费的。

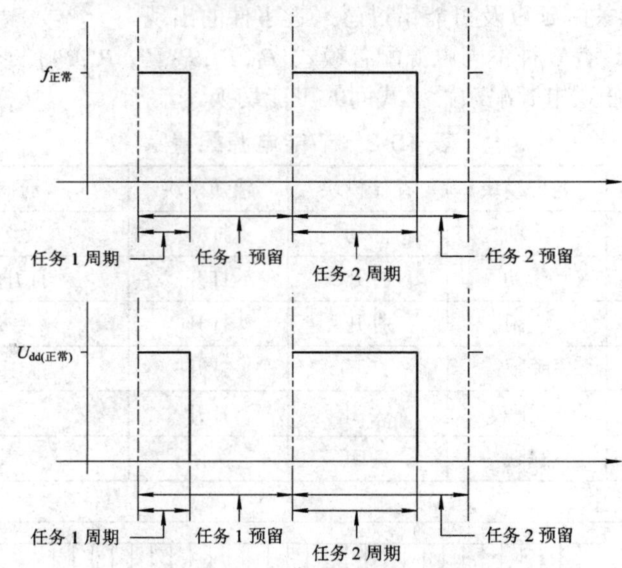

图 10-4　以峰值性能运行的处理器系统

图 10-5 说明了动态电压和频率调度的应用，在这种方式中，根据处理器处理任务的重要性调节它的性能。可以看出，每个任务的完成时间都延长到其计划时间，同时降低了运行的供电电压和频率。

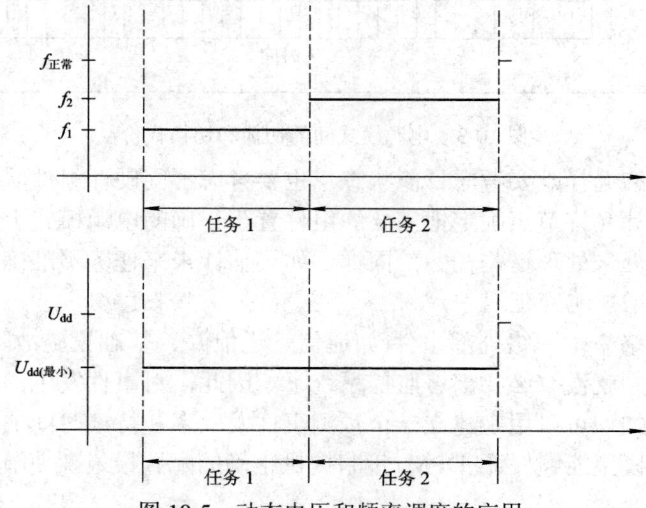

图 10-5　动态电压和频率调度的应用

10.2.3 节能模式

动态电压和频率调度中，DPM 策略的目标是自动确定偏压(U_{dd})的高低和处理器子系统的时钟频率。特定电压或频率的选取受一系列因素的影响，包括应用程序的时延要求和任务的到达率等。理想情况下，要调整这两个参数使得任务能够“恰好准时”完成。通过这种方式，处理器不会持续空闲，继而浪费能量。然而，实际上由于处理器的工作量无法预知，估计会有误差，所以不可避免地会有空闲。理想与真实的动态电压调度策略的对比如图 10-6 所示。

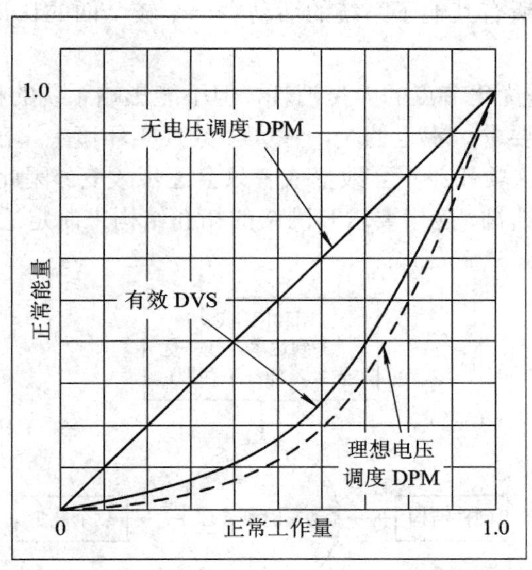

图 10-6 基于负载估计的动态电压调度应用

10.3 概 念 架 构

能够在无线传感器节点中使用的 DPM 策略概念架构应解决三个基本问题：

(1) 在尝试优化能量消耗过程中，DPM 自身产生了多少额外的工作？

(2) DPM 应该是集中式策略还是分布式策略？

(3) 如果是集中式的策略，应该使用哪些模块负责该任务？

典型的 DPM 策略监控各个子系统的活动，并做出最适合的能量配置，从而优化整体的功率消耗，而且这个决策应该反映应用程序的要求。虽然该过程消耗一定的能量，但如果节省的能量足够大，就可以认为它是合理的。一个准确的 DPM 策略需要估计任务到达和处理速度的基准。

DPM 策略采用集中式还是分布式取决于多方面的因素。一方面，集中式方法的优点是更容易获得某一节点能耗的全局视图，从而执行一个综合的调整策略；另一方面，集中式方法增加了管理子系统的计算开销。分布式方法允许各个子系统进行局部的能量管理，有良好的可伸缩性，这种做法的问题是局部策略有时会与全局策略相矛盾。由于无线传感器节点及其执行的任务都相对简单，因而大多数现有的能量管理策略都提倡集中式方法。

在集中式方法中，主要的问题是哪个子系统(如处理器子系统或电源子系统)为处理任务负责。直观地说，电源子系统应该执行管理任务，因为它有完整的节点能量剩余信息及每个子系统的功耗预算信息。然而，电源子系统缺乏与处理器子系统相关的重要信息，如任务到达速率和各个任务的优先级。此外，它还需要有一定的计算能力，目前可用的电源子系统不具备这些特点。

大多数现有的无线传感器节点的体系结构以处理器子系统为核心，其他子系统都通过它来相互通信。此外，操作系统在处理器子系统上运行、管理、确定优先级和调度任务等。因此，处理器子系统对所有其他子系统的活动有一个较全面的认识，这些特性使得处理器子系统适合执行 DPM。

DPM 策略的目标是优化节点的能量消耗，但不能影响系统的稳定性，此外，还要满足感知数据的质量和时延要求。幸运的是，在大多数真实环境中，部署无线传感器网络都是为了某个特定的任务，这项任务不会改变或者只会逐步改变。因此，DPM 的设计者需要根据无线传感器节点体系结构、应用要求和网络的拓扑结构来制定适当的策略。影响 DPM 策略的因素如图 10-7 所示。

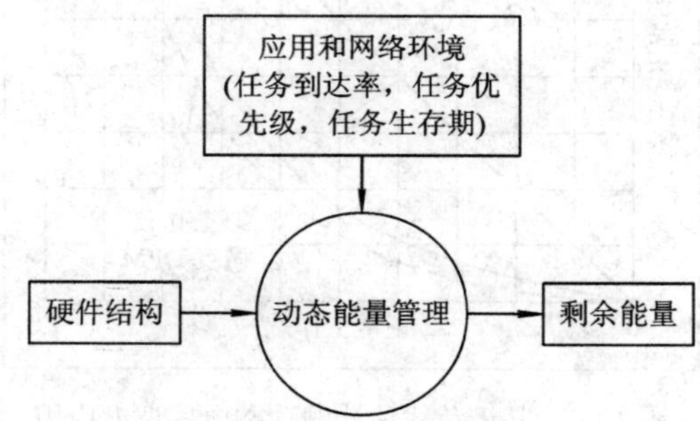

图 10-7　影响 DPM 策略的因素

系统的硬件体系结构是定义多种电源运行模式和它们之间转换方式的基础。局部电源管理策略根据节点活动的改变，或基于全局电源管理方案，或者根据应用要求定义这些电源模式转换的规则。这个规则可以用一个循环过程来描述，包括三个基本操作：能量监控、电源模式估计和任务调度，如图 10-8 所示。

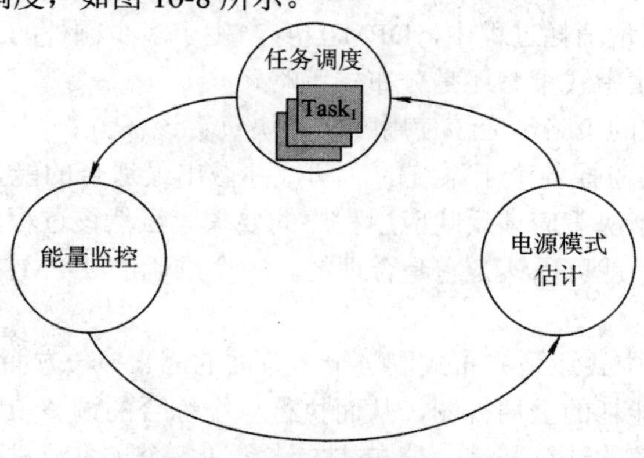

图 10-8　DPM 策略抽象结构

DPM 策略的抽象结构说明了如何将动态电源管理理解为一台在不同状态间转换以响应不同事件的自动状态机，它为任务安排一个任务队列，并监视任务执行的时间和能量消耗。根据任务的完成速度，估计新的能量预算和转换电源模式。当有系统支持的能量模式估计的功率预算有误差时，DPM 策略会采用更高级的能量模式。

动态电压调度的概念结构给出了动态电压调节的具体实现。处理器子系统从应用、通信子系统和感知子系统接受任务，并处理与内部网络管理有关的工作，如管理路由表和睡眠时间表等。这些资源以 λ_i 的速率产生任务，而总任务到达率 λ 是各个任务到达率之和，负载监视器观察 τ 秒时间内的任务量记为 λ，并且预测下一个 β 秒的任务到达速率。根据新计算的任务到达速率 r，处理器子系统需要估计电源电压和时钟频率来处理将要到来的任务。图 10-9 给出了动态电压调度的概念结构。

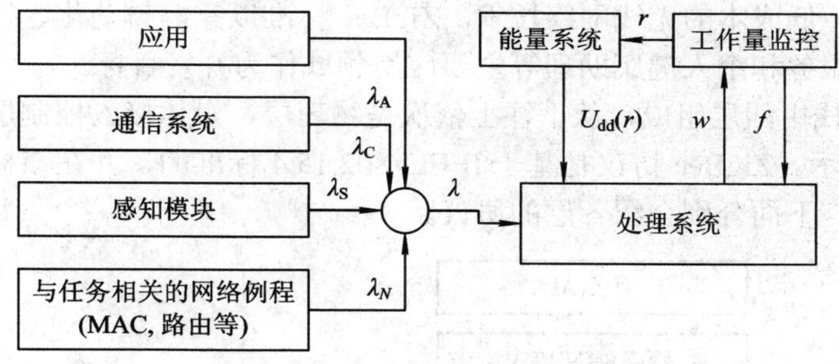

图 10-9　动态电压调度的概念结构

参 考 文 献

[1] KazemSohraby, Daniel Minoli, TaiebZnati. Wireless Sensor Networks-Technology, Protocols, and Applications. Wiley Press, 2007.

[2] WaltenegusDargie, Christian Poellabauer. Fundamentals of Wireless Sensor Networks-Theory and Practice. Wiley Press, 2010.

第 11 章 ZigBee 协议

ZigBee 标准是由 ZigBee 标准联盟制定的。ZigBee 标准联盟是一个国际性的非营利性的工业技术团体，是半导体制造商和科技供应商的领航者，该联盟致力于近距离、低复杂度、低数据速率、低成本的无线网络技术。ZigBee 标准以家庭自动化、智能能源、建筑自动化、远程通信服务和个人健康助理等主要应用领域作为开发目标。

ZigBee 协议栈由四层组成，从下往上依次是物理层、媒体接入控制层、网络层、应用层，如图 11-1 所示。ZigBee 协议是基于 IEEE 802.15.4 标准的，并在该标准基础上增加了网络层和应用层。下面分别介绍各层的协议。

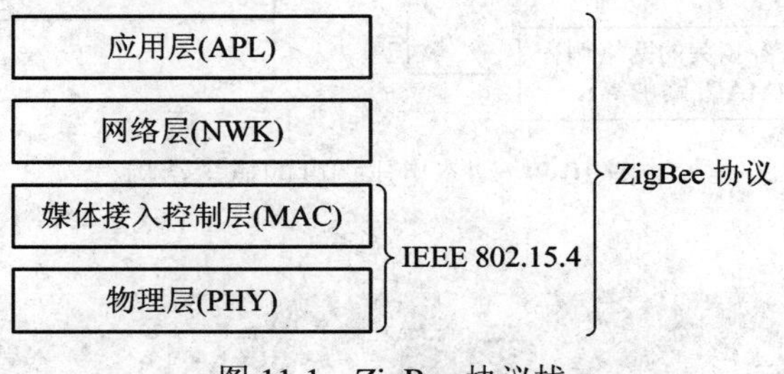

图 11-1 ZigBee 协议栈

11.1 物理层协议

物理层由射频收发器和底层的控制模块组成，是保障信号传输的功能层，因此物理层涉及与信号传输有关的各个方面，并通过射频硬件和软件在 MAC 子层和射频信道之间提供接口。

ZigBee 标准物理层采用 IEEE 802.15.4 协议标准，使用三种通信频段，每种通信频段划分的信道个数不同，节点信号的传输范围设定在 10～100 m，数据传输速率设定在 20～250 kb/s。由于各个国家和地区采用的工作频率范围不同，为提高数据速率，IEEE 802.15.4 标准中对不同的频率范围规定了不同的调制方式，具体如表 11-1 所示。

表 11-1 ZigBee 物理层属性

使用国家或地区	频段/MHz	调制方式	速率/(kb/s)	信道
欧洲	868～868.6	BPSK	20	1
美国	902～928	BPSK	40	10
全球通用	2400～2483.5	O, QPSK	250	16

ZigBee 标准物理层提供两种类型的服务：数据服务和管理服务。服务原语及其功能可参见 ZigBee 标准文件，本书不作介绍。物理层协议数据单元 PPDU(PHY Protocol Data Unit)的格式如图 11-2 所示，PPDU 数据包由 3 个基本部分组成：同步头、物理层帧头和物理层有效载荷。同步头包含前同步码和帧界定符，作用是帮助接收设备锁定在比特流上，并且与该比特流保持同步；物理层帧头描述帧长度信息；物理层有效载荷长度可变，携带从 MAC 层传来的信息。

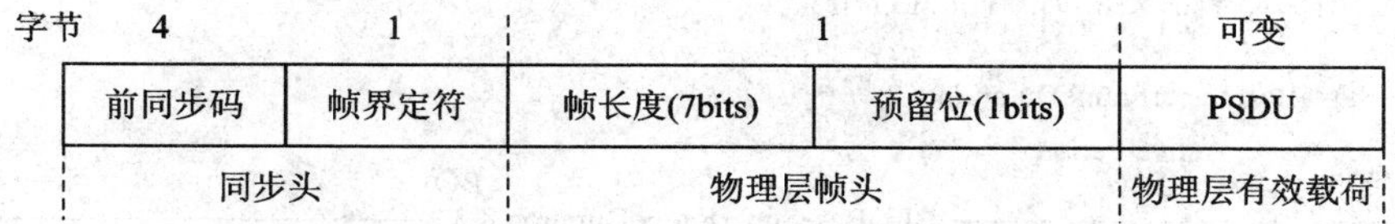

图 11-2 PPDU 数据包的格式

11.2 MAC 层协议

ZigBee 标准的 MAC 层协议同物理层一样，采用 IEEE 802.15.4 标准协议。IEEE 802.15.4 标准定义的 MAC 层具有以下几项功能：

(1) 采用 CSMA/CA 机制实现信道接入；

(2) 实现个域网(PAN, Personal Area Network)的建立和维护；

(3) 支持 PAN 网络的关联(加入网络)和解除关联(退出网络)；

(4) 具有协调器的节点(汇集节点)产生网络信标，普通节点根据信标可实现节点间的同步、信道分配、邻居发现、成簇等；

(5) 处理和维护时隙同步(GTS, Guaranteed Time Slot)；

(6) 实现物理层和网络层间数据传输的服务和管理。

11.2.1 超帧结构

IEEE 802.15.4 MAC 协议中定义的超帧结构如图 11-3 所示，超帧结构把时隙分为两部分：活跃期时隙与非活跃期(又称为休眠期)时隙。ZigBee 节点在活跃期接入信道，在休眠期关闭信道接入，进入休眠状态以节省能量。信道接入的活跃期时隙又由两部分组成：竞争信道接入周期 CAP(Contention Access Period)和信道固定分配周期 CFP(Contention Free Period)。在信道竞争接入周期中，网络节点采用基于竞争的信道接入方式共享信道，在非竞争周期由网络协调器给有特定数据发送需求的节点分配固定的时隙。

MAC 协议还规定了网络通过信标来指定网络是否需要同步，如果网络需要同步，则在超帧结构的第一个时隙发送用来同步的信标帧；如果不需要同步，则禁止发送信标帧。除此之外，信标帧还能够用来标识网络的 ID 号。在自组织网络中，信标还用来实现节点定位、邻居发现等功能。

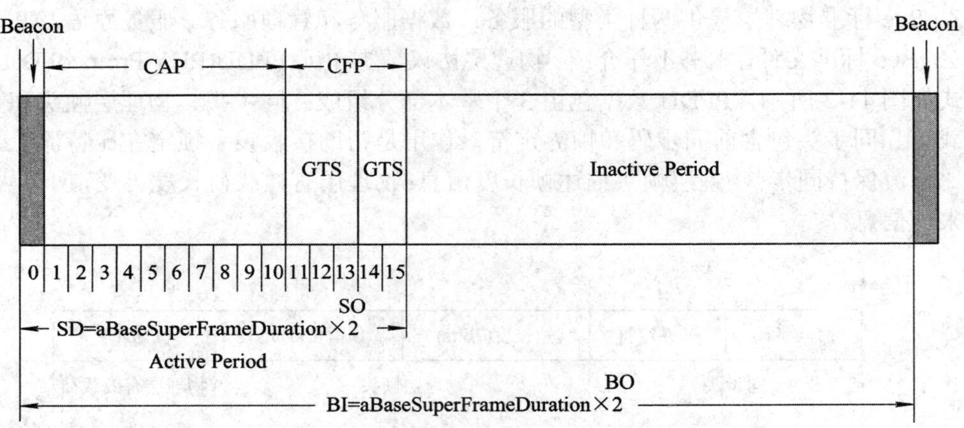

图 11-3　超帧结构示例

图 11-3 中，超帧的 0 时隙中定义了一个信标帧，信标帧在整个超帧结构中的地位就好比灯塔的导航作用一样，不仅界定了超帧的起始位置，通过信标帧还可以指定固定分配时隙周期的有无及其长度，这实际上决定了超帧的结构。如果不存在信道固定分配周期的话，所有的数据传送完全通过 CSMA/CA(参见第 6 章)竞争机制来接入信道。

信道竞争周期 CAP 部分位于超帧 0 时隙的信标帧之后，各节点在这一时期只能通过竞争的方式接入信道。由于超帧活跃期的长度是固定的，信道无竞争周期(CFP, Contention Free Period)又是根据数据发送的需要动态调整的，所以 CAP 的长度也跟着 CFP 的长度而动态变化，CAP 和 CFP 的关系是此消彼长。在信道竞争周期中，各节点通过 CSMA/CA 机制接入信道，除了应答帧及任何位于数据请求命令应答之后的数据帧，其他所有在 CAP 中传送的帧都应当使用分时槽的 CSMA/CA 机制接入信道。处于信道竞争周期中的所有数据发送任务，包括数据发送请求、信道空闲反馈、数据传送、数据接收完毕应答等，都必须在 CAP 结束之前的一个完整帧间间隔内完成。

信道无竞争周期 CFP 紧接着 CAP 之后，在下一个信标开始之前结束。如果存在被网络协调器分配的有保证时隙(GTS, Guaranteed Time Slot)，它们将被分配在 CFP 之内并占用连续的时隙。因此，CFP 根据所有 GTS 的总长度进行相应的变化。在信标禁止的情况下，超帧结构中不含有 CFP，此时的网络可以看成是普通的 ad-hoc 网络，即采用 CSMA/CA 机制竞争访问信道。在 CFP 中发送帧的设备应保证所有的传输在 GTS 结束之前的一个帧间间隔 IFS 周期之内完成。

11.2.2　MAC 层帧结构

MAC 帧，即 MAC 协议数据单元(MPDU)，是由一系列字段按照特定的顺序排列而成的，其设计目标是在噪声信道上实现可靠数据传输。MAC 层的帧结构包括通用帧结构和特定帧结构，特定帧结构包括数据帧、信标帧、确认帧和命令帧结构。

1. 通用帧结构

通用帧结构由三个部分组成：MAC 帧头、可变长度的 MAC 载荷和 MAC 帧尾。MAC 帧头的字段是固定的，此外，在所有帧中可以不包含地址字段。帧结构如图 11-4(a)所示。

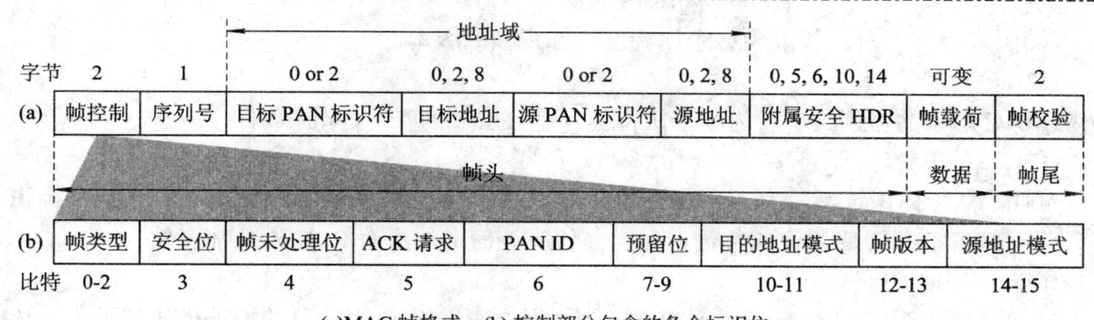

(a)MAC 帧格式　(b) 控制部分包含的各个标识位

图 11-4　MAC 协议通用帧结构

(1) 帧控制字段。

帧控制字段长度为 2 个字节，包括帧类型的定义、地址字段和其他控制标识。帧控制字段的格式如图 11-4(b)所示，各部分的内容以及作用分别介绍如下：

帧类型字段：长度为 3 个比特位，其值与所表示的帧的类型如表 11-2 所示。

表 11-2　帧类型子域描述

帧类型 $b_2b_1b_0$	描　述	帧类型 $b_2b_1b_0$	描　述
000	信标帧	001	数据帧
010	确认帧	011	命令帧
100	保留位	—	—

安全位字段：长度为 1 个比特位，若 MAC 层没有对该帧加密，则安全位置 0；如果做了加密，则安全位置 1。

帧未处理字段：长度为 1 个比特位。若该位置 1，则表示发送方在当前帧传输后，还有数据要发往接收方。若为 0，则表示发送方没有后续数据发送给接收方。

请求确认标志字段：长度为 1 个比特位，表示接收到数据帧或 MAC 命令帧时，接收方是否需要返回确认信息。如果该位为 1，则接收方接收到有效帧(或者完全接收到该帧内容)后，将发送确认帧。如果该位为 0，则不需要返回确认帧。

PAN ID 字段：长度为 1 个比特位，表示将该 MAC 帧在个域网内部传输，还是传输到个域网外。

预留位字段：长度为 3 个比特位，为扩展后续功能保留。

目的地址模式和源地址模式字段：长度均为 2 个比特位，其值和描述如表 11-3 所示。

表 11-3　地址字段值和描述

地址模式值 b_1b_0	描　　述
00	PAN 标识符和地址字段不存在
10	包含 16 位短地址字段
01	保留
11	包含 64 位扩展地址字段

帧版本类型字段：长度为 2 个比特位，标识帧的版本。

(2) 序列号字段。

MAC 层帧的序列号字段为 8 个比特位，是该层帧的唯一序列标识符。

(3) 目的 PAN 标识符字段。

目的 PAN 标识符字段为 16 个比特位，描述了接收该帧的唯一 PAN 标识符。PAN 标识符为 0xFFFF 表示以广播方式传输，对当前侦听该信道的所有 PAN 设备都有效。

(4) 目的地址字段。

目的地址字段为 16 或 64 个比特位，长度由帧控制字段中的目的地址模式值限定，该地址为接收设备的地址。

(5) 源 PAN 标识符字段。

源 PAN 标识符字段为 16 个比特位，代表帧发送方的 PAN 标识符。

(6) 源地址字段。

源地址字段为 16 或 64 个比特位，长度由帧控制字段中的目的地址模式值限定，代表帧发送方的设备地址。

(7) 帧载荷字段。

帧载荷字段的长度是可变的，不同类型的帧包含的信息不同，若帧的安全字段值为 1，则帧载荷将采用相应的安全加密方案对其进行保护。

(8) 帧校验序列字段。

帧校验序列字段为 16 个比特位，包含 16 位 ITU 规定的循环冗余校验码 CRC。帧校验序列字段的值由 MAC 帧头和载荷部分计算得到。

2．信标帧结构

信标帧结构如图 11-5 所示。

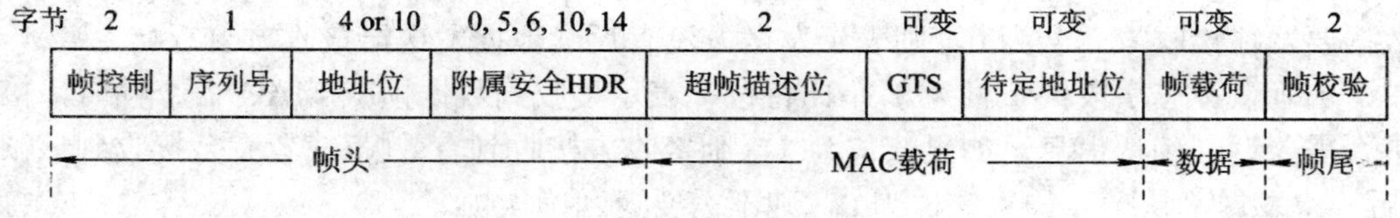

图 11-5　信标帧结构

信标帧的结构顺序与通用帧结构类似，各字段的含义不再逐一介绍。

3．数据帧结构

数据帧的结构如图 11-6 所示，其中该帧的有效载荷字段来自网络层的数据。

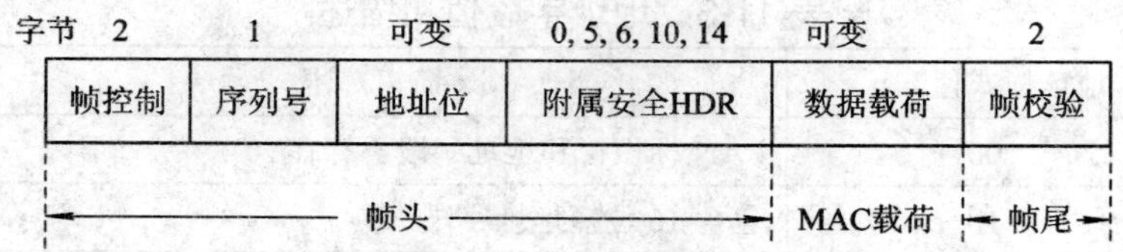

图 11-6　数据帧结构

4．确认帧结构

确认帧的结构如图 11-7 所示，其中序列号是接收到的有确认要求的帧的序列号。

图 11-7 确认帧结构

5. 命令帧结构

命令帧的结构如图 11-8 所示。

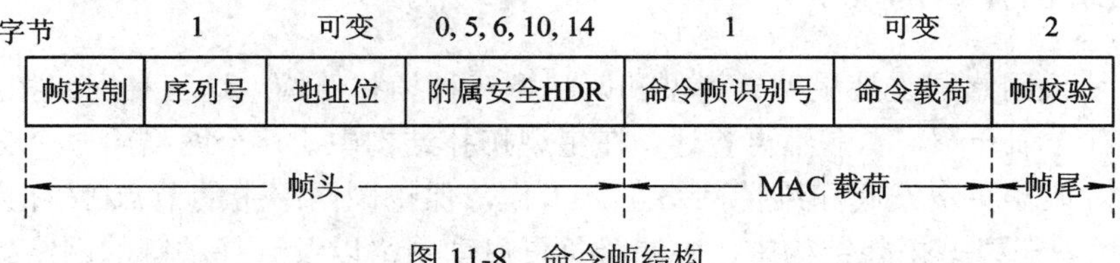

图 11-8 命令帧结构

命令帧识别号字段表示所用的 MAC 命令，命令帧的载荷是 MAC 层的命令本身。

11.3 网络层协议

网络层是为 MAC 层和应用层之间提供服务接口的，网络层的参考模型如图 11-9 所示。

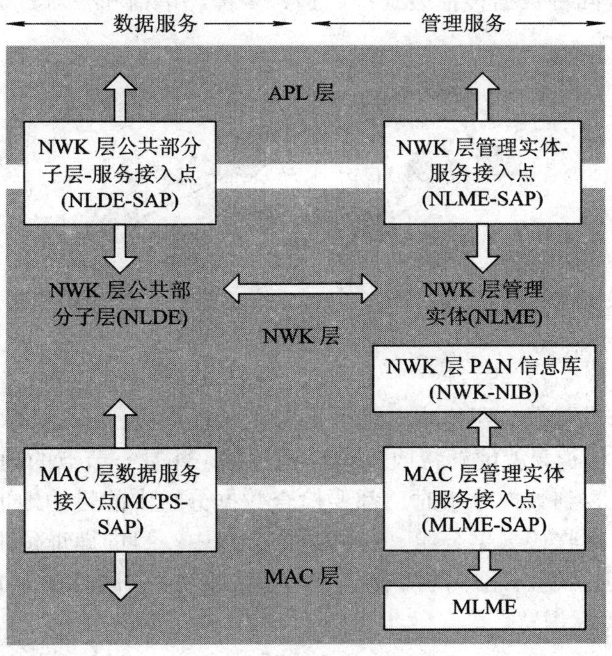

图 11-9 网络层的参考模型

11.3.1 网络层功能

ZigBee 网络层的主要功能包括：

(1) 提供设备连接和断开网络时采用的机制；
(2) 规定安全机制，为数据传输过程提供保障；
(3) 实现设备(或者称为节点)之间的路由发现、维护；
(4) 完成对一跳内邻居节点的发现和相关节点信息的存储；
(5) 协调器建立新的网络时，为新加入的节点分配地址；
(6) 限制数据在网络中的传播范围等。

11.3.2　网络拓扑结构

ZigBee 协议网络层支持星型、树型和网状型三种拓扑结构，这三种网络拓扑结构在计算机网络中有详细介绍，本书不再赘述。在星型拓扑结构中，整个网络由一个 ZigBee 协调器来控制，协调器负责发起和维持网络正常工作，保持同网络中的节点(又称为终端设备)通信。在网状型和树型拓扑结构中，协调器负责启动网络以及选择关键的网络参数，同时，也用于扩展网络结构。在树型网络拓扑结构中，路由器采用分级路由策略传送数据和控制信息，采用基于信标的方式进行通信。在网状型网络(又称为 mesh 网络，对等网络)，节点之间使用完全对等的通信方式。

11.3.3　数据传播

ZigBee 网络中有四种数据传播方式：广播、多播、单播和多对一通信，这四种方式分别如图 11-10 所示。

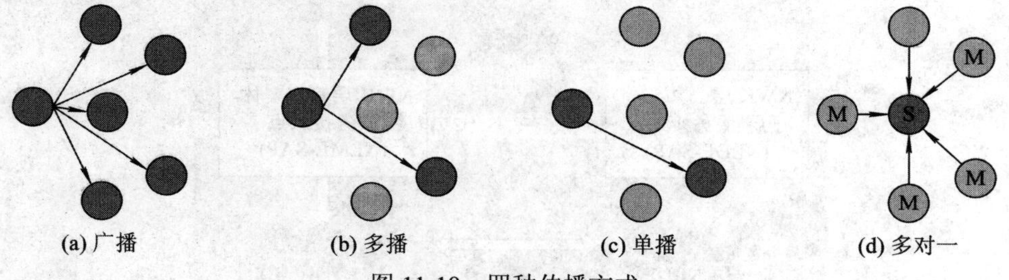

图 11-10　四种传播方式

1. 广播

广播是网络中一个节点向网络中其他所有节点传输数据的方式。只要处于广播节点通信范围内的节点侦听信道，就能够接收到该广播数据，并且与节点的地址和 PAN 的网络标识符无关。节点每次收到数据分组时，都要检查数据分组中的目的地址是否与自己的地址相匹配，以便丢弃或接收该数据分组。广播数据分组中，目的地址位采用短地址模式，被设置为 0xFFF。该地址表明网络中的所有节点都是接收者，它同时作为 PAN 的网络标识符，又被称为 PAN 的广播标识符。

2. 多播

多播，又称为组播，即节点把数据发送给同一网络中的一组节点。发送信息的节点可以在该组内，也可以不在该组内，因此多播又可分为两种操作模式：组成员模式和非组成员模式。在组成员模式中，多播的发起者是组内的成员，该成员向多播组内的成员发送数据。在非组成员模式中，多播的发起者是多播组外的节点，接收多播数据分组的对象是多播组内的所有节点。当多播组内的节点是全网节点时，该多播传输方式即等同于广播。

在 ZigBee 标准中，多播仅仅用于传输数据帧，所有命令帧都不用多播方式传输。

3．单播

单播用于一个节点试图向另一个节点发送数据。单播数据分组中包含目的节点的唯一地址码。除非特别指明，一般情况下单播处于弃用(default)模式。

4．多对一通信

如图 11-10(d)所示，汇聚节点 S 接收到来自多个成员节点 M 的数据，称为多对一通信。

11.4　路　　由

路由是建立从数据源到目标节点路径的过程，在网络中，协调器和路由器是负责路由发现和维护的设备，路由发现获得路径的长度是由该路径经过的节点数目定义的。在图 11-11 中存在两条从节点 1 到节点 5 的路径，这两条路径的长度分别为 5 和 7。

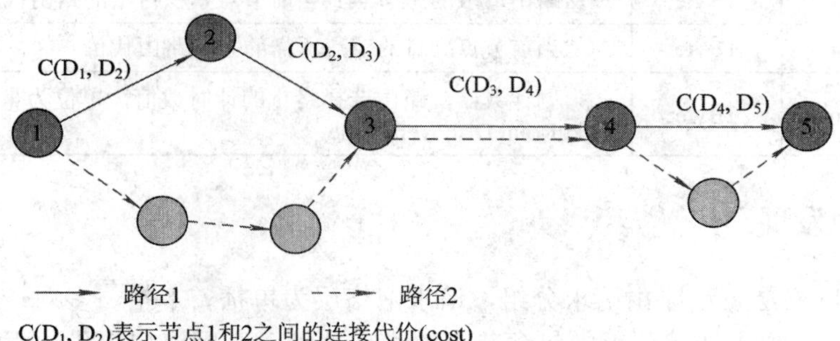

图 11-11　路由路径

11.4.1　路由代价

ZigBee 网络路由发现过程中，链路质量、跳数和节点能量剩余量是确定该路径是否最优的重要参数。为了简化最优路径的计算，每条链路可单独计算其连接代价，其中，连接代价由该连接上成功传递数据分组的概率决定。数据分组传递成功率越低，则连接代价越大。

11.4.2　路由表

协调器或路由器可以建立和维护路由表，路由表中存储路由节点信息，该信息为 ZigBee 网络层协议中定义的路由表入口项，路由表入口项的数据结构如图 11-12 所示。“目的地址”为 16 位网络地址，“状态”是指路由状态，“下一跳地址”是指到达目的地址的路由中下一跳的 16 位网络地址。其中，路由状态值及所表示的状态如表 11-4 所示。

字节	2	3	2
	目的地址	状态	下一跳地址

图 11-12　路由表入口项的数据结构

表 11-4 路由状态值及其对应状态

值	状态	值	状态
0x0	Active	0x1	DISCOVERY_UNDERWAY
0X2	DISCOVERY_FAILED	0X3	INACTIVE
0X4～0X7	Reserved	—	—

当一条路径已经确定后，该路径对应的路由表称为路由选择表，包含的信息和对应的功能描述如表 11-5 所示。路由选择表也由协调器或路由器来维护。

表 11-5 路由选择表的内容

名 称	长度	描 述
Route request ID	1Byte	路由请求命令帧的序列号
Source address	2Byte	路由请求发起者的 16 位网络地址
Sender address	2Byte	对应于入口的路由请求标识符和源地址，发送最新的、成本最低的路由请求命令的节点拥有的 16 位网络地址。这个子域常用来确定最终路由应答命令帧所经过的路由
Forward cost	1Byte	从路由请求的源节点到当前节点累积付出的路由代价
Residual cost	1Byte	从当前节点到目的节点所需的累积路由代价
Expiration time	2Byte	为倒计数器，路由选择终止的计时数值，单位为毫秒，初始值为 nwkcRouteDiscoveryTime

11.4.3 路由发现

应用层向网络层发送路由请求分组，请求网络层为单播、多播、多对一通信方式寻找路由(路由发现)。如果请求分组中包含节点的唯一地址，则网络层提供单播路由；如果请求分组中包含的是 16 位组播地址，则网络层提供多播路由；如果应用层没有提供任何目的地址，网络层则认为应用层需要一个多对一的路由，并且认为多对一路径的指向设备为汇聚节点。单播路由发现过程如图 11-13 所示。

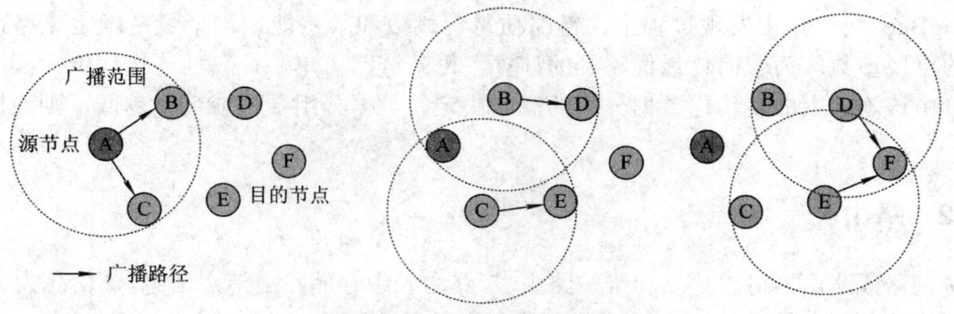

图 11-13 单播路由发现过程

图 11-13 中，源节点 A 试图寻找到目的节点 F 的路由。节点 A 广播路由请求命令，然后等待路由请求响应。在节点 A 范围内的节点 B 和 C 通过侦听信道收到该路由请求。如果节点 B 或 C 是 ZigBee 网络中的尾节点(end node)，则忽略该路由请求。为了简化，图 11-13 仅给出源节点 A 和目的节点 F 之间的协调器或者路由器。B 是路由器，具有路由能力，并

且路由表未填满，于是 B 把从 A 到 B 的路由代价添加到路由请求命令的路径代价字段，并广播该路由请求命令。若 B 的路由表中不包含该请求标识码和源节点 A 的地址，则 B 将更新路由表。如果节点 B 的路由表已经填满，并且目的地址不在路由表中，则节点 B 将会忽略该路由请求命令。

后续节点重复节点 B 的动作，直到目的节点 F 接收到路由请求命令。节点 F 根据路径代价选择从 A 到 F 的最优路径发送路由应答。从 A 到 F 的路径称为前向路由(Forward Route)，从 F 到 A 称为反向路由(Backward Route)。

多播路由发现类似单播路由发现，源节点向多播组成员广播路由请求命令。如果接收到命令的节点不是多播组中的成员，则把这次多播路由发现看做单播路由发现继续广播，不同的地方只是把目的地址设置为多播组的 ID。如果节点是多播组的成员，其将为该新的路由请求建立或者更新路由表。如果该节点中已保存有源节点的地址和路由请求识别码，则保留路径代价最小路由，并向源节点返回路由应答。

在 ZigBee 网络层也常用到源路由协议。源路由协议的机制是，发送帧的节点在帧中顺序设置了路由经过的节点地址，当其中的节点接收到该帧后，不去查询本地路由表，而是直接根据帧中的节点信息选择下一跳中继节点来传输该帧。

11.4.4　路由维护和修复

路由建立之后，路由中断仍可能导致无法把信息传输到目的地。导致路由中断的原因有很多，如节点移动、节点故障等造成网络拓扑变化。考虑到重新建立路由和修复的代价、时延等影响，在连入网络的节点管理中，每个节点网络层为每个邻居节点信息启动一个失效计数器，如果计数器的值超过了网络修复门限值(nwkcRepait Threshold)，则节点启动路由修复功能。路由维护即选择简单的失效计数方案来生成失效计数器的值(即调整计数门限值)，或者使用一个更加准确的时间窗口方案来实现路由维护。

路由修复实例如图 11-14 所示。节点 A 和 B 之间的链路断开，需要对路由修复。路由修复过程和路由发现过程类似，不同之处是不再由源节点 S 来发起路由修复，而是由节点 A 启动路由发现机制。节点 A 用自身的地址作为源地址广播路由请求命令，用于发现到目的节点 F 的路径，路由修复和路由发现使用相同的路由请求命令。与路由发现不同的是，路由请求分组中路由修复位被设置为 1。如果链路断开，并且节点 A 无法建立到目的节点的新路由，节点 A 通过单播方式向源节点 S 返回路由错误分组。在这种情况下，源节点 S 重新启动新的路由发现过程来代替路由修复过程，重新建立到达目的节点 F 的新路径。

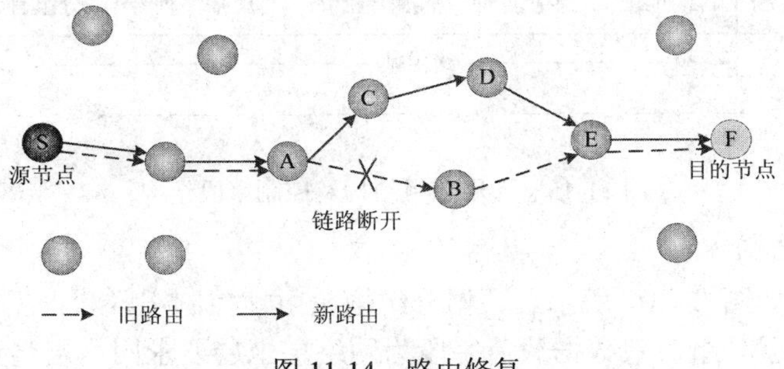

图 11-14　路由修复

11.4.5 网络层服务

网络层同物理层和 MAC 层一样提供两类服务：数据服务和管理服务。网络层数据实体 NLDE 负责数据传输，通过 NLDE 的服务接入点 SAP 实现。网络层管理实体 NLME 负责管理任务。服务原语与功能描述参考文献[3]。

11.4.6 网络层分组结构

网络层分组结构通常由网络层首部和网络层有效载荷组成。尽管不是所有的分组都包含地址和序列号，但网络层分组首部还是按照固定顺序出现。下面首先介绍网络层通用分组结构，然后介绍数据分组结构和命令分组结构。

1．通用分组结构

网络层通用分组结构和通用分组中控制字段的结构如图 11-15 所示，各字段简单介绍如下：

(1) 帧控制字段为 16 位，包含所定义的分组类型及其他控制标识位。

(2) 目的地址字段为 16 位，表示接收分组节点的网络地址，无论是何种数据传播格式，在网络层分组中必须存在目的地址字段。

(3) 源地址字段为 16 位，表示源节点的网络地址。

(4) 广播半径域字段，只有分组的目的地址为广播地址(0xFFFF)时，才需要广播半径域字段。其长度为 1 个字节，并且限定了广播传输的范围。

(5) 广播序列号字段，同广播半径域字段一样，只有分组的目的地址为广播地址时，才需要广播序列号字段，其长度为 1 个字节，该字段规定了广播分组的序列号。

(6) 分组有效载荷字段，该字段长度可变，包含了各种分组类型的具体信息。

关于网络层分组结构更加详细的介绍可参考文献[4]。

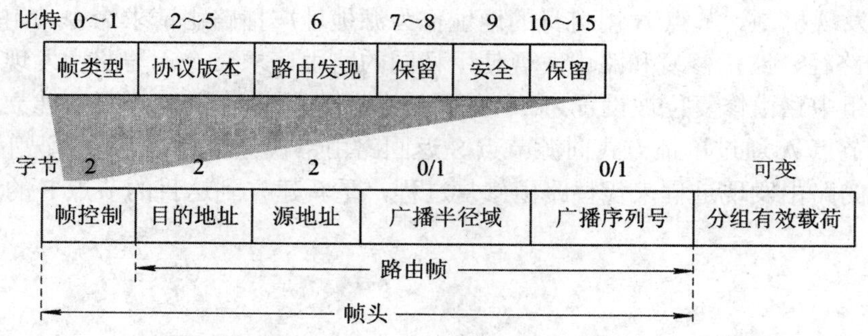

图 11-15 通用分组结构及控制字段结构

2．数据分组结构

数据分组结构如图 11-16 所示。数据分组帧头由帧控制字段和根据需要组合起来的路由域字段组成。数据分组有效数据载荷字段为网络层上层要求网络层传送的数据。

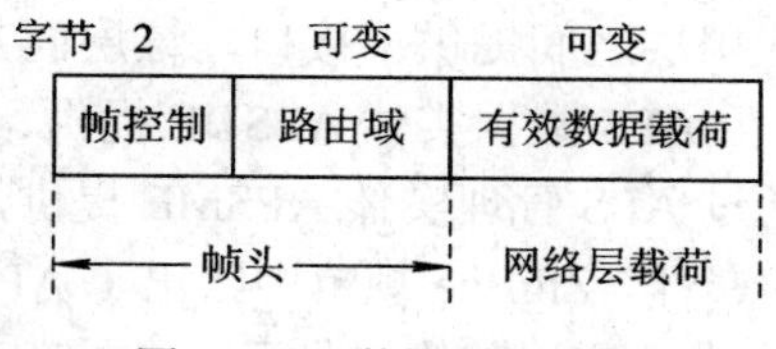

图 11-16　数据分组结构

3. 命令分组结构

命令分组结构如图 11-17 所示。命令分组帧头部分由帧控制字段和路由域字段组成。帧控制字段的值表示网络层的不同命令，根据网络层命令帧的用途对该字段进行设置。网络命令标识符字段表明所使用的网络层命令。网络层命令分组的有效载荷字段是网络层命令本身。

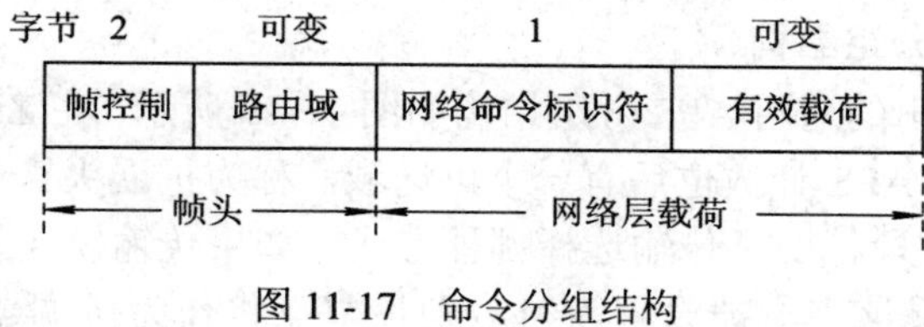

图 11-17　命令分组结构

11.5 应用层协议

11.5.1 应用层架构

应用层是 ZigBee 网络的最高协议层，参考模型如图 11-18 所示，其包括三部分：应用支持层 APS、ZigBee 设备主体 ZDO 和应用架构。

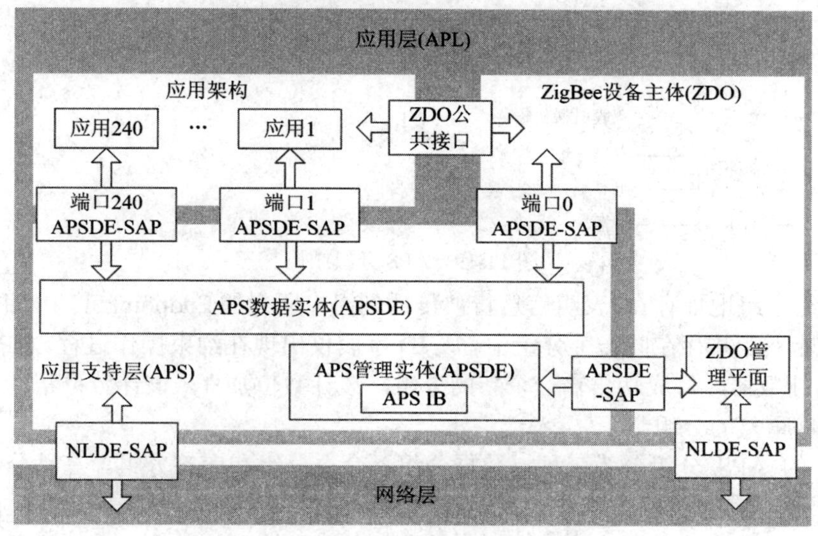

图 11-18　应用层参考模型

应用支持层为网络层和应用层之间提供了接口，该层同其他层一样提供两种服务：数据服务和管理服务。数据服务由 APS 数据实体 APSDE 提供，通过 APSDE 服务接入点 SAP 接入到应用架构。管理能力通过 APS 管理实体 APSME 提供，并通过 APSME-SAP 接入。APS 信息库 IB 中存有 APS 的属性。ZigBee 规范中给出了 APS 的常量和属性说明，详细内容可参考文献[1]。ZigBee 节点中的应用架构提供了一个控制和管理应用对象的环境。应用对象是由人工设置和定制的，一个节点中最多可以定义 240 个相对独立的应用对象。

ZDO 为 APS 子层和应用架构之间提供一个接口，其中含有对协议栈的所有功能操作。ZDO 通过 APSME-SAP 接入 APSME，并通过 ZDO 的公共接口与应用构架之间交互。

11.5.2 应用层帧结构

1. 应用层的通用分组结构

ZigBee-2006 中给出的通用 APS 分组结构如图 11-19 所示。在 ZigBee 的升级版(ZigBee Pro)中，通用分组中在 APS 计数位后有一个可选域，称为扩展头。分组类型字段定义了分组的类型。传输模式字段标明了传输选择哪种方式。如果传输模式是直接寻址，则该字段在分组中被省略。如果该字段被设置为 1，则该节点将作为协调器，并且分组中的目的 Endpoint 字段被省略。如果被设置为 0，表明该分组是从协调器发给目的节点的分组，并且源 Endpoint 被省略。安全字段由安全服务提供者设置。在 ACK 请求字段中，如果其值设置为 1，表明接收节点必须返回一个应答。

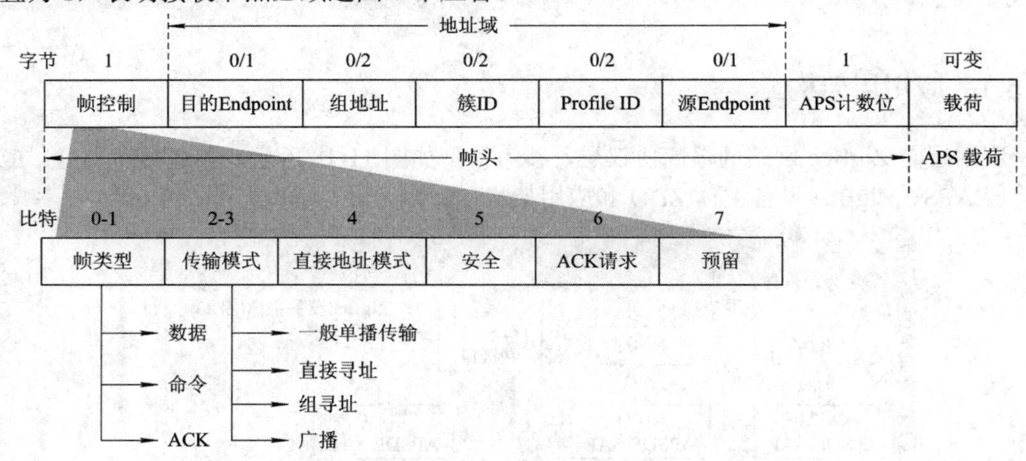

图 11-19　APS 分组结构

如果分组中组地址存在，表明信息将被传播到组中所有的 Endpoint。其中，目的 Endpoint 字段和组地址不能共存在同一个分组中。簇 ID 字段仅出现在约束操作过程。APS 计数位是一个 8 位的计数器，每成功传输一个新的分组，该计数位加 1。该计数位帮助识别接收到的分组，忽略重复的分组。

ZigBee 的 APS 分组分为三种：数据分组、命令分组和应答分组。三种分组结构如图 11-20 所示，其中数据分组结构同通用 APS 分组类似。命令分组是与安全相关的分组，将在本章第 11.6 节的安全部分介绍。由于应答分组从不发给一组节点，应答分组中既不包含载荷也不包含组播地址。

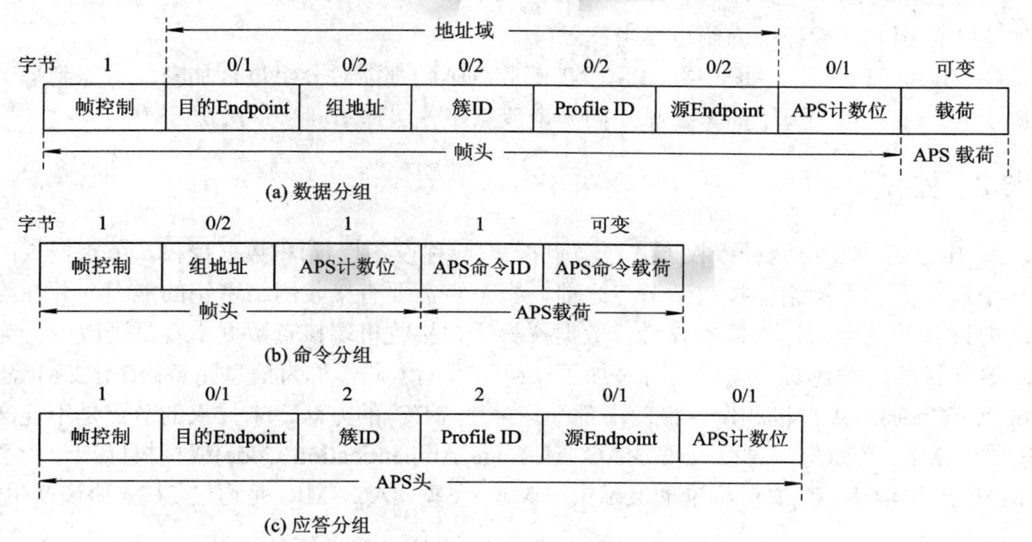

图 11-20　APS 层的三种分组结构

2. ZDP 分组结构

ZDP 命令通过 APS 数据服务产生，其帧结构如图 11-21 所示，第一部分是一个 8 位的业务序列号。任何应用对象都维护一个计数器，每次成功传输一个新业务后就增加 1，并把该计数值放到 ZDP 命令的业务序列号字段中。业务数据部分包含业务本身和命令分配给的其他数据。ZDP 命令分组的完整说明见文献[4]的附录 B。

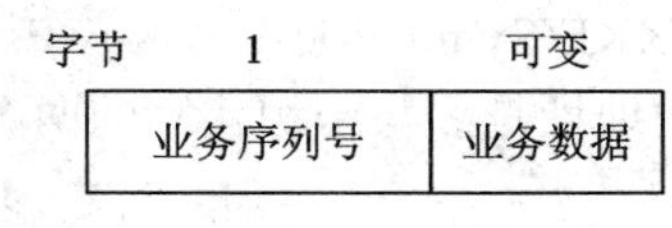

图 11-21　ZDP 帧结构

11.6　ZigBee 协议安全机制

无线网络中，信息传输可以被周围的任何 ZigBee 设备接收到，尽管在简单的应用中安全不是重点考虑的对象，但是在其他一些应用中，入侵节点侦听信息或者修改和重发信息将导致很多问题，如隐私泄露或者系统操作被关闭等。为了避免这些问题，ZigBee 标准支持加密和授权协议。

11.6.1　加密

加密是对信息进行置换和重组。ZigBee 标准支持高级加密标准 AES。在最基本的加密过程中，发射机端在发出信息前用一种算法对信息进行加密，该加密算法只有收发双方知道，接收端用对应的解密算法来还原出原始信息。未加密的信息称为明文，加密信息称为密文。如果加密是对一个数据块操作的，则加密算法称为分组密码。ZigBee 中用的是 128bit 的分组密码。

在 AES 中，每个加密算法都配有密钥，算法本身是公开的，并且是公用的，只是每次传输过程中使用的密钥是保密的。密钥是一个二进制数组，有不同的方法可以获得密钥。

获取安全密钥方法的详细介绍可参考文献[4]。

在 ZigBee 网络中，每一层(APS、NEK 和 MAC)都能对分组进行加密，考虑到每一层都属于同一个节点，为了简单起见，同一个节点在各层都用同一个密钥。

11.6.2 授权

ZigBee 标准支持两种授权方式：节点授权(或称设备授权)和数据授权。节点授权即批准一个新节点加入网络。授权新节点之前，新节点需要有接收网络密钥的能力，并在给定时间内设置其属性，称为被授权者。数据授权需要接收机端核查数据本身是否改变。为了实现这一目的，发射机在帧中同时添加了一组特殊的编码，称为信息完整码(MIC, Message Integrity Code)。接收机和发射机两端都知道产生 MIC 的方法，未授权的节点是不能产生 MIC 的，MIC 又称为信息授权码(MAC, Message Authentication Code)或授权标识。为了不与 MAC 产生混淆，ZigBee 标准的文献中用 MIC 代替 MAC，MIC 是通过 CCM 协议产生的。

11.6.3 APS 子层安全命令

ZigBee-2006 的 APS 安全命令的分组格式如图 11-22 所示。图中前四个命令是 SKKE(Symmetric-Key Key Establishment)协议中的命令。SKKE 命令分组中发起端和响应端的地址是参与密钥建立的两个节点的地址。

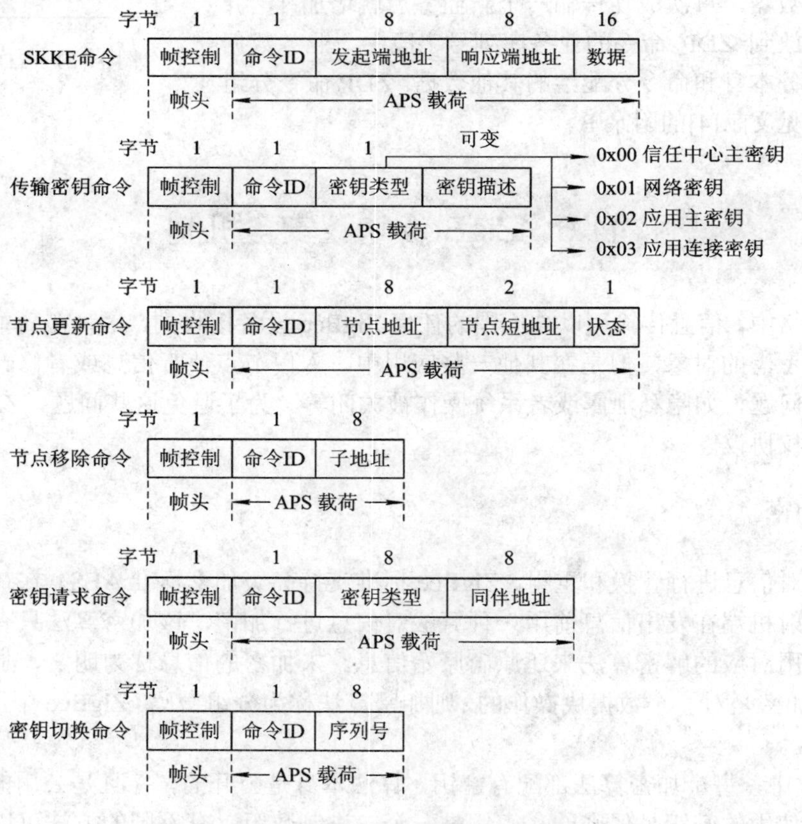

图 11-22 APS 层安全命令的分组结构

传输密钥命令用于在网络中携带真实的密钥到一个节点，该命令可以携带四种类型的密钥。其中，信任中心主密钥(Trust center master key)是在网络中的信任中心和其他节点间建立连接密钥的主密钥。密钥描述字段分配的密钥中包含主密钥自身、目的节点地址和源节点地址。网络密钥描述字段包含目的节点和源节点地址以及一个序列号。应用主密钥用于设置两个节点间的连接密钥。应用主密钥和连接密钥对应的密钥描述部分包含接收密钥节点的地址和标识符。其中，当该帧的接收节点已经请求了该密钥，标识符设置为 1。

节点更新命令用于改变网络中节点的状态。节点的状态有三种：安全接入、不安全接入和离开网络。节点移除命令请求把网络中的子节点移除。密钥请求命令用于请求一个特定密钥，分组中的密钥类型字段与密钥传输命令中的密钥类型相同。同伴地址(partner address)字段仅出现在传输连接密钥的应用中。密钥切换命令用于激活节点中的网络密钥。

在 ZigBee-Pro 中，比 ZigBee 2006 多定义五种命令，其中四种命令用于实体授权，即允许两个节点之间相互授权。第五个命令是允许一个节点向另一个没有当前的网络密钥的节点发出命令。若读者对相关内容想进一步了解可参阅文献[5]。

参考文献

[1] Zensys, Inc. http://www.zen-sys.com.

[2] 徐平平, 刘昊, 褚宏云，等，译. 无线传感器网络. 北京: 电子工业出版社, 2013.

[3] 蒋挺, 赵成林. 紫峰技术及其应用. 北京: 北京邮电大学出版社, 2006.

[4] ShahinFarahani. ZigBee Wireless Networks and Transcivers.Newnes, Elsevier, 2008.

[5] ZigBee Specification 053474r17, 2008.

[6] Available from www.zigbee.org.

第12章　6LoWPAN协议

12.1　6LoWPAN概述

近几年来，随着无线传感器网络的发展和物联网(Internet of Things，IoT)行业的兴起，使得大量无线传感器网络节点接入互联网成为可能。然而，传统的无线传感器网络节点具有低功耗、低速率、低存储容量、低运算能力等资源受限特点，同时还受限于 MAC 层技术特性如数据帧小、不支持组播等缺点。除此之外，最重要的是需要解决大量无线传感器网络节点的寻址问题。截止到目前，IPv4 地址已基本用尽，IPv4 协议显然已经不能满足现实的需要。考虑到智能家居、智能医疗、智能交通等大规模应用即将普及，到那时对于地址的需求会更加紧张。IPv6 协议的广泛应用和部署将在地址空间和协议支持方面为此提供强有力的技术保障，各类低功耗的无线传感器网络节点逐渐能够加入到IP通信的大家庭中，与以太网、Wi-Fi 以及其他基于 IP 类型的设备互连互通。

6LoWPAN[1]是基于 IPv6 技术的低速无线个域网络的简称。基于 6LoWPAN 协议的无线传感器网络所具有的主要特征包括：

(1) 支持 64 位或者 16 位的 IEEE 802.15.4 地址，节点可以通过无状态自动配置获取合法的 IPv6 地址，无需进行人工配置。

(2) 在 IP 网络层之下设置适配层，进行 IP 数据报分割和重组，使得物理层可以分段地传输 IPv6 数据报，满足 IPv6 对最大传输单元 MTU 的要求。

(3) 高效、无状态的报头压缩，能显著减少报头开销，提高传输效率。

(4) 使用邻居发现技术实现网络自组。

(5) 支持单播、多播和组播功能。

(6) 支持网络层路由和链路层路由。

6LoWPAN 技术使得无线传感器网络节点自由接入互联网成为可能，它精简了 IPv6 协议的功能，对必需的部分进行了保留和修改，对非必需的部分进行了裁剪和删除。它实现了 IPv6 网络与基于 IEEE 802.15.4 标准的传统无线传感器网络的无缝连接，对于实现物联网和基于 IPv6 的互联网的全面融合具有划时代意义。在未来五到十年里，相互融合的物联网和互联网会形成真正的全 IP 网络，这样任何人会在任何时间、任何地点，通过任何终端获取所需要的任何信息，这是未来信息社会的美好前景。而 6LoWPAN 技术的采用将从根本上解决物联网感知层传感器节点接入互联网的问题，实现传感器网络末梢节点的 IP 化，如图 12-1 所示。

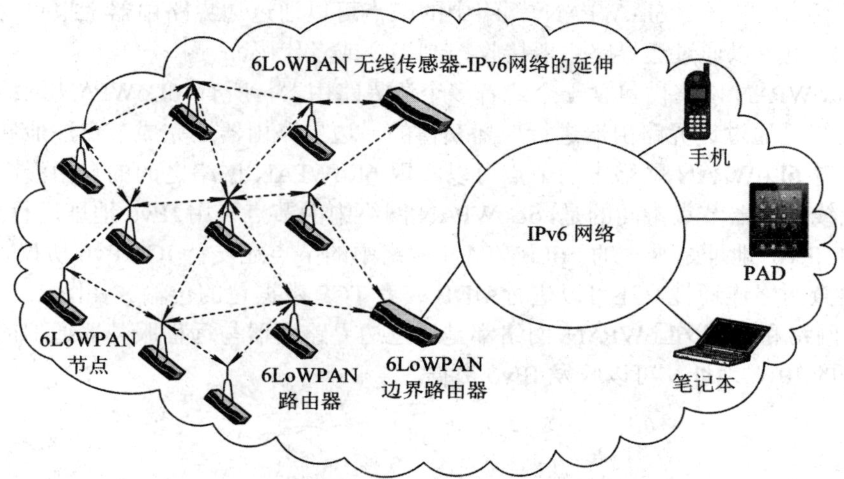

图 12-1　无线传感器网络 IP 化

互联网工程任务组 IETF 最早提出并制定了 6LoWPAN 技术的相关标准，它对 6LoWPAN 技术的定义是：6LoWPAN 是一种通过适配层技术使得基于 IEEE 802.15.4 标准的低功耗有损网络节点能够采用 IPv6 技术进行通信和交互的技术。截止到目前，该工作组完成了 6 个标准，它们分别是：

RFC4919：IPv6 over Low-Power Wireless Personal Area networks (6LoWPANs): Overview, Assumptions, Problem, Statement, and Goals (2007-8).

RFC 4944：Transmission of IPv6 Packets over IEEE 802.15.4 Networks (2007-09).

RFC 6282：Compression Format for IPv6 Datagrams over IEEE 802.15.4-Based Networks (2011-09).

RFC 6568：Design and Application Spaces for IPv6 over Low-Power Wireless Personal Area Networks (6LoWPANs) (2012-04).

RFC 6606：Problem Statement and Requirements for IPv6 over Low-Power Wireless Personal Area Network (6LoWPAN) Routing (2012-05).

RFC 6775：Neighbor Discovery Optimization for IPv6 over Low-Power Wireless Personal Area Networks (6LoWPANs) (2012-11).

以上文档参见 IETF 工作组网站 http：//datatracker.ietf.org/wg/6lowpan/documents/。

12.2　6LoWPAN 网络体系结构

6LoWPAN 无线传感器网络由许多独立的 6LoWPAN 网络接入到互联网组成，每个 6LoWPAN 网络都由底层基于 IEEE 802.15.4 标准而网络层采用 IPv6 协议的无线传感器节点组成。这些节点分为简单功能节点(Reduced Function Nodes)和全功能节点(Full Function Nodes)，简单功能节点只具有数据采集的功能，而全功能节点除了可以采集数据外还具有为其他节点提供路由中继的功能。所有这些节点通过无线的方式按照星型或者网状结构连接在一起，节点有些是固定的，有些是可以移动的。每个 6LoWPAN 网络通过边界路由器与本地骨干互联网相连。6LoWPAN 网络中的节点可以通过边界路由器上报自身状态与采集到的数据，也可以通过边界路由器接收控制指令或者代码。

每个 6LoWPAN 网络内包含一个或者多个边界路由器，所有 6LoWPAN 网络内节点的 IPv6 地址前缀是通过边界路由器进行广播获得的。边界路由器还完成节点注册和容错处理等功能，使得 6LoWPAN 网络中的节点可以实现 6LoWPAN 网络之间的自由漫游和移动。与普通的无线传感器节点不同的是，6LoWPAN 网络中的节点采用 IPv6 地址进行数据收发，而且节点的 IPv6 地址是唯一的。6LoWPAN 网络中的节点还支持 ICMPv6 协议，可以使用 Ping 命令检查网络连通性，还可以进行 UDP 或者 TCP 数据包的传输。在图 12-2 中，简单 6LoWPAN 网络和扩展 6LoWPAN 网络都是通过边界路由器与远程服务器通信的，它们都有一个唯一的 IPv6 地址，可以收发 IPv6 数据。

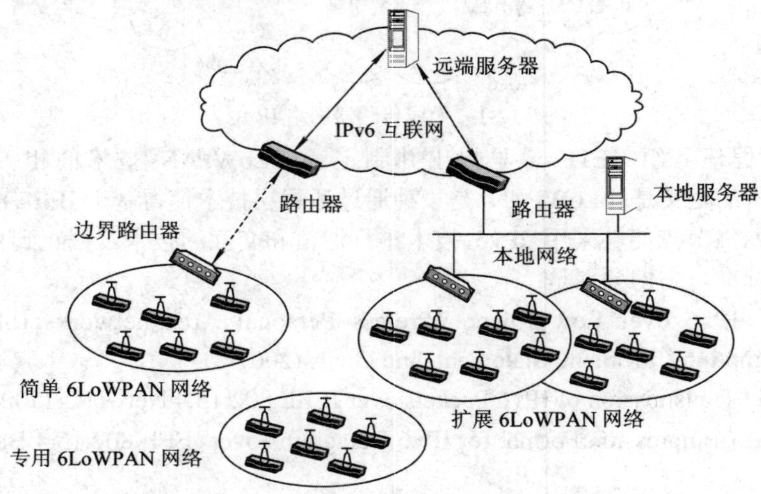

图 12-2 6LoWPAN 无线传感器网络体系结构

图 12-2 中共有三个不同类型的 6LoWPAN 网络，分别是简单 6LoWPAN 网络、扩展 6LoWPAN 网络和专用 6LoWPAN 网络。简单 6LoWPAN 网络是由大量 6LoWPAN 的节点构成的，这些节点有相同的 64 位网络地址前缀。专用 6LoWPAN 网络是不与互联网相连接的，类似于计算机网络中的私有网络。扩展 6LoWPAN 网络是由若干个简单 LoWPAN 网络组成的，同时也会拥有多个边界路由器。

6LoWPAN 网络通过边界路由器连接到 IP 网络，边界路由器具有路由、数据转发等功能，另外必要时还有完成 IPv6 数据报的头部压缩和邻居发现注册等任务，边界路由器的协议栈结构如图 12-3 所示。

<table>
<tr><td colspan="2">IPv6 网络层</td></tr>
<tr><td rowspan="2">以太网 MAC层</td><td>6LoWPAN 适配层</td></tr>
<tr><td>IEEE 802.15.4 MAC层</td></tr>
<tr><td>以太网物理层</td><td>IEEE 802.15.4 物理层</td></tr>
</table>

图 12-3 6LoWPAN 边界路由器的协议栈结构

12.2.1　6LoWPAN 网络的优势

6LoWPAN 技术的主要思想是在 IPv6 网络层和 MAC 层之间加入一个适配层，以提供对 IPv6 必要的支持。6LoWPAN 组织之所以极力推崇在 IEEE802.15.4 上使用 IPv6 技术，是因为 IPv6 技术相对于 ZigBee 技术等其他技术而言，具有如下的优势：

普及性：IP 网络应用广泛，深入人心，作为下一代互联网核心技术的 IPv6，也在加速其普及的步伐，在 LR-WPAN 网络中使用 IPv6 更易于被接受。

适用性：IP 网络协议栈架构受到了广泛的认可，LR-WPAN 网络完全可以基于此架构进行简单、有效的开发。

开放性：IP 协议是开放性协议，不牵扯复杂的产权问题，这是 6LoWPAN 技术相对于 ZigBee 技术的优势。

更多地址空间：IPv6 应用于 LR-WPAN 最大的亮点就是庞大的地址空间，这恰恰满足了部署大规模、高密度 LR-WPAN 网络设备的需要。

支持无状态自动地址配置：IPv6 中当节点启动时，可以自动读取 MAC 地址，并根据相关规则配置好所需的 IPv6 地址。这个特性对 LR-WPAN 网络来说，非常具有吸引力，因为在大多数情况下，不可能对 LR-WPAN 节点配置用户界面，节点必须具备自动配置功能。

易接入：LR-WPAN 使用 IPv6 技术，使其更易于接入其他基于 IP 技术的网络，包括下一代互连网，使其可以充分利用 IP 网络的技术进行发展。

易开发：目前基于 IPv6 的许多技术已比较成熟，并被广泛接受，针对 LR-WPAN 的特性对这些技术进行适当的精简和取舍，简化了协议开发的过程。

12.2.2　6LoWPAN 网络的关键技术

对于 IPv6 和 IEEE 805.15.4 结合的关键技术，6LoWPAN 工作组进行了积极的研究与讨论，目前在 IEEE 802.15.4 上实现传输 IPv6 数据包的关键技术如下：

IPv6 和 IEEE 802.15.4 的协调：IEEE802.15.4 标准定义的最大帧长度是 127 字节，MAC 头部最大长度为 25 字节，剩余的 MAC 载荷最大长度为 102 字节。如果使用安全模式，不同的安全算法占用不同的字节数，比如 AES-CCM-128 需要 21 字节，AES-CCM-64 需要 13 字节，而 AES- CCM-32 需要 8 字节。这样留给 MAC 载荷最少只有 81 个字节，而在 IPv6 中，MAC 载荷最大为 1280 字节。IEEE 802.15.4 帧不能封装完整的 IPv6 数据包，因此，要协调二者之间的关系，就要在网络层与 MAC 层之间引入适配层，用来完成分片和重组的功能。

地址配置和地址管理：IPv6 支持无状态地址自动配置，相对于有状态自动配置来说，配置所需开销比较小，这正适合 LR-WPAN 设备特点。同时，由于 LR-WPAN 设备可能大量、密集地分布在人员比较难以到达的地方，实现无状态地址自动配置则更加重要。

网络管理：网络管理技术对 LR-WPAN 网络很关键。由于网络规模大，而一些设备的分布地点又是人员所不能到达的，因此 LR-WPAN 网络应该具有自愈能力，要求 LR-WPAN 的网络管理技术能够在很低的开销下管理高度密集分布的设备。由于在 IEEE802.15.4 上转发 IPv6 数据提倡尽量使用已有的协议，而简单网络管理协议(SNMP)又为 IP 网络提供了一套很好的网络管理框架和实现方法，因此，6LoWPAN 倾向于在 LR-WPAN 上使用 SNMPv3 进行网络管理。但是，由于 SNMP 的初衷是管理基于 IP 的互联网，要想将其应用到硬件资源受限的 LR-WPAN 网络中，仍需要进一步改进。例如：限制数据类型、简化基本的编码规则等。

安全问题：由于使用安全机制需要额外的处理和带宽资源，并不适合 LR-WPAN 设备，而 IEEE802.15.4 在链路层提供的 AES 安全机制又相对宽松，有待进一步加强，因此寻找一种适合 LR-WPAN 的安全机制就成为 6LoWPAN 研究的关键问题之一。

12.2.3 6LoWPAN 网络面临的问题

由于基于 IEEE 802.15.4 标准的无线传感器网络所具有的固有网络特性，使得完整的 IPv6 协议栈不能直接架构在基于 IEEE 802.15.4 标准的底层上，在实现基于 6LoWPAN 技术的无线传感器网络时将会面临以下问题：

IPv6 地址的获得：即符合 IEEE 802.15.4 标准的无线传感器网络的节点如何获取唯一的 IPv6 地址并进行维护和管理。由于 802.15.4 提供两种寻址方式：64 位 IEEE 地址和 16 位的网内短地址，如何通过这两种地址获得 IPv6 地址需要设计相关的算法。每个节点的网络地址需要在组网时自动分配，一种可行的思路是从底层获取网络地址。例如，每个符合 IEEE 802.15.4 标准的设备在出厂时都分配一个全球唯一的 64 位 IEEE 地址，网络地址可以从这 64 位 IEEE 地址扩展形成，并保持全网甚至全球的唯一性。

最大传输单元 MTU：IPv6 数据帧要求具有 1280 字节的 MTU，而 IEEE 802.15.4 的数据链路层除去自身开销后能够为网络层提供的最大有效负载只有 102 字节，因此有必要在 IEEE802.15.4 的 MAC 层和 IPv6 网络层之间加入一个适配层，对二者的差异进行适配。

轻量级的 IPv6 协议：IPv6 协议本身具有很多子协议，而有些协议对于无线传感器网络来说是没有必要的，因此应该针对 IEEE802.15.4 的特性保留或者改进必需的功能协议，而对于冗余的协议要进行裁剪，满足无线传感器网络对功耗、成本、存储空间等方面的严格要求。

报头头部压缩：IPv6 数据报的基本报头部分有 40 字节大小，固定的报头部分占据了 IPv6 数据报很大的空间，而且如果考虑后续的扩展报头、UDP 或者 TCP 传输层的报头等，IPv6 的有效负载将十分有限。如果对 IPv6 的报头不进行处理而直接用于无线传感器网络，这样将导致传输效率很低。

合适路由机制：IPv6 网络中使用的路由协议大体分为两种：基于距离矢量或者是基于链路状态的路由协议，而在资源十分受限的无线传感器网络中采用标准的 IPv6 路由协议，显然是不合适的，因此很有必要对 IPv6 的路由协议进行优化，使其能更加适合无线传感器网络。

12.2.4 6LoWPAN 网络解决方案

为了解决基于 6LoWPAN 的无线传感器网络所面临的问题，应该做好以下几方面的工作。

1．IPv6 协议栈的裁剪

无线传感器网络节点一般都是低功耗、低速率、低存储空间的嵌入式微型节点，为了使这些节点能够与互联网上的节点进行直接通信，部署在这些节点上的网络协议必须与 IP 网络的协议和功能相兼容。但是标准的 IPv6 协议对于代码和存储器的要求都大大超过了这些节点存储资源的承受能力。因此，需要对 IPv6 协议进行裁剪，只保留那些必需的功能集合。同时，网络协议栈的设计必须是与应用无关的，这样才能保证不同的无线传感器网络之间可以相互通信。随着 IPv6 的发展和应用，必须设计出微型的 IPv6 协议栈来适应传统无线传感器节点资源受限的特殊情况。

2．数据报的分片和重组

在无线传感器网络中，MAC 层每一帧的长度为 127 字节，IEEE 802.15.4 能为网络提供的有效负载的长度为 80～100 字节，而 IPv6 数据报的最大传输单元为 1280 字节，这就造成了许多 IPv6 数据报不能完整地放进一个 IEEE 802.15.4 帧进行传输。为了解决这一问题，IPv6 数据报从网络层交付给链路层的过程中，协议栈需要分割 IPv6 数据报，即使用数据报分片和重组技术，这里需要考虑两个关键问题：一是保证分片后的数据报的顺序不能被打乱，可以在接收端重组成原来的 IPv6 数据报递交给网络层；二是分片后的小数据报片如果在传输中丢失，是对丢失的数据报进行重传还是重传整个 IPv6 数据报。

3．数据报首部压缩

对于低速率的无线传感器网络来说，承载完整的 IPv6 数据报报头是一个很沉重的负担。例如，IPv6 报头往往长达 40 字节，而一般的低速率无线传感器网络的 MAC 层的每帧长度是 127 字节。如果每帧都包含完整的 IPv6 报头，网络层有效负载最多只剩下 40 字节。因此，IPv6 报头压缩是非常有必要的，甚至是必须的。

4．网络路由方式选择

互联网中的路由功能是由网络层提供的，目的是使下层协议能够专注于完成链路层传输的功能。无线传感器网络通常具有复杂的网络拓扑结构，为了在网状拓扑结构中完成路由选择，除了可以在网络层提供路由功能外，IP 化的无线传感器网络往往还能够在链路层提供路由功能，以简化网络层的设计，究竟使用哪一层的路由功能还需根据实际情况来确定。然而，设计无线传感器网络的路由协议时，无论采用链路层路由还是网络层路由，都需要考虑节点的存储资源、睡眠调度机制、节点能源获取方式等问题。

5．无状态自动配置

无线传感器网络是一种自组织网络，传感器节点在无人干预的情况下会自动完成配置和组网功能。而且，无线传感器网络动态性强，节点可能会随时加入或者离开网络。因此，在传统 IP 的基础上，需要引入新的机制，以适应自动化获取网络地址、动态发现和配置新邻居的要求。标准的 IPv6 协议使用邻居发现技术来发现其他设备的存在，并进行无状态的自动配置，但邻居发现技术只能用在处于同一网段中的节点。如果无线传感器网络使用的是链路层路由技术，那么整个网络都属于同一个网段，那就可以使用邻居发现技术进行配置。如果使用网络层路由技术，网络被划分许多不同的网段，因此需要对邻居发现技术进行改进以适应无线传感器网络的网络层路由需要。

12.3 6LoWPAN 适配层技术

12.3.1 6LoWPAN 协议栈

6LoWPAN 协议的物理层和 MAC 层采用 IEEE 802.15.4 标准，适配层是 6LoWPAN 的主要组成部分，主要功能有：压缩、分片与重组、Mesh 路由。网络层采用 IPv6 协议，传输层采用 TCP 或 UDP，应用层采用现在通用的 Socket 编程接口。

12.3.2 适配层基本功能

图 12-4 给出了 6LoWPAN 协议栈与 TCP/IP 协议栈的比较，从图中可以看到，6LoWPAN 协议栈中的适配层是位于 MAC 层和网络层之间的一层，起到承上启下的重要作用。

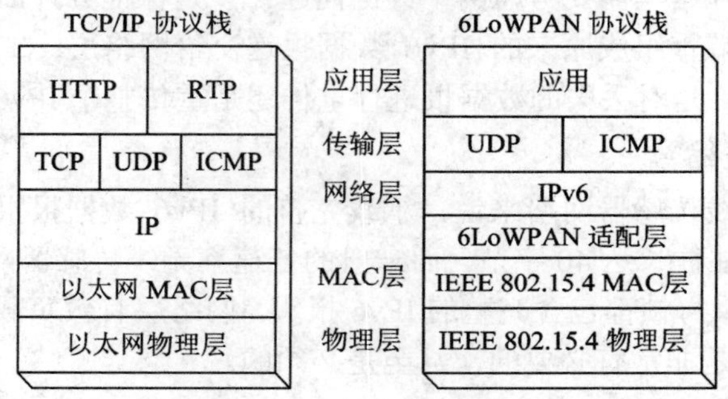

图 12-4　TCP/IP 与 6LoWPAN 协议栈的比较

6LoWPAN 适配层的主要功能如下：

分片和重组：IPv6 协议所规定的数据链路层的最大传输单元为 1280 字节，而基于 IEEE 802.15.4 标准的无线传感器网络的数据链路层的有效载荷远小于这个数值，适配层首先要对 IPv6 数据报进行透明的链路层分片和重组。

组播支持：组播在 IPv6 协议中是一个不可或缺的角色，IPv6 中邻居发现协议的很多功能都是利用组播来实现的。基于 IEEE 802.15.4 的无线传感器节点是不支持组播的，但是可以提供有限的广播。基于这一考虑，适配层可以利用广播的洪泛机制来实现 IP 组播功能。

头部压缩：在不考虑安全机制的情况下，IPv6 报文头部为 40 字节，而 IEEE 802.15.4 的 MAC 层的最大有效载荷仅仅为 102 字节。如果再将适配层和传输层的头部开销考虑在内，剩下的可用有效载荷空间仅仅只有 50 字节。要实现在 IEEE 802.15.4 的 MAC 层上传输 IPv6 的最大传输单元，除了要利用适配层的分片和重组功能来传输大于 102 字节的 IPv6 报文外，还需要采用相应的报文头部压缩技术对 IPv6 数据报进行头部压缩，这样可以大大提高传输效率。

网络拓扑构建和地址分配：IEEE 802.15.4 规定了无线传感器网络的物理层和数据链路层。但是，物理层和数据链路层并不负责网络拓扑建立和拓扑结构维护的工作，因此维护拓扑结构的工作必须要让适配层来完成。另外，基于 6LoWPAN 的无线传感器网络中的每个传感节点都具有 64 位的 IEEE 地址标识符，但是一般的 6LoWPAN 网络节点存储能力十分受限，而且节点的部署是大范围的，若直接采用 64 位地址将占用报文长度，降低传输效率。因此，需要研制更加合理且高效的地址分配方案。

MAC 层路由：IEEE 802.15.4 标准并没有对无线传感器网络定义 MAC 层多跳路由。适配层需要在现有路由协议的基础上进行改进，目前可以采用 RPL 路由协议来适应无线传感器网络的特点。适配层是整个 6LoWPAN 网络的基础框架，整个适配层的功能模块示意图如图 12-5 所示。

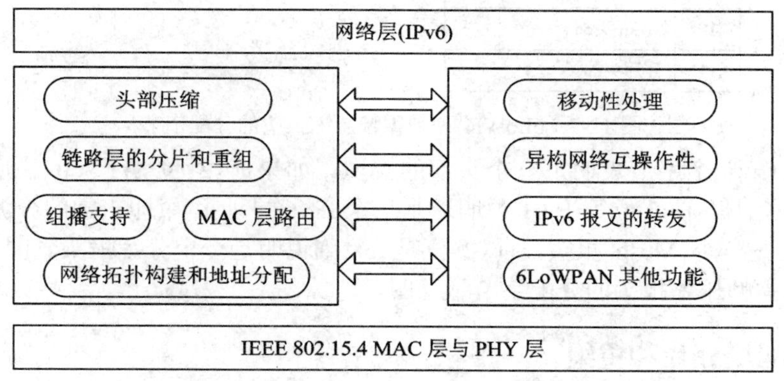

图 12-5　6LoWPAN 适配层功能模块示意图

12.3.3　适配层数据帧结构

与 IPv6 协议类似，6LoWPAN 适配层利用了头栈，只有在需要时才添加报头。6LoWPAN 支持三种报头：网状寻址报头、分片报头、IPv6 报头压缩报头，如果这三种报头都有，就按这个顺序来封装。适配层定义了封装头栈，如图 12-6 所示，它在每个 IPv6 数据报之前。图 12-7 给出了 6LoWPAN 数据报在 IEEE 802.15.4 负载上的封装。

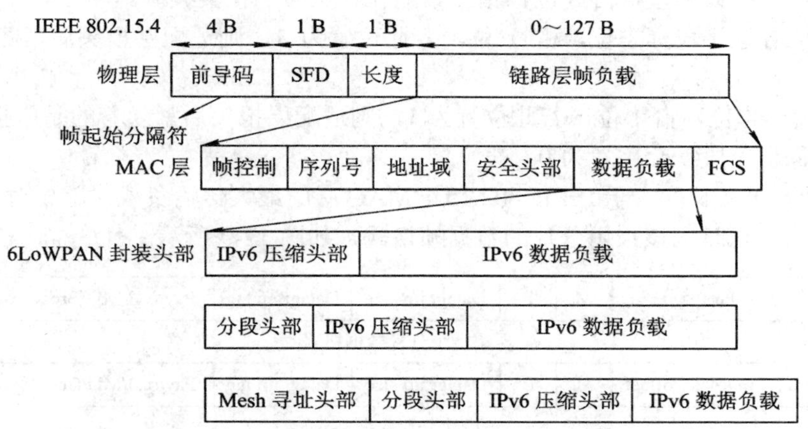

图 12-6　6LoWPAN 封装头栈

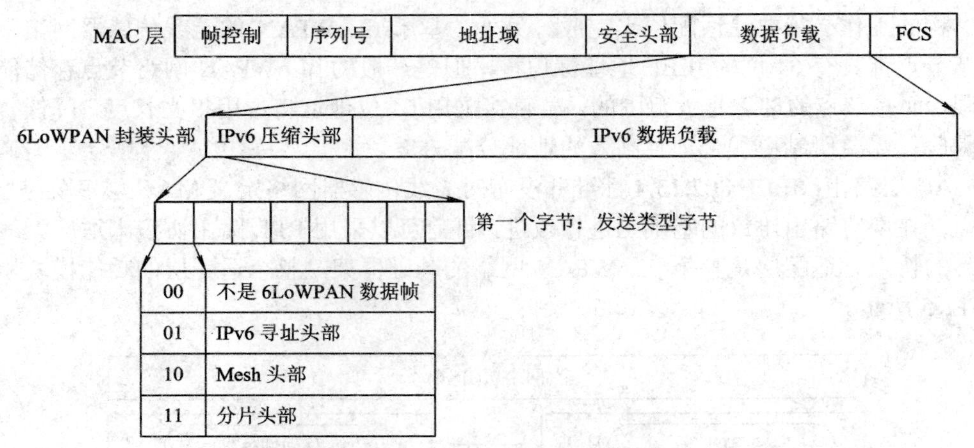

图 12-7　6LoWPAN 数据帧压缩报头的分配字节

封装头的第一个字节表明下一个头部的类型。如果前 2 位等于 00 说明这不是一个 6LoWPAN 数据帧，前 2 位等于 01 说明这是一个 IPv6 寻址报头(即正常的分派值)，前 2 位是 10 说明这是一个 Mesh 报头，前 2 位是 11 则说明是一个分片报头。图 12-7 给出了 6LoWPAN 数据帧压缩报头的分配字节示意图。

12.3.4　适配层分片和重组

当 IPv6 报文长度小于 IEEE 802.15.4 MAC 层的最大传输负载时，数据报可以直接传输不需要进行分片，这时可以采用不分片的数据帧格式，如图 12-8 所示。

LF	Prot_type	M	B	RSV	Payload/MD/Broadcast Hdr

图 12-8　不分片的 6LoWPAN 数据帧格式

不分片数据帧格式的各个字段含义如下：

LF：链路层分片标记，占 2 位。此处应为 00，表示使用不分片报头格式。

Prot_type：协议类型，占 8 位，指出紧随在报头后的报文类型。

M：网状寻址字段标志位，占 1 位。若此位置为 1，则适配层报头后紧随着的是网状寻址字段。

B：广播标志位，占 1 位，若此位置为 1，则适配层报头后紧随着的是广播字段。

RSV：保留字段，全部置为 0。

如果 IPv6 报文长度大于 IEEE 802.15.4 MAC 层的最大传输负载，就要对 IPv6 数据报进行分片操作，这时应该采用分片的数据帧格式，如图 12-9 所示。

LF	Prot_type	M	B	Datagram size	Datagram tag	Payload/MD/Broadcast Hdr

第一个分片数据格式

LF	Fragment_offset	M	B	Datagram size	Datagram tag	Payload/MD/Broadcast Hdr

后续分片数据格式

图 12-9　分片的 6LoWPAN 数据帧格式

分片报头每个字段代表的含义如下：

LF：链路分片标志位，占 2 位，其值的含义如表 12.1 所示。

表 12.1　LF 字段数值含义

LF	链路层分片位置
00	不分片
01	第一个分片
10	最后一个分片
11	中间分片

M：网状寻址字段标志位，占 1 位，若此位置为 1，则适配层报头后紧随着网状寻址字段。

B：广播标志位，占 1 位，若此位置为 1，则适配层报头后紧随着的是广播字段。

datagram_size：负载报文的长度，占 11 位，所以支持的最大负载报文长度为 2048 字节，可以满足 IPv6 报文在 IEEE 802.15.4 上传输的 1280 字节 MTU 的要求。

datagram_tag：分片标识符，占 9 位，同一个负载报文的所有分片的 datagram_tag 字段应该相同。

fragment_offset：报文分片偏移，8 bits。该字段只出现在第二个以及后继分片中，指出后继分片中的 payload 相对于原负载报文的头部的偏移。

12.3.5　适配层报头压缩

IPv6 数据报首部长达 40 字节，而 UDP 首部也有 8 字节大小，这种首部格式减少了 MAC 层传输 IPv6 有效负载的长度，造成效率低下。因此，对其进行头部压缩十分必要。

128 位的 IPv6 地址由 64 位前缀加上 64 位接口 ID 构成。64 位前缀代表子网，后 64 位接口 ID 代表某一个特定的网络接口，并且这个 ID 在子网内必须是唯一的。在 6LoWPAN 体系中，后 64 位 ID 往往是直接从链路层地址获得的，这个地址在出厂时是唯一的。同时，6LoWPAN 中所有的节点都共享相同的子网前缀，所以，在这种情况下，子网内的单播地址，无论是源地址还是目的地址，都可以在 IPv6 的报头中省略。

12.3.6　6LoWPAN 网络路由

在传统的基于 IEEE 802.15.4 标准的无线传感器网络中，从源节点向目的节点发送数据包时，往往不止一跳，需要经过一个或者多个无线传感器节点。在基于 6LoWPAN 无线传感器网络中也是这样，数据包的传输需要经过多个 6LoWPAN 中间节点的中转，最终传送到目的节点。数据包由源节点发往目的节点需要两个重要的过程，一个是转发，一个是路由。

6LoWPAN 技术的路由协议应当满足如下几点路由需求：对数据包的低开销；对路由过程的低开销；较小的内存占用和处理能力需求；支持休眠机制以减少能量消耗。

根据路由协议所在协议栈中位置的不同可以分为两类：

一类是路由协议在 6LoWPAN 的适配层中进行，利用 Mesh 报头进行简单的二层转发，统称为 Mesh Under 路由转发。

另一类是路由协议在网络层中进行，数据包利用 IP 报头在三层进行转发，统称为 Route Over 路由转发。

1. Mesh Under 路由转发

Mesh Under 路由指路由转发过程发生在数据链路层之上的适配层中的路由方式，数据包的路由和转发过程都是基于链路层地址的，可以使用 64 位的 IEEE 地址，也可以使用 16 位的网内短地址，图 12-10 展示了链路层路由转发的过程。

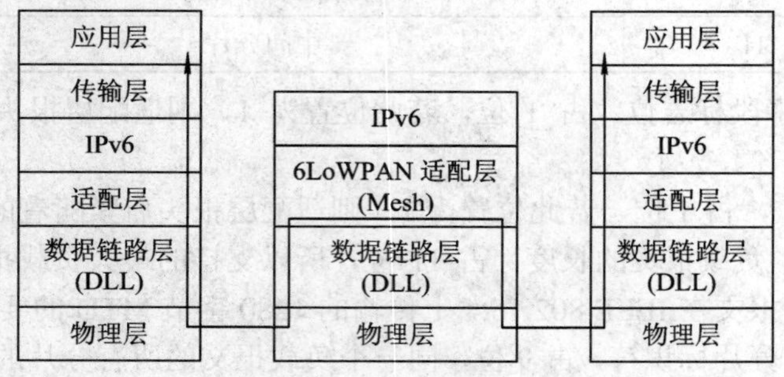

图 12-10　Mesh Under 路由转发的过程

这种路由转发方式对于 6LoWPAN 适配层来说是不可见的。如果确实需要让链路层路由转发对适配层变得可见，链路层数据报头部必须包含源地址和目的地址。由于数据需要知道发往的目的地址，而当数据进行重组时还需要知道源地址，因此当数据转发的时候，目的地址会改写为下一跳节点的地址，而源地址也会更改为转发节点的地址。现有的 Mesh Under 路由协议主要有：按需距离矢量路由协议(LOAD)、按需动态 MANET 路由协议(DYMO)和层次路由协议(HiLow)等。

按需距离矢量路由协议(LOAD)：是一种基于 AODV 的简化按需路由协议。LOAD 协议采用适配层的 Mesh 头来进行路由，网络的拓扑创建过程和路由过程对 IPv6 不透明。IPv6 把 6LoWPAN 视为一种单一连接的网络，通常其功能只能实现在全功能节点上(FFDs)。LOAD 协议不再使用 AODV 协议中使用的目的序列号。为了避免路由环问题，LOAD 协议中只有路由的目的节点才能回复 RREP。LOAD 协议中使用源节点到目的节点的 LQI 值和跳数来衡量路由路径的好坏。LOAD 设置一个 LQI 阈值门限，当链路的最小 LQI 大于该门限时，则选择跳数最少的路径。此外，AODV 协议中使用前驱路由表来发送 RERR 路由错误信息，当数据包在传输过程中出现错误，或是路由表中查找不到下一跳路由时，AODV 协议将进行 RERR 信息通告，而 LOAD 协议中不再使用 AODV 协议中的前驱路由表，以便能够减小路由表的存储开销。

按需动态 MANET 路由协议(DYMO)：是一种基于 AODV 并且能够提供一种高效和简单实现的路由协议。与 AODV 类似，DYMO 协议使用 RREQ、RREP 和 RERR 三种路由消息来实现路由机制。在路由发现过程中，每个中间节点都要对 RREQ 和 RREP 数据包进行处理，完成链路信息的累积。DYMO 协议虽然仍使用 Hello 包来保持链路的联通性，但是它不再使用本地链路修复机制。DYMO 协议定位在 IP 层之上，使用 UDP 作为传输层协议。然而，由于它增加了内存占用和能量消耗，并不能直接应用于 6LoWPAN 路由协议。

DYMO-LOW 协议的引入使得 DYMO 协议能够应用于 6LoWPAN 网络中。DYMO-LOW 协议不使用 IP 层进行路由，所有的路由操作都在适配层利用 6LoWPAN 定义的 Mesh 头完成，所有的 6LoWPAN 节点设备都处于同一 IPv6 链路上，因此他们共用相同的前缀。DYMO-LOW 协议使用 16 位短地址或者 64 位 IEEE 扩展地址。上文中所讨论的 LOAD 协议特性都在 DYMO-LOW 协议中进行应用，此外 DYMO-LOW 中使用 16 位的序列号来避免路由环的问题。除此之外，AODV 中本地链路修复和开销累积策略在 DYMO 中不再使用。

层次化路由协议(Hilow)：是一种基于分层路由树的低功耗网络路由协议，该协议基于一棵固定的分层路由树，使用动态分配的地址转发分组，这种机制减少了建立和维护路由表的代价。然而，在分层路由树上，节点是否正确操作将影响整个后继节点的操作。Hilow 协议没有提供路由修改机制，某个节点故障(如电池耗尽)将导致通过该节点的所有路径失效，严重影响网络的可靠性。另外，Hilow 的地址分配机制没有考虑可能存在多个父节点的情况。

2. Route Over 路由转发

Route Over 路由是指路由的选择及转发在网络层中完成的路由，中间节点对接收到的数据包会进行 IPv6 报头处理，因此可以充分利用 IPv6 的优势保证数据包的安全性和服务质量，并且路由过程中使用 IPv6 地址，通过设计合理的地址编制方法可以使得 IPv6 地址具有很好的逻辑性，因此路由协议的可扩展性很好，并且在处理路由的过程中可以引入一些现有 IP 网络中存在的方法，同时 Route Over 路由使现有的网络诊断工具在低功耗有损网络中的应用成为可能，提高了网络的可靠性和可管理性。

Route Over 路由转发是真正适合 6LoWPAN 无线传感器网络的转发方式。这种转发方式对适配层的数据格式没有任何特殊要求，网络层收到数据报时，适配层已经完成了数据报的解包工作，并且在每一跳的转发过程中，传感器节点要完成数据报报文的分片和重组功能，图 12-11 给出了 Route Over 路由转发过程。

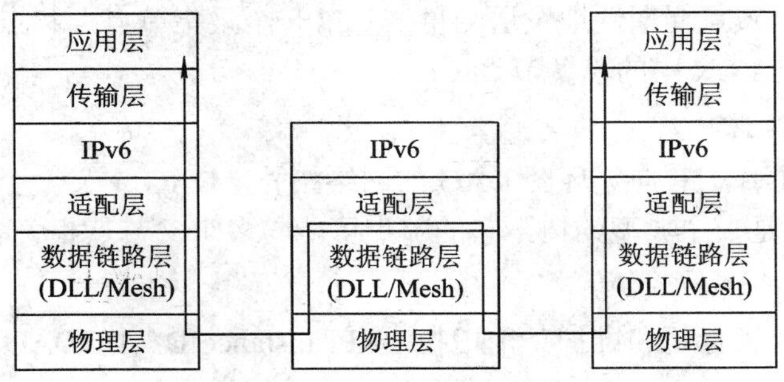

图 12-11　Route Over 路由转发过程

通过上文的分析不难发现，现有的 Mesh Under 路由协议都是以 AODV 协议为基础的，使用 IEEE 802.15.4 的 16 位短地址或者 64 位扩展地址进行路由选路。LOAD、DYMO 都是动态路由协议，节点的移动性支持较好，Hilow 协议是静态路由，不支持节点移动，同时 Hilow 也不再支持路由修复机制，因此 Hilow 协议的可靠性较差，但是在网络规模的支持上 Hilow 协议要优于其他两个协议，同时计算的复杂度也要高于其他两个协议。

Mesh Under 路由协议具有简单、快速、低开销等优点的同时其缺陷也是十分明显的。首先，Mesh 路由在适配层上进行，因此传感器网络将不具有任何 IP 化的特征。其次，Mesh 路由为传感器网络的管理和故障诊断带来了困难。现有互联网的网络管理和诊断工具都是基于 IP 的，并且工作在三层，Mesh Under 路由将无法使用这些工具。如果要实现这些功能，要专门为无线传感器网络开发专用工具。最后，Mesh Under 路由不支持超大规模组网。无线传感器网络的 IEEE 802.15.4 地址是不具有任何相关性的，因此 Mesh Under 路由的可扩展性面临严峻的考验。针对 Mesh Under 路由协议的不足，6LoWPAN 提出了 Route Over 路由思想，路由协议在三层进行，因此可以真正意义上实现无线传感器网络的全 IP 化，然而传统互联网 Route Over 路由协议处理复杂，需要较大的存储空间和计算能力，不能应用在无线传感器网络中，因此需要设计专门针对无线传感器网络的 Route Over 路由协议。

12.4 RPL 路由协议

RPL(IPv6 Routing Protocol for Low-power and lossy networks)协议是一个距离矢量路由协议，节点通过交换距离矢量构造一个有向无环图(DAG)，可以有效防止路由环路问题，其根节点通过广播方式与其余节点交互信息，然后节点通过路由度量来选择最优的路径。由于 RPL 不同于传统的路由协议，它通过设计一系列的新机制来使 RPL 成为一个针对无线传感网络的、高效的距离向量协议。RPL 被设计成高度模块化的，它只有很少的封装，能够在受限环境中运行时，根据感兴趣的环境支持多种度量和限制，从而尽可能地减少控制流量。RPL 甚至可以根据目标功能部署，用于支持多个路由拓扑。

12.4.1 RPL 协议概述

1. RPL 的设计目标

基于采集网络，节点周期性地发送测量信息给一个采集节点，和点到多点通信一样，然后从中心节点再到 LLN 中的设备节点。

2. RPL 的网络结构

RPL 组织了一个基于有向无环图 DAG 的网络拓扑，DAG 定义一个类似树形的结构，但 DAG 结构不仅仅是一个典型的树，它的节点可能与多个父节点相关联。

3. RPL 的参数

RPL 用四个参数来标识和维护一个拓扑：RPLInstanceID、DODAG、DODAG Version Number、Rank。

(1) RPLInstanceID：一个 RPLInstanceID 指定了一个或者几个 DODAG。RPLInstanceID 相同的节点使用相同的目标函数，然后是 DODAGID，一个 RPLInstanceID 中有一个或者多个 DODAG，每个 DODAG 有一个唯一的 DODAGID，DODAG 的范围是一个 RPLInstance。一个 RPLInstanceID 和一个 DODAGID 唯一确定了一个 DODAG。如图 12-12 所示整个图为一个 RPLInstance，RPLInstanceID 为 1，这个 RPLInstance 中共有 3 个 DODAG，DODAGID 分别为 1、2、3，RPLInstanceID=1 和 DODAGID=1 唯一代表最左边的一个 DODAG。图中

所标注的节点为 DODAG 根节点，它通过骨干网连接到路由器，然后再由路由器连接到传统的有线网络中去。

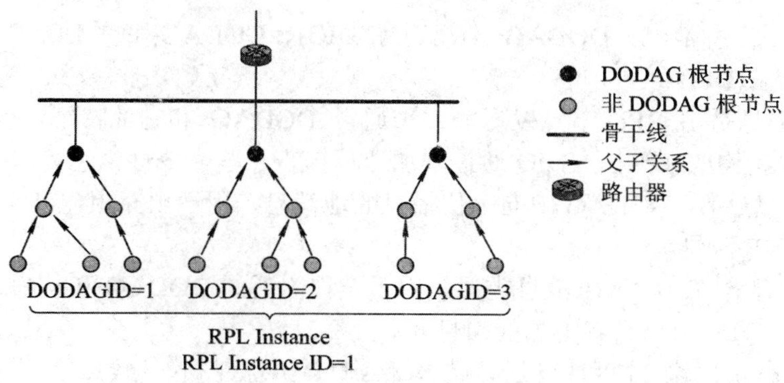

图 12-12 RPLInstance

(2) DODAG Version Number：节点通常会因为自身(如节点电池耗尽) 或者环境原因而失去作用，结果导致 DODAG 的拓扑结构发生变化，因此路由协议必须维护 DODAG 的拓扑。RPL 路由协议通过 DODAG Version Number 来定义不同的 DODAG 拓扑版本，当 DODAG 因为某种原因重新建立时，即变成另外一个拓扑版本时，DODAG Version Number 会加 1。如图 12-13 所示，左边 DODAG 的版本号 DODAG Version Number 为 N，当拓扑结构发生变化的时候，DODAG 的版本号 DODAG Version Number 变成了 N+1。

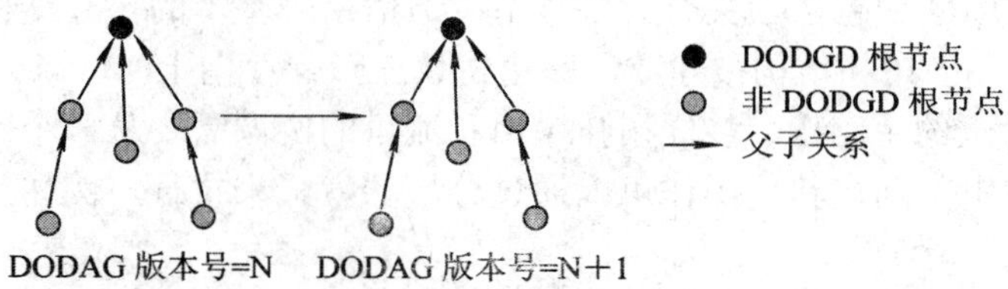

图 12-13 DODAG 版本号

(3) 节点 Rank 值：Rank 值的作用范围是一个 DODAG Version Number，当 DODAG Version Number 变化的时候，节点会重新计算 Rank 值。Rank 值的大小代表了该节点距离根节点的距离，Rank 值越小说明距根节点越近，DODAG 根节点的 Rank 值为 0，父节点的 Rank 值大于子节点的 Rank 值。Rank 值可以用来避免路由回环和进行路由回环检测。一个节点的 Rank 值由目标函数来计算。但值得注意的是，Rank 值不是一个路径代价，尽管 Rank 值可以通过路径代价得到。图 12-14 说明了节点的 Rank 值。

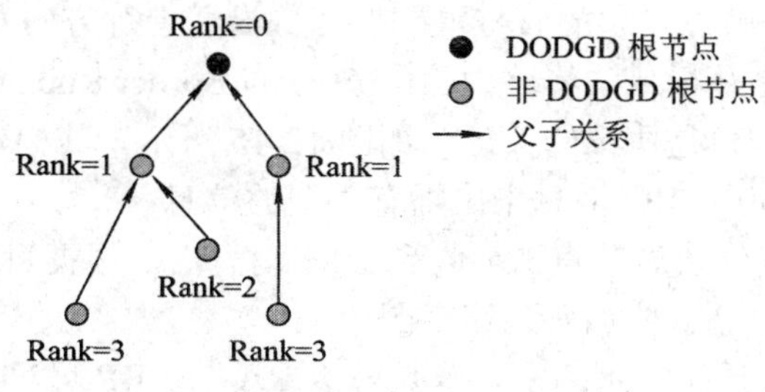

图 12-14 Rank 值

12.4.2　RPL 协议功能和原理

RPL 规定了三种消息：DODAG 消息对象(DIO)、DODAG 目的地通告对象(DAO)和 DODAG 消息请求(DIS)。

(1) DIO 消息是由 RPL 节点发送的，来通告 DODAG 和它的特征，因此 DIO 用于 DODAG 的发现、构成和维护。DIO 通过增加选项携带一些命令性消息。

(2) DAO 消息用于 DODAG 中向上传播目的地消息，用于填充祖先节点的路由表，来支持 P2MP 和 P2P 流量。

(3) DIS 消息与 IPv6 请求消息类似，用于发现附近的 DODAG 和从附近的 RPL 节点请求 DIO 消息，DIS 消息没有附加的消息体。

DIO 消息在定时器到期时发送，当检测到 DODAG 不一致或者有新的节点加入 DODAG，或者节点移动到一个 DODAG 时，就会频繁地发送 DIO 信息。当检测到 DODAG 的不一致性，节点会重新启动它的定时器，以使它的 DIO 信息通告更加频繁。随着 DODAG 的稳定，网络逐渐检测不到 DODAG 的不一致性，DIO 消息的发送也会减少，以限制控制流量。当一个节点开始它的初始化过程之后，它或许一直保持睡眠状态，直到它收到一个 DODAG 通告的 DIO 消息；或者节点可能发送 DIS 消息来主动探测邻居节点，这样就可以更快地从邻居节点收到 DIO 信息。另一个选择是节点自身创建它自己的漂浮 DODAG，然后开始它的 DODAG 多播 DIO 消息。发送单播 DIO 用于答复单播 DIS 消息，并且也会包括一个完整的 DODAG 配置选项集合。为了节省通信量，基本的拓扑结构应该以较少的信号量来表示和维护。当拓扑结构被建立，路由协议应该保存向上(节点到 LBR)和向下(LBR 到节点)的路径。对于约束路由、多样拓扑路由和流量的协调需要从一个网络集中区域来执行，LBR 是一个逻辑空间，其他操作可以通过分散的方式来执行，例如点对点的优化路由方式。

12.4.3　DODAG 的构建

RPL 路由协议通过 DIS 请求消息、DIO 信息对象发布和 DAO 目的地通告消息以及 DAO-ACK 目的地通告应答消息来实现有向无环图 DAG 的构建。

DODAG 的构建基于邻居节点发现过程，包含两个主要的操作：

(1) 在从根节点到客户节点的下行方向，广播传输由 DODAG 根节点发起的 DIO 控制消息来建立路由。

(2) 单一传播由客户节点发起的 DAO 控制消息，沿着上行方向发送到 DODAG 根节点。

整个图的构建过程是从根或边界路由器(LoWPAN Border Router, LBR)开始的，RPL 路由协议中有向无环图的构建是协议的关键，如图 12-15 所示。其构建步骤阐述如下：

步骤 1：LBR 首先使用 DIO 消息来广播有关图的信息。

步骤 2：监听根节点的邻居节点 RA 收到 DIO 消息后，根据目标函数、综合广播路径开销等来作出选择，决定是否要加入到这个图中。

步骤 3：节点 RA 选择加入到图中，于是节点 RA 与 LBR 之间建立起一条路由，LBR 会成为节点 RA 的父节点。节点 RA 计算自己在图中的 Rank 值，接着向自己的父节点 LBR

发送包含路由前缀信息的 DAO 消息。

步骤 4：节点 RA 加入到 DODAG 中，定期广播 DIO 消息，其邻居节点 RB 收到该 DIO 消息并进行判断，选择加入到此图中，进而认定 RA 为自己的父节点，计算自己的 Rank 值，向 RA 发送包含路由前缀信息的 DAO 消息。

步骤 5：节点 RC 开启后在一定时间内未收到来自其他节点发来的 DIO 消息，因而选择主动发送 DIS 消息来进行请求。

步骤 6：节点 RB 收到来自节点 RC 的请求消息后，发送 DIO 消息，节点 RC 收到后进行配置，选择节点 RB 为自己的父节点并向 RB 发送 DAO 消息。

步骤 7：节点 RB 收到节点 RC 发送来的 DAO 消息后，判断是否需要清除路由，是否产生环路，经过判断后在自己的路由表中增加一条路由表项，并按这样的操作继续向自己的父节点 RA 传送 DAO 消息。

步骤 8：节点 RA 收到了来自节点 RB 转发的有关节点 RC 的路由消息，从而更新自己的路由表，并向根节点 LBR 发送 DAO 消息。至此，根节点 LBR 处包含了所有节点的前缀信息，从而完成整个有向无环图的建立。

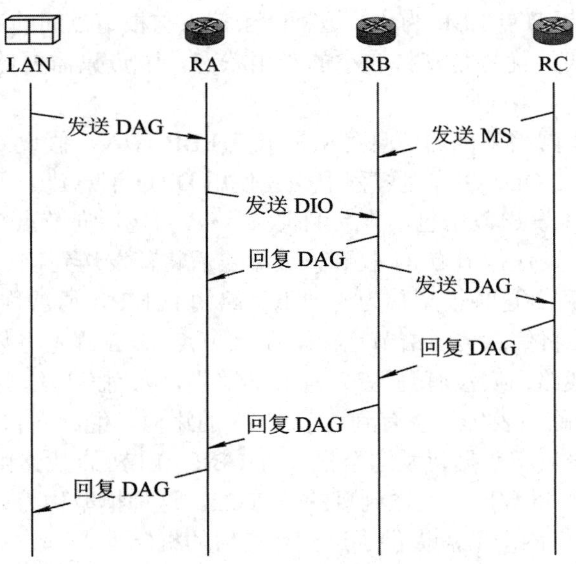

图 12-15　DODAG 的构建简化流程图

12.4.4　RPL 协议路由过程

RPL 路由协议通过上节中所描述的 DODAG 拓扑构建以后，在整个网络中形成一个有向无环图 DAG。节点在网络中距离根节点越近的方向称为向上方向，相反，节点在网络中距离根节点越远的方向称为向下方向。RPL 路由协议支持三种路由方式，即向上路由 MP2P(MultiPoint-to-Point)、向下路由 P2MP(Point-to-MultiPoint)和点到点路由 P2P(Point-to-Poin)。RPL 路由过程如图 12-16 所示。

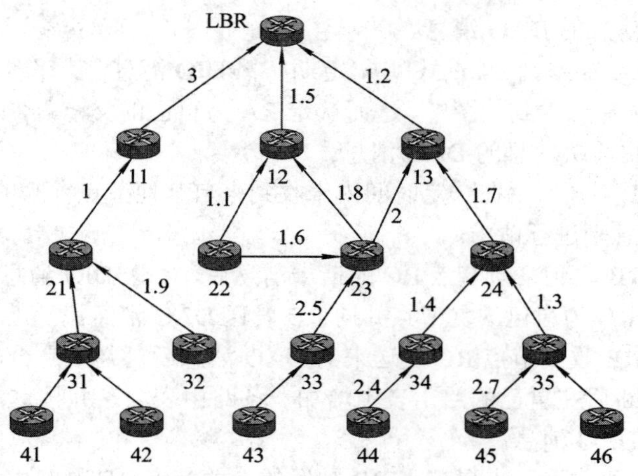

图 12-16　RPL 路由过程

例如，假设节点 41 需要将信息传送到根节点 LBR 处，节点 41 查找路由表，将数据包发送到父节点 31 处，节点 31 收到该数据包后，继续发往父节点 21 处，按此规律向上传送，直至将数据包转发给根节点 LBR 为止。这种叶子节点与根节点间的通信称为“向上”路由 MP2P，这种路由方式的优势是支持较小的路由状态，节点只需要储存能够到达目的节点 DAG 根节点的信息即可。

同样，来自 LLN 网络外部的信息可从根节点 LBR 注入。假设外部消息的目的节点为叶子节点 42，由于在 DODAG 构建过程中已经使用 DAO 消息建立了从上至下的路由，这样 LBR 只需向节点 11 发送数据包，节点 11 收到该数据包后向节点 21 发送，节点 21 收到该数据包后向节点 31 发送，节点 31 收到该数据包后将其发送到该数据包的目的节点 42，这样就完成了路由过程。这种模型称为“向下”路由 P2MP，通常称为外向单播通信。

假设节点 41 需要将信息传送给节点 22，那么节点 41 会首先将数据包发送给自己的父节点 31，节点 31 查找路由表没有到达节点 22 的路由，因而发送给自己的父节点 21，节点 21 收到数据包后查找路由表仍然没有到达节点 22 的路由，继续向自己的父节点 11 发送，节点 11 在查找路由表后将数据包发送至根节点 LBR，LBR 查找路由表后，发送数据包到节点 12，节点 12 最终将数据包发送到目的节点 22。这种模型称为“点到点”路由 P2P，RPL 为 DODAG 中任何两个节点提供了点到点通信的机制。

为了实现 RPL 的路由过程，网络节点可采用两种模式：存储模式、非存储模式。

存储模式：节点加入到图中时，会给父节点集合发送 DAO 消息，而父节点在收到了该 DAO 消息后，对其前缀信息进行处理，并在路由表中加上一个路由条目，继而对从不同节点处接收到的前缀信息进行聚合，再向它的父节点集合发送 DAO 消息，这一过程会一直持续直至根节点，从而可以建立出到某个前缀的完整路径。这种模式要求全部节点都有可用的存储空间来存储路由表。

在存储模式下，节点存储了子图内所收到的所有 DAO 消息的前缀信息，因而向下路由在路由过程中会查找自己的路由表，选择合适的下一跳进行转发，而点到点路由只需向上传送至某一节点，其路由表中存在到达目的节点的路由，也即这一节点为源节点与目的节点的共同祖先，这样该节点再选择下一路径进行转发直至目的节点。

非存储模式：除了根节点以外的所有节点都不在本地存储任何的路由信息。

非存储模式下，所有的前缀信息全部存储在 LBR 节点处，节点仍然向自己的父节点汇报 DAO 消息，但是父节点不处理，只是将自己的前缀附在数据包中并向自己的父节点转发，直至根节点处，这样当根节点收到网络中全部节点发送来的前缀报告信息，也就建立起了到全网的路由。

12.4.5　环路避免和环路检测

在传统网络中，由于拓扑改变和节点间未及时同步的问题，可能会产生临时性的环路。为了减少数据包的丢失、链路拥塞的情况，必须尽快检测出环路。在 LLN 中，环路的影响是有限的，并且这种环路的产生可能是暂时的，所以过度反应反而会导致更大程度上的路由碰撞和能量消耗。因此，RPL 的策略是不保证不会出现环路，而是试图避免环路的出现。RPL 定义了两种规则来避免环路，这两种规则都依赖于节点的 Rank 值，下面介绍这两种规则。

规则 1：也称为最大深度规则，该规则不允许节点选择图中深度更大(rank 值更大)的节点作为自己的父节点。

规则 2：也称为拒绝节点贪婪规则，该规则不允许节点试图移动到图中更深的地方，以增加自己潜在父节点的数量。

RPL 协议的环路检测策略是在 RPL 的路由分组首部中设置相关的 bit 位，通过这些 bit 位来检测数据的有效性。比如，当一个节点将数据包发向自己的子节点时，将 bit 位置为 down，然后将数据包发送到下一跳节点。收到 down bit 的数据包的节点，查询自己的路由表，发现数据包是在向上传输的，则证明出现了环路，此时数据包需要被丢弃，并触发本地修复。

RPL 支持在链路或节点失效之后的修复机制。RPL 支持两种修复机制：全局修复和本地修复。当检测到链路或邻居节点失效后，节点在向上方向上没有其他路由器，则本地修复被快速触发以寻找到替代的父节点或路径。当本地修复发生时，有可能破坏了整个网络的最优模式，从而由根节点触发全局修复机制重建 DODAG，图中的每个节点都重新运行目标函数来选择更优的父节点。

12.5　CoAP 协议

2010 年 3 月，CoRE(Constrained RESTful Environment)工作组开始制定 CoAP(Constrained of Application Protocol)协议，2014 年 6 月正式发布了 CoAP 协议标准。CoAP 协议是为物联网中资源受限设备制定的应用层协议，它是面向网络的协议，采用与 HTTP 类似的特征，核心内容为资源抽象、REST 式交互以及可扩展的头选项等。

由于 CoAP 协议采用运输层不可靠性传输协议 UDP，CoAP 消息可能会出现无序到达、重复出现和丢失等现象，因此，CoAP 实现了一个轻量级的可靠传输机制，但这不是重新实现类似 TCP 可靠传输机制的全部特征子集，CoAP 有如下新特征：

(1) 对可证实消息，采用支持指数退避机制的简单停止-等待转发机制实现可靠传输；

(2) 对可证实消息和非可证实消息都要进行重复数据检测；

(3) 支持多播。

对于拥塞控制，CoAP 的基本控制由指数退避机制提供。为了不造成拥堵，客户端应严格限制它们同时与指定服务器维持的未完成交互数量，这个限定值最好是 1。拥塞避免机制的实现是 CoAP 能够支持多播的有力保障。为了减少拥塞，服务器应该能够分辨请求是通过多播到达的。若服务器没有可用响应则假装未收到请求；若准备响应，则应该在准备响应的持续时间内挑选一个随机时间点，发送对组播请求的单播回复。

12.5.1 CoAP 协议栈

由于 UDP 传输的不可靠性，CoAP 协议采用了双层结构，定义了带有重传的事务处理机制，并且提供资源发现和资源描述等功能。CoAP 协议的传输层使用 UDP 协议，CoAP 协议采用尽可能小的载荷，从而限制了分片。CoAP 协议栈如图 12-17 所示。

图 12-18 对 HTTP 协议栈和 CoAP 协议栈做了对比。

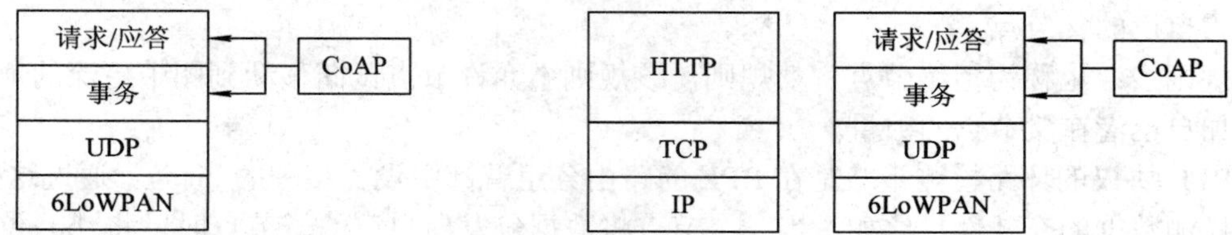

图 12-17　CoAP 协议栈　　　　图 12-18　HTTP 协议和 CoAP 协议栈

请求/响应(Request/Response)层用于传输对资源进行操作的请求和响应信息。CoAP 协议的 REST 构架是基于该层实现通信的。事务(Transaction)层用于处理节点之间的信息交换，同时提供组播和拥塞控制等功能。

12.5.2 CoAP 协议特点

(1) 报头压缩。CoAP 协议包含一个紧凑的二进制报头和扩展报头，只有 4 个字节的基本报头，基本报头后面是扩展选项。CoAP 协议的消息格式如图 12-19 所示。

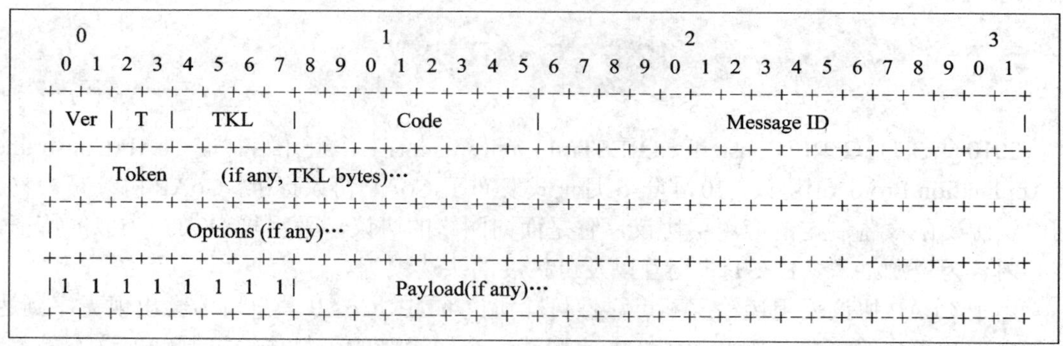

图 12-19　CoAP 协议的消息格式

(2) 方法和 URIs。为了实现客户端访问服务器上的资源，CoAP 协议支持 GET、PUT、POST 和 DELETE 等方法。CoAP 还支持 URIs，这是 Web 架构的主要特点。

(3) 传输层使用 UDP 协议。CoAP 协议建立在 UDP 协议之上，以减少开销和支持组播功能。它也支持一个简单的停止-等待的可靠性传输机制。

(4) 支持异步通信。HTTP 协议对 M2M 通信不适用，这是由于事务总是由客户端发起的，而 CoAP 协议支持异步通信，这对 M2M 通信应用来说是常见的休眠/唤醒机制。

(5) 支持资源发现。为了自主地发现和使用资源，CoAP 协议支持内置的资源发现格式，用于发现设备上的资源列表，或者用于设备向服务目录公告自己的资源。

(6) 支持缓存。CoAP 协议支持资源描述的缓存以优化其性能。

(7) 订阅机制。CoAP 协议使用异步通信方式，用订阅机制实现从服务器到客户端的消息推送。实现 CoAP 协议的发布/订阅机制，是请求成功后自动注册的一种资源处理程序，其订阅机制如图 12-20 所示。

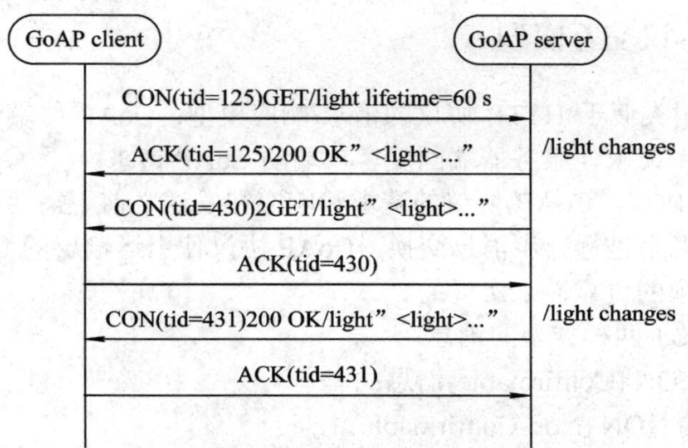

图 12-20　CoAP 协议订阅机制

HTTP 协议的请求/响应机制是假设事务都是由客户端发起的，通常叫做托(Pull)模型。设备都是无线低功耗的，这些设备大部分时间是休眠状态，因此不能响应轮询请求，而 CoRE 工作组认为支持本地的推送(Push)模型是一个重要的需求，即由服务器初始化事务到客户端。推送模型需要一个订阅接口，用来请求响应关于特定资源的改变，而由于 UDP 的传输是异步的，所以不需要特殊的通知消息。

12.5.3　CoAP 协议消息类型

一个 CoAP 协议消息最小为 4 个字节，其消息格式如图 12-19 所示，以下是对 CoAP 协议不同部分的描述。

Ver：类似于 IPv6，IPv6 仅仅是一个版本号。

T：消息类型：CON、NON、ACK、RST。这些消息类型相当于 HTTP 协议的 PUT、GET 等。

TKL：首部后 Token 字段的字节个数。

Code：携带方法编码或响应编码。

Message ID：每个 CoAP 消息都有一个唯一的 ID，在一次会话中 ID 总是保持不变，但是在这个会话之后该 ID 会被回收利用。

Token：标记是 ID 的另一种表示。

Options：CoAP 协议选项类似于 HTTP 请求头，它包括 CoAP 消息本身，例如 CoAP 端口号、CoAP 主机和 CoAP 查询字符串等。

Payload：真正有用的被交互的数据。

12.5.4　CoAP 协议的 URI

在 HTTP 协议中，正是由于 RESTFul 协议的简单性和适用性，在 WEB 应用中越来越受欢迎，这个道理同样适用于 CoAP 协议。CoAP 资源可以用 URI(Universal Resource Identifier)所描述，例如一个设备可以测量温度，那么这个温度传感器的 URI 被描述为：CoAP：//machine.address：5683/temperature。请注意，CoAP 的默认 UDP 端口号为 5683。

12.5.5　CoAP 协议交互模型

CoAP 协议使用类似于 HTTP 协议的请求/响应模型：CoAP 终端节点作为客户端向服务器发送一个或多个请求，服务器端回复客户端的 CoAP 请求。

不同于 HTTP 协议，CoAP 协议的请求和响应在发送之前不需要事先建立连接，而是通过 CoAP 协议消息来进行异步消息交换。CoAP 协议使用运输层的 UDP 协议进行传输，这是通过消息层选项的可靠性来实现的。

CoAP 协议定义了四种类型的消息：

(1) 可证实的 CON (Confirmable)消息；

(2) 不可证实的 NON (Non-Confirmable)消息；

(3) 可确认的 ACK (Acknowledgement)信息；

(4) 重置消息 RST(Reset)。

请求/响应模型：请求包含在可证实的或不可证实的消息中，如果服务器端是立即可用的，它对请求的应答包含在可证实的确认消息中来进行应答。如图 12-21 所示是 CoAP 协议请求/响应模型的两个简单实例。

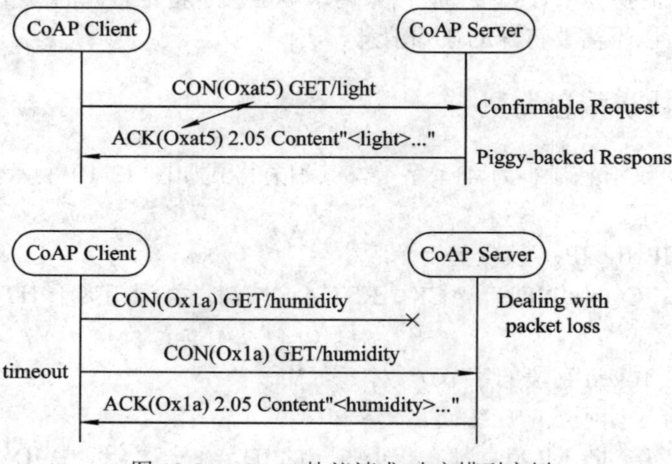

图 12-21　CoAP 协议请求/响应模型实例

12.5.6 CoAP 协议安全问题

CoAP 协议的安全威胁主要来自 5 个方面：

(1) 协议解析和 URI 处理：指在该过程中，复杂的解析器和 URI 处理代码时都会引入漏洞，可通过降低解析器的复杂性和尽可能将 URI 处理引入客户端执行，以减少攻击对服务器的威胁。

(2) 代理和缓存：因为代理打破了直接的 CoAP 协议消息交换可能有的任何 IPsec 或 DTLS 的保护，因此易成为破坏 CoAP 协议消息交换的保密性或完整性以及可用性的目标，当代理同时支持缓存时，请求响应数据的保密性和完整性的威胁将增大。

(3) IP 地址欺骗攻击：由于 CoAP 协议是基于 UDP 的，所以容易遭受伪造数据包源 IP 地址的攻击，这类攻击可通过使用安全模式避免。

(4) 放大的风险：攻击者可能利用 CoAP 协议节点将 1 个小的攻击数据包转换为较大的攻击数据包，从而使某个终端超载而被拒绝服务。CoAP 协议服务器可通过使用 CoAP 的分片/块模式以及以相对较小分片的形式提供较大资源的表示形式，来减少它提供给攻击者的放大量。

(5) 跨协议攻击：攻击者用 1 个假冒的源地址得到从 CoAP 终端返回的消息，然后在源地址处的受害终端根据不同的协议规则来解析该 UDP 数据包，对跨协议攻击的缓解措施是，结合足够多的语法差异性，对收到的数据包进行严格的语法检查。

12.5.7 CoAP 协议安全模式

(1) NOSec 没有协议级别的安全性(DTLS 被禁用)，适当的时候应该应用其他的技术提供较低层的安全性，如使用 IPSec。

(2) PreSharedKey DTLS 启用，并有 1 个预共享密钥的列表，每个密钥包含 1 个可用来通信的节点列表。

(3) Raw Public Key DTLS 启用，设备拥有非对称密钥对，但是没有 X.509 证书，设备也有从公开密钥得来的标识，及其可通信的节点的标识列表。

(4) Certificate DTLS 启用，设备拥有非对称密钥对，这些密钥对拥有 X.509 证书，并将其绑定到它的命名者，证书由一些普通的信任根分配，这些设备同时有 1 个根信任锚的列表用于验证这些证书。

12.5.8 CoAP 协议总结

CoAP 的主要目的是简单性和减小开销，为了实现这些目标，CoAP 精简了报头，采用 UDP 而非 TCP 传输协议，定义了捎带响应模式，规定消息大小的上限以减少分片、多次独立处理重复的同个请求而不是跟踪之前的响应，将消息标记为非可证实的消息进行不太可靠的传输等，以上各种措施都在一定程度上减小了开销，实现了简单性。为了更好地与 Web 融合，CoAP 也支持与 HTTP 的映射，且两者在很多方面都有共通性，因此映射的实现也更简单。

12.6 6LoWPAN 网络举例

本节介绍 Cooja 仿真器中基于 6LoWPAN 协议栈的星型网络、多跳网络通信过程以及 CoAP 协议的应用示例。在 Contiki 操作系统的/tools/cooja 目录下运行 ant run 命令启动 Cooja 仿真程序，其界面如图 12-22 所示。

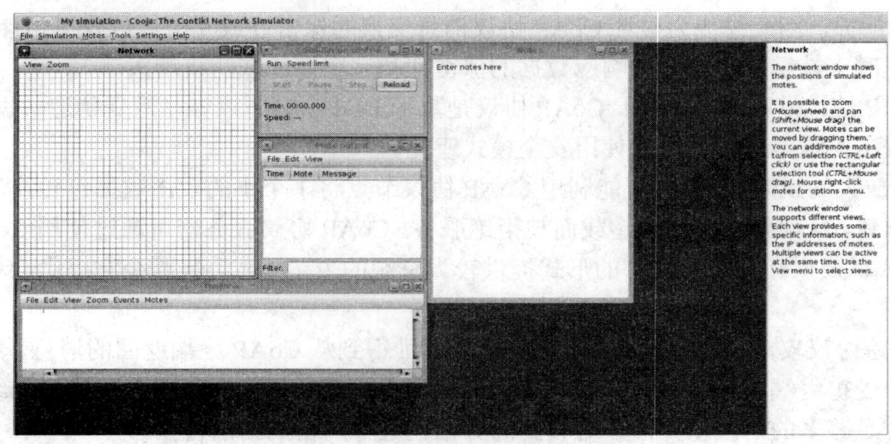

图 12-22 Cooja 仿真器界面

12.6.1 星型网通信仿真

星型网通信仿真示例是创建两个运行 Contiki 操作系统的节点以实现星型网络通信，这两个节点采用 6LoWPAN 协议栈进行组网。

首先新建一个传感器节点如图 12-23 所示。

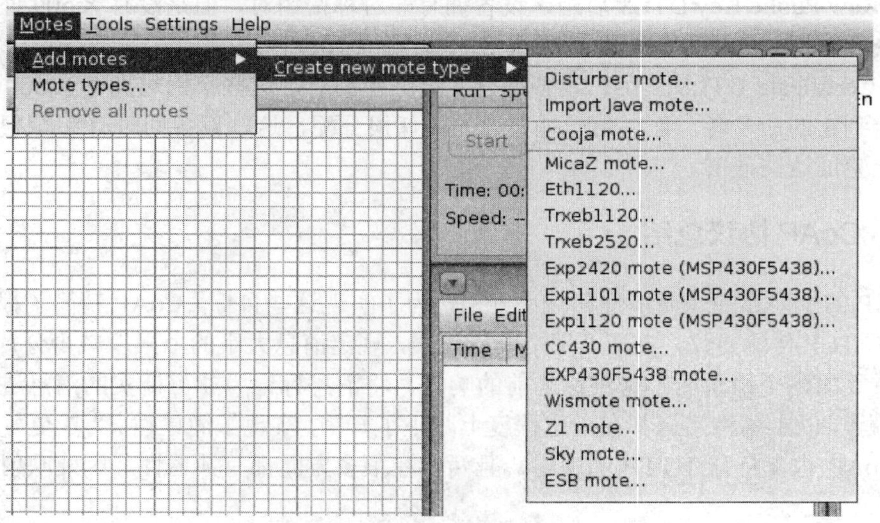

图 12-23 创建传感器节点

本例中我们选择 Sky mote 节点，在该节点上加载 Contiki 操作系统自带程序/examples/ipv6/rpl-border-router/border-router.c 文件。该节点作为边界路由节点，编号为 1。之后再选择一个 Sky mote 传感器节点，在该节点上加载 Contiki 操作系统自带程序/examples/er-rest-example/er-example-server.c 文件。该节点作为终端节点，负责特定的功能，编号为 2。本示例仅演示具有单个终端节点的通信模型，节点创建完成后如图 12-24 所示。

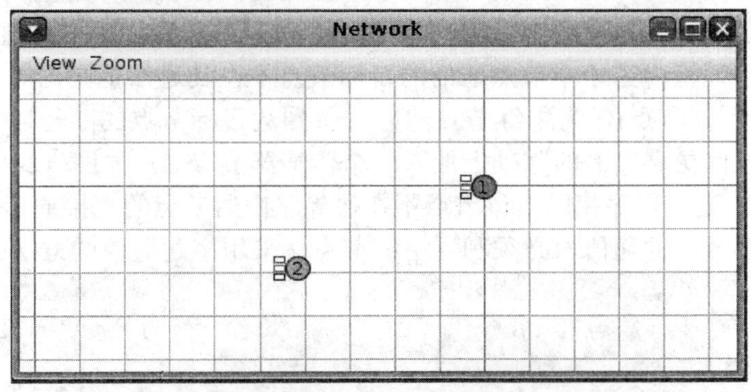

图 12-24　点对点通信节点

为实现终端节点与边界路由器之间的通信，首先需要启动边界路由。启动方法为：首先右击节点 1，选择 Mote tools for Sky 1 菜单项下的 Serial Socket (SERVER)子菜单项，表示边界路由器在 60001 默认端口监听传输，如图 12-25 所示。

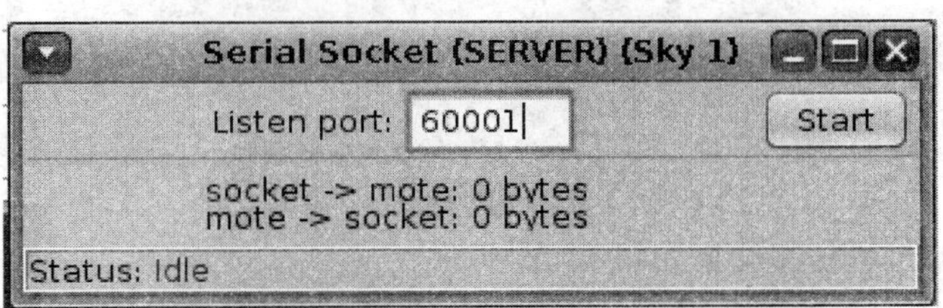

图 12-25　端口监听

然后，在/contiki/examples/er-rest-example 文件夹下运行编译命令 make connect-router-cooja，这样就启动了边界路由器与终端节点之间的通信。图 12-26 表示边界路由器节点 1 向终端节点 2 发送信息的过程。

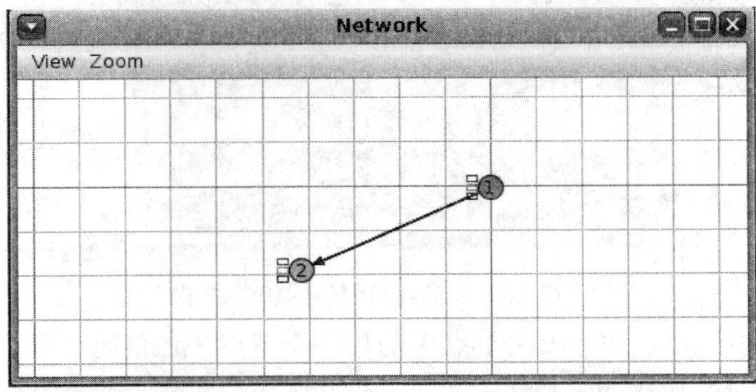

图 12-26　星型网通信仿真

12.6.2 多跳网通信仿真

由于传感器节点的硬件资源受限等特性，无线传感器网络节点存在通信范围小等缺陷。为了解决这一问题，自组织多跳通信是无线传感器网络的重要特征之一。无线传感器网络是一种自组织多跳网络，即网络中的节点可以承担路由和主机两种角色。6LoWPAN 协议栈在网络层加入了 RPL 路由协议以实现多跳通信。本小节仿真完成多跳通信过程。

多跳通信的原理是，当一个节点通信的目标节点不在其通信范围内时，节点将利用其他节点(可能是一系列节点)作为中继节点建立一条到达目标节点的路径以实现通信目的。我们在星型网络通信仿真实例的基础上加入一个传感器节点 3，如图 12-27 所示。节点 3 运行程序与节点 2 运行程序相同，该节点不在边界路由器节点的直接通信范围内，节点 3 要实现与边界路由节点的通信，必须利用中继节点 2 采用多跳通信的方法。

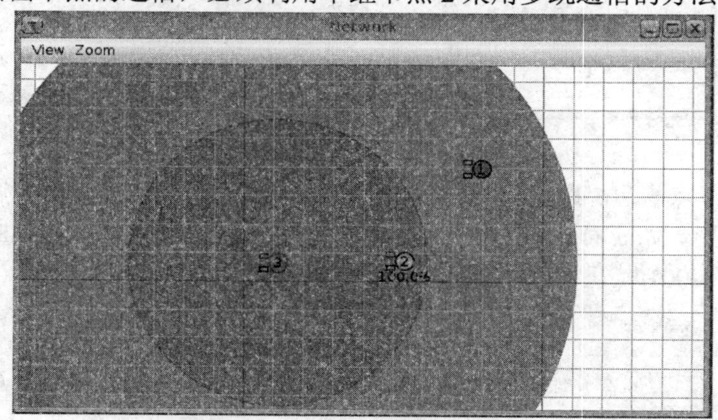

图 12-27 多跳通信节点位置

多跳网络通信过程仿真结果如图 12-28 所示。

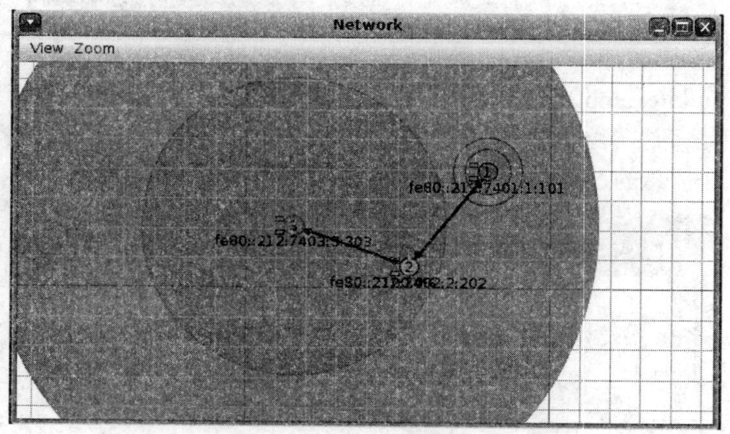

图 12-28 多跳网络通信的仿真结果

由图 12-28 可以看出，边界路由节点 1 与传感器节点 3 通信时，节点 3 不在其通信范围内，运行 6LoWPAN 协议的节点 1、节点 2 和节点 3 会建立一条从节点 1 到节点 3 的路径，这样节点 1 会以节点 2 作为中继节点实现多跳通信。

12.6.3　CoAP 应用仿真

6LoWPAN 协议栈应用层使用的是基于 RESTful 机制的 CoAP 协议，本仿真示例演示了 CoAP 协议的应用。

火狐浏览器下的 Copper 插件完美支持 CoAP 协议，其界面如图 12-29 所示。该示例中传感器节点上运行 coap-server 程序，该程序类似于 Web 服务器程序，与火狐浏览器形成 B/S 应用框架，从而可通过 Copper 插件在用户终端上控制传感器网络中的传感器节点。

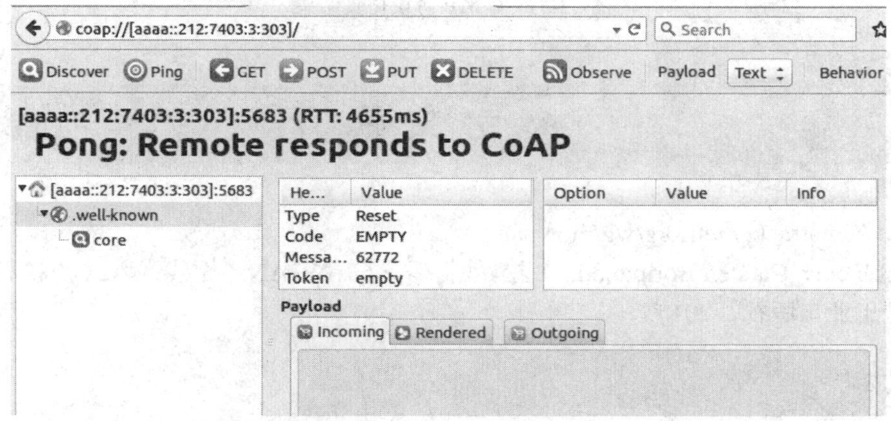

图 12-29　Copper 插件界面

Copper 插件实现了 CoAP 协议规定的 GET、PUT、POST 和 DELETE 等方法，本仿真示例在 12.6.2 节多跳网络通信仿真示例的基础上完成。为了能够在用户终端上通过火狐浏览器访问传感器网络中的传感器节点，需要将无线传感器网络中以 fe80::为前缀的链路本地地址映射为前缀为 aaaa::的 IPv6 全球地址形式，这种映射可通过 Contiki 操作系统下的 make connect-router-cooja 命令完成，运行该命令时会显示如图 12-30 所示的信息。

```
*** Address:aaaa::1 => aaaa:0000:0000:0000
Got configuration message of type P
Setting prefix aaaa::
Server IPv6 addresses:
 aaaa::212:7401:1:101
 fe80::212:7401:1:101
```

图 12-30　地址映射

在用户终端上运行 ping 命令，如果显示如下信息“Ping：Remote responds to coap”，表示连接成功。在火狐浏览器地址栏中输入相应传感器节点的 IPv6 地址，如格式“coap：//[IPv6 全球地址]”，就可以远程控制指定的传感器节点。

我们以控制传感器节点 3 上的 Led 灯为例说明实现方法。在火狐浏览器地址栏中输入 URI 为“coap：//[aaaa：：212：7403：3：303]/actuators/toggle”，该 URI 在 er-example-server.c 中定义了 LED 灯的开/关操作，使用的 CoAP 方法为 POST。图 12-31 为传感器节点 3 在执行 POST 方法前后的变化情况。

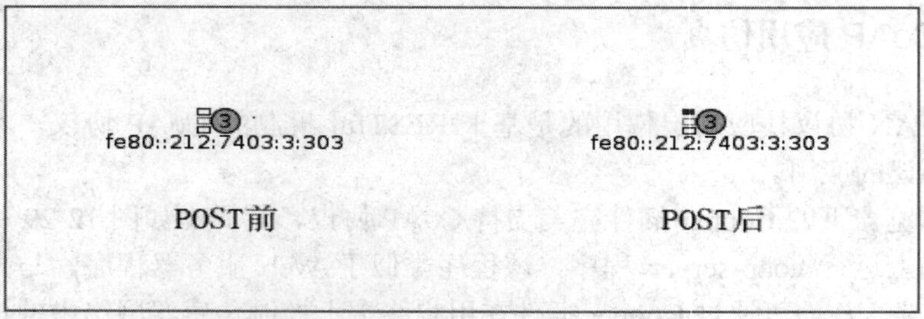

图 12-31　CoAP 协议仿真结果

参考文献

[1] http：//datatracker.ietf.org/wg/6lowpan/.

[2] Zach Shelby, Carsten Bormannd. 韩松，等，译. 6LoWPAN：无线嵌入式物联网. 北京：机械工业出版社，2015.